| 개정판 |

건축미학을 찾아서

ON AESTHETICS IN ARCHITECTURE

권태문 지음

| 개정판 |

건축미학을 찾아서

On Aesthetics In Architecture

초　판 1쇄 발행 | 2005년 12월 31일
개정판 1쇄 인쇄 | 2009년　1월 12일
개정판 1쇄 발행 | 2009년　1월 19일

지은이 | 권태문
펴낸이 | 김호석
펴낸곳 | 도서출판 대가

등　록 | 제311-47호
주　소 | 서울시 마포구 상수동 6-1 대한실업빌딩 301호
전　화 | (02)305-0210, 306-0210
팩　스 | (02)305-0224

E-mail | dga1023@hanmail.net
homepage | www.bookdaega.com

정가 | 23,000원

ISBN 978-89-6285-014-7

들어가면서

올드리치(Virgil Charles Aldrich)는 저서 「예술철학(Philosophy of Art, 1963)」에서 '건축은 인간의 육체가 정신을 수용하듯이 인간의 전 인격(人格)[1]을 수용하는 장소 = 실체이고 인간의 생활을 위한 여지 = 공간이며 인격의 의식 내부이다. 이 생명적 여백(餘白)은 물리적 공간이 아닌 율동적, 역동적인 하나의 유기적 통일체이다.' 라고 하였다.

그러나 이 생명적 여백은 형태에 의해 구체화되기 때문에 「건축은 형식예술(Formal Art)」이다. 그래서 건축가는 예술가여야 한다.

건축가의 작품은 그 정신의 특질을 재료의 성격이나 형식적 조직화를 위한 「미학」에 의해서 구체화되는 것이다.

예술[2]은 즐거움이다.

그리고 미는 아름답다는 정신적 쾌(快)이다.

미나 미적인 것의 본질은 정신적(직감적, 감각적)인 독자적 가치 내용이다.

---

1 인격(人格)

개인의 지(知), 정(情), 의(意) 및 육체적 측면을 총괄하는 전체적 통일

2 예술(藝術)

기예(技藝)와 학술(學術). 의식적으로 미를 창조해내는 인간 활동의 뜻으로 특정의 재료, 기교, 양식 등에 의해서 감상의 대상이 되는 미를 창작 표현하는 인류 문화의 중요한 현상의 하나. 건축, 문학, 미술, 음악, 무용, 연극 등을 포함하여 광의로는 그 기술, 기교까지 말함

「미」[3]는 작품 기타 대상을 형용하며
「미적」은 관조나 향수에 적용한다.
그래서 예술은 「미적 기술(技術)」이다.

「미학(美學)」[4]이란 예술이라는 인간 활동과 그것이 지향하는 가치들에 대한 학문적 성찰이라는 성격을 갖는 이론이다.

미학은 철학과 같이 오래되었다.
그러나 미학이 과학적 학문으로 성립된 것은 칸트(I. Kant) 이후이다.
특히 건축미학은 칸트가 건축을 「효용미」로 분리한 이후에 성립되었다.

현재 건축미학은 침잠되어 있어서 건축미학에 관한 해석도 매우 다양하다. 일반적으로 건축미학은 건축평론이나 건축미에 관한 개인적 사상으로도 이해되고 있다.

미학은 자연·예술에 있어서 미의 본질과 구조를 해명하는 학문이다. 그리고 미학의 범주는 광범위하다. 특히 건축미학은 기술적인 면으로부터 관념론적인 면까지 그 폭이 매우 넓다. 이 다양한 폭이 모두 미학의 대상과 과제가 될 수 있는 것이다.

그래서 미학의 과제와 방법을 토대로 한 건축미학의 학문적 연구 및 고찰이 요구된다.

건축미학은 어떤 의미에서 건축분야를 넘어서는 학문이므로 그동안 이 분

3 미(美)
온갖 사물을 통하여 우리에게 좋은 느낌을 주는 그 아름다움. 감성과 이성의 조화, 통일에 대한 순수한 감정을 일으키는 그것

4 미학(美學)
자연, 예술에 있어서 미의 본질과 구조를 해명하는 학문

야에 대한 학문적 연구도 미약하였으며 특히 서적 및 참고서도 부족한 형편이어서 학문적 접근이 힘든 분야였다.

이 책은 건축미학에 관한 것이다.

책의 내용은 건축미에 관한 주요 이론들을 고대의 건축론으로부터 현대의 건축미학까지 역사적 · 체계적으로 정리하고 각 시대별로 건축 작품에 표현된 미적 특성을 해명한 것이다.

또 철학자 및 미학자들의 건축미학에 대한 주요 사상을 고찰하여 그 과제의 성과와 방향을 이해하고 그들의 사고를 기반으로 하여 표현된 건축 조형의 미학적 성질을 이해하는 데 목표를 둔 것이다.

이 책 건축미학에 관한 연구는 「Talbot Hamlin, ARCHITECTURE an art for all men, Columbia University Press(1947)」와 「建築學大系7 建築計劃 · 設計論 Ⅲ, 建築美學, 下部公正, 東京 彰國社(1960)」을 근기로 하여 시작되었고, 일반미학은 「M.C. Bearsley, 이성훈 외 역, 서울 이론과 실천, 미학사(1987)」와 「김문환 편저, 미학의 이해, 서울문예출판사(1996)」를 기초로 하였다.

이 책은 기존의 건축론과 건축미학에 관한 다양한 이론들을 선별 취합한 것으로, 노력하였음에도 학문적 일관성이 미흡하다고 사료된다. 개정판에서는 미흡한 여러 부분을 수정, 보완, 정리하였다. 앞으로 계속 보완, 정리해 나가겠다.

부족하지만 이 책이 건축미학에 관심을 가진 모든 이들에게 실제적 도움이 되기를 바란다.

이 책의 출판에 큰 도움을 준 정병철 시립 인천대학교 건축공학과 겸임교수와 인천대학교 건축공학과 김재형, 박기호, 강동헌 군 등에게 깊이 감사드린다. 그리고 도서출판 대가 김호석 대표 및 관계자 여러분의 노고에 깊은 감사를 드린다.

2008. 12. 저자

목 차

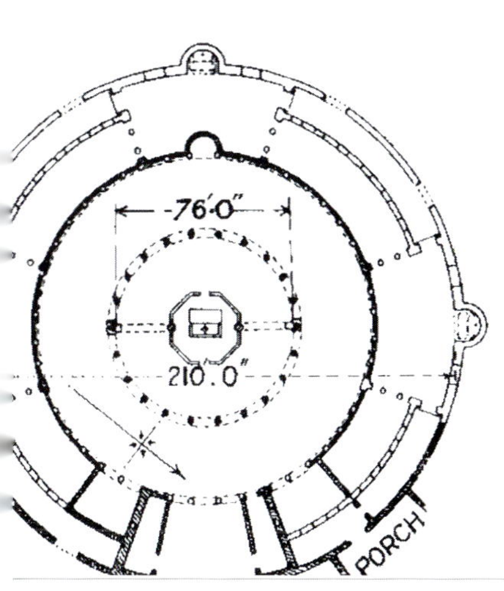

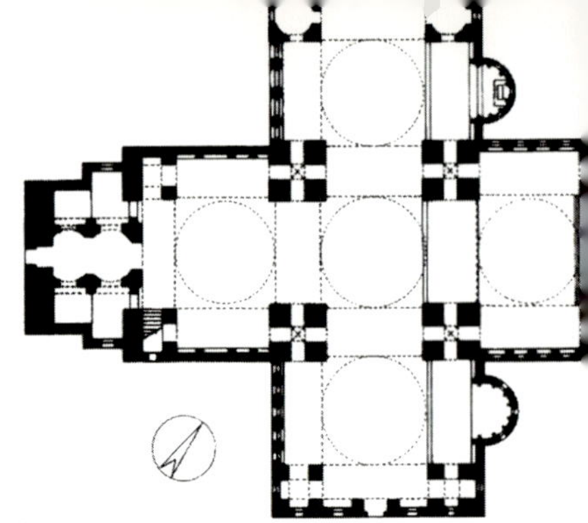

Ⅳ 현대철학과 건축조형

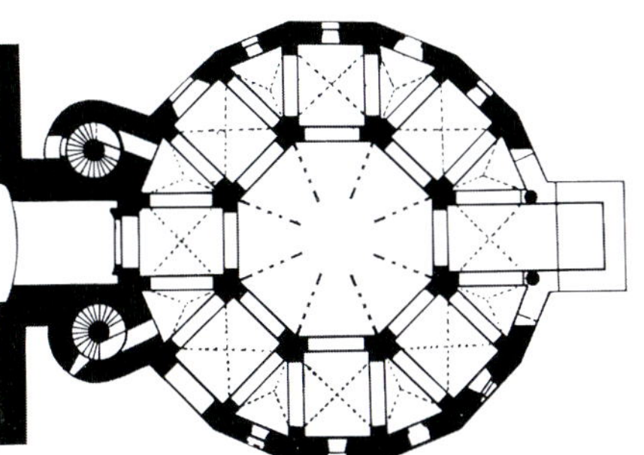

I 미학과 건축미학

미학은 18세기 중엽 「감성적 인식의 학」을 설정한 바움가르텐에 의해서 성립되었고 건축미학은 18세기 후반 건축미를 단순한 「효용미」로 분류한 칸트 이후에 전개되었다.

01

미학

인간의 주위세계를 미적으로 습득하는 보편적 법칙 및 예술문화의 구조나 발전 법칙을 해명하는 학문

미나 예술에 대한 이론적 반성과 사색은 고대 그리스에 그 기원을 둔다.

그러나 하나의 학문으로서 「미학(Aesthetica, Ästhetik)」은 18세기 중엽 독일의 바움가르텐(A. G. Baumgarten)[5]이 그의 저서 「미학 Ⅰ, Ⅱ(Aesthetica, 1750~1758)」에서

- 천부적인 아름다운 정신
- 미적 품성
- 아름다운 사유 속에 산출되는 시(詩)와 예술에 대해 설명하면서

5 바움가르텐(A. G. Baumgarten, 1714~1762)
「시(詩)에 관한 몇몇 철학적 성찰(1735)」, 「미학 Ⅰ, Ⅱ(1750~1758)」에서 「감성적 인식의 학문 = 미학(Aesthetica)」을 설정하고, 그 한 분과로 건축미학을 성립시켰다.

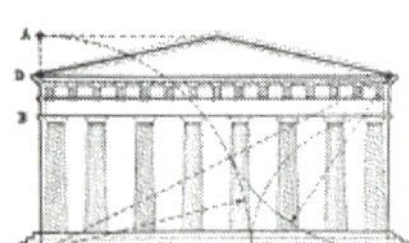

「관념적 인식의 학문 = 논리학」에 대하여 「감성적 인식의 학문 = 미학(Aesthetica)」을 설정하여 시작되었다.

일반적으로 「미학의 대상」은 다음과 같다.

제 일로 미학은 현실의 미의 습득에 관한 학문이다.

감성적 지각에 관한 학문인 미학은 두 가지 현상에 관계된다.

첫째, 미현상(美現象)이다.

미는 미학의 근본범주라는 의미이다.

둘째, 예술현상(藝術現象)이다.

미는 인간의 예술활동에서 최고의 표현형식이라는 의미이다.

미학은 18세기 후반부터 「미의 철학」, 「예술 철학」 그리고 이들을 모두 포함하는 의미로 사용되었다. 여기서 미는 본래적인 아름다움을 뜻할 때만 해당되었다.

미학의 주요 연구대상은 「미」이다.

그러나 미학에는 다른 현상들도 있다.

이 현상들은 「미적 특성(Ästhetische Eigenschaften)」과 「미적 가치(Ästhetische Werte)」이다. 미적 특성에는 예술 영역이 속하고 미적 가치에는 매력적인 것, 우아한 것, 숭고한 것, 영웅적인 것, 비극적인 것, 또는 이와 반대로 추한 것, 천한 것, 익살스러운 것 등이 속한다.

그러므로 미학은 단순히 미에 대한 학문이 아니라 인간이 주위에서 발견하고 실제적인 행위에서 창조하며 예술 속에서 반영되는 모든 미적 가치의 전 영역을 탐구하는 학문이다.

미적 가치를 지니는 많은 영역 중에서 특수한 위치를 차지하는 것은 예술이다. 미와 예술의 관계는 항상 미학의 중요한 연구대상이었다.

질송(E. Gilson)[6]은 미학을 세 분야로 구분하였다.

• 미의 철학 = 미의 이론을 다루는 이론

• 예술 철학

• 미의 형식을 다루는 미학

그래서 미학은 사회의 예술적인 문화에 관한 학문이라는 중요한 의미를 갖는 것이다.

제 이로 미학은 사회의 예술적 활동에 관한 학문이다.

미학은 오래전부터 예술활동의 문제를 다루었다.

예술활동의 중심요소는 「예술」이다.

첫째, 예술은 광의로 능력 또는 숙련된 기술을 의미한다.

둘째, 예술은 협의로 예술창작의 결과를 의미한다.

셋째, 가장 협소한 의미로 문학을 제외한 다른 예술을 총체적으로 가리킬 때 사용된다.

미학은 예술과 관계된다.

이것은 예술적인 가치를 창조하고 예술창작적인 특징을 갖기 때문에 다른 활동과 구분되는 특수한 인간활동의 결과로서 나타나는 예술이다.

그러므로 미학은 예술활동의 결과일 뿐만 아니라 예술활동 자체와도 연관

6 에띠엔느 질송(Etienne Gilson)
미학자. 「중세철학 입문」 등

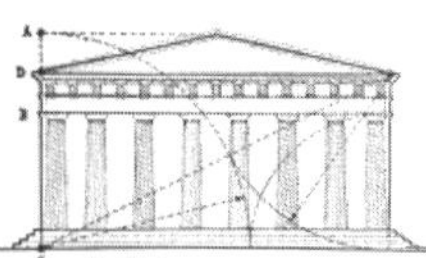

된다. 즉 미학의 연구대상은 예술을 구성하는 삼요소를 포함한다.

- 창작활동
- 예술작품
- 예술감상

미학사상은 18세기부터 창작활동과 감상활동의 역사적 성격을 의식하였으며 「예술사의 철학」이라는 개념을 미학 속에 수용하였다. 이것은 미학이 인류의 역사적 발전과 사회사(경제, 기술, 종교, 정치 등)를 배경으로 하는 예술형식, 방향, 방법의 상호작용을 연구하려고 시도한 것이다.

그러므로 미학은 단순히 예술철학이 아니라 「예술활동의 철학」으로 정의되어야 한다.

즉 미학이란 인간이 주위세계를 미적으로 습득하는 보편적인 법칙 및 예술문화의 구조나 발전법칙을 연구하는 학문이라고 정의할 수 있다.

미학은 인간의 미의식을 규정하고 한 사회의 예술적인 수준을 높임으로써 직접 모든 사람에게 실제적으로 작용하는 것이라는 실천적 의미를 갖는 것이다(강대석 저, 미학의 기초와 그 이론의 변천, 2004에서).

일반적으로 「미학의 범주」는 다음과 같다.

제 일은 미의 창조와 향수(享受)에 있어서 인간의 정신이 도입된 내면적 법칙성을 설정하여 미의 본질을 탐구하는 것이고,

제 이는 미적 현상의 근저에 놓인 공통의 것을 추구하며,

제 삼은 정신생활 및 일반문화에 대한 미의 가치를 규명하는 것이다.

그리고 「미학의 학문적 정의」는 다음과 같다.

첫째는 예술을 창조 · 관조하는 인간정신에 있어서 하나의 자연과학이고,

둘째는 철학적 및 심리학적인 방법으로 미와 예술이 갖는 특성을 밝혀가는 학문이다.

그래서 미학은 미에 관한 학문이며 미학의 대상은 미이다.

미는 주로 예술에서 찾아지며 예술은 구체적이고 명확하여 미학의 유일한 대상이다.

미의 영역은 예술미와 넓은 의미로 자연미도 포함된다. 미가 가장 순수하고 고도로 실현, 발휘되는 것은 예술영역이며 예술은 본질상 미적 가치의 창조, 체험을 목적으로 추구하는 것이다. 그래서 예술미는 미의 전형적인 근거이다.

미학을 세우는 예술철학 — 예술의 원리, 법칙의 체계적 학문 — 은 매우 편협하다. 왜냐하면 미학의 대상은 예술만이 만드는 것이 아니고 일반적으로 「미적」과 「예술적」에 의해 만들어지는 것도 아니기 때문이다. 우리들은 자연과 인생 또는 예술 이외의 문화영역 중에도 미적 효과를 부여하는 현상을 볼 수 있는 것이다.

다른 편으로는 예술의 영역은 「미적」에 의해 만들어지는 것이 아니다. 예술에는 「미적」 이외에 지적, 사회적, 종교적, 도덕적 등의 계기가 포함되어져 있기 때문이다.

「미적」 영역은 예술의 영역보다 큰 것을 고찰하는 동시에

「예술」은 「미적」 개념에 포함되지 않는 현상을 포함하는 것이다.

이상의 대상영역 검토로부터 미학과 일반예술론의 분리가 주장되었는데

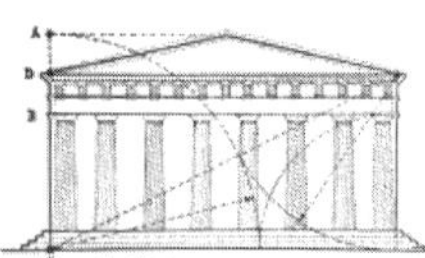

그것은 다음과 같다.

- 경험과학적 방법에 의한 분리(페히너)
- 미학상의 주관주의와 객관주의, 규범학과 기술학의 통일에 의한 분리(데스와르)
- 「일반예술학 기초론」에서 미적 = 감성심리학, 예술적 = 예술철학을 명확히 분리(우티츠)

미학은 미 개념의 성립근거로 볼 때 주관적(= 주관주의) 미학과 객관적(= 객관주의) 미학으로 분리된다.

첫째, 주관적 미학은 미적 효과가 나타나기 위해서 대상은 어떤 성질을 가져야 한다는 것으로, 미적 대상을 파악하는 주체의 태도 · 작용의 측면에서 미를 취급하는 것이므로 근대 미학이론의 대부분을 차지한다.

- 비판주의적 미학 : 미를 선험적인 주관의 판단에서 성립되는 것으로 연구하는 것(칸트, 신칸트학파)
- 형이상학적 미학과 관념론적 미학 : 미의 궁극적 내용을 초월적 · 객관적 실체나 이념으로 연구하는 것(쉘링, 헤겔)

둘째, 객관적 미학은 보편적인 미의 규준을 확정하는 것으로 객관적 존재인 예술작품, 일반적으로 미적대상의 측면에서 미를 연구하는 것으로 다음과 같이 나뉜다.

- 추상적 형식주의 : 객관적 대상의 형식관계를 미로 인정하는 것(고대 그리스의 미학사상, 헤르바르트, 짐머만 등)
- 감각적 형식주의 : 미적 대상의 감각적 구체성을 강조하는 것(피들러, 힐데브란트 등)

• 예술학의 입장 : 기타 객관적 · 주관적인 예술작품을 연구하는 것

미의 영역은 미적 대상과 미적 작용으로 구분한다. 미적 대상은 의식에 내재된 대상이며 미학의 과제는 미의식의 연구이다.

그리고 새로운 철학적 미학은 다음과 같이 나뉜다.

• 효과미학 : 미적 가치체험으로서 미의식에까지 나아가 그 본질구조와 가치근거를 규명하는 것이다(오데브레히트 등).
• 가치미학 : 비판적 철학의 의미로 형이상학적인 미학과 경험과학적 미학으로 분리되는 것이다(신칸트학파, 콘 등).

미적 경험은 미적 향수와 예술창작으로 분리된다.

• 향수미학과 취미미학 : 예술작품의 관조자에 작용하는 면을 취급하는 것이다.
• 창작미학 : 작가에 의해 생산된 예술작품을 중심으로 하는 것이다.

미적 체험은 주지주의적 미학과 주정주의적 미학으로 분리된다.

• 주지주의적 미학 : 객관적 · 지적인 미적 직관에 의한 것이다(바움가르텐 일파, 쉘링, 헤겔, 피들러 등).
• 주정주의적 미학 : 주관적 · 정의적 측면의 감정미학에 의한 것이다(립스, 코헨, 오데브레히트, 마샬 등).

미적 대상은 형식이나 내용에 의해 분리된다.

첫째, 형식미학은 다음의 세 가지로 나뉜다.

• 감각주의적 형식주의 : 형식을 감각적 형식으로 해석하는 것으로 지적 · 감정적 내용을 부정하는 것이다(피들러 등).

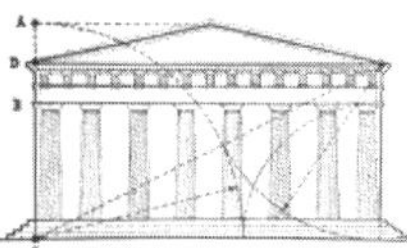

- 추상주의적 형식주의 : 형식에서만 미를 구하는 것으로 감각적, 소재적 요소의 미적 의미는 부정하는 것이다(헤르바르트, 짐머만 등).
- 구체적 형식주의 : 형식관계를 감각적 형식의 계기로 인정하는 것이다(쾨스틀린, 지베크).

둘째, 내용미학은 다음 두 가지로 나뉜다.

- 이념 · 본질 등의 지적 내용을 중시하는 이론이다(쉘링, 헤겔, 짐멜 등).
- 감정 내용을 강조하는 것이다(립스 등).

이상의 소론들에 관해서는 많은 비판— 미학과 예술학에 대한 학문의 기초를 짓는 문제 또는 양자에 관련된 문제 등 — 이 있으나 이들은 모두 미와 예술의 학적 사유의 문제에 관하여 그 출발점에 놓인 어려운 문제를 타개하려는 하나의 방법이 될 수 있는 것이다.

일반적으로 「미학의 방법」은 이성주의적 관념론 방향과 경험주의적 실증론 방향의 두 가지, 즉 철학적 방법과 과학적 방법(심리학적 방법과 예술학적 및 문화과학적 방법)으로 대별된다.

첫째, 철학적 방법은 여러 방향이 있지만 이들에게 공통적으로 인정되는 특징은 연역적인 것이다.

이 연역적 방법은 두 가지로 나뉜다.

- 관념론을 주장하는 사변적 미학(플라톤, 쉘링, 헤겔, 쇼펜하우어 등)
- 선험적 관념론에 근거를 둔 미학(마르크부르트 등)

이들 철학자에 공통으로 보여지는 방법은 형이상학적인 미의 개념을 우선 설정하고 이로부터 구체적인 현상으로 향하는 것이다. 연역적 방법은 '형이상학이란 무엇인가' 라는 최고의 개념으로부터 출발해서 미를 그 최고 개념의 특수한 현상으로 보는 경우에 인정되는 것이다. 이 경우에 미적 현상은 궁극적으로 「우주의 밑바닥」에 관계되는 것으로 이해하여야 한다.

철학적 방법을 택한 철학자들과 그 주장은 다음과 같다.

- 플라톤 : 형이상학적인 미의 개념을 설정하고 구체적 현상을 부여하였다.
- 쉘링 : 최고의 것으로 절대자를 선정하고 미학의 과제를 미의 절대자에 대한 관계를 명확히 하는 것으로 사고하였다. 예술에서는 주관과 객관의 대립 또는 이론적 태도와 실천적 태도의 대립이 통일되고 미와 유사한 것에서 무한한 것이 표현된다고 하였다.
- 헤겔 : 최고의 것으로 정신을 설정하고(이것을 이데 또는 신으로 칭하였다) 모든 현실적인 것을 정신의 현상으로 사고하였다. 예술형식은 「상징적」, 「고전적」, 「낭만적」으로 분류하였다.
- 쇼펜하우어 : 표상으로의 세계 근저에 이데를 매개시켜 「세계의지」의 존재를 사고하였다. 그 전형적인 예로 예술의 본질은 이데의 표현이라는 근본적인 과제로부터 유도된 것이라 하였다.

둘째, 과학적 방법은 경험주의적 · 실증적 · 직관적 방법을 주장한 현상학적 미학이다.

이 방법은 고대 아리스토텔레스에서 징후가 보였고 근대미학은 18세기 영국 · 프랑스에서 찾을 수 있다. 특히 19세기 후반기

의 자연과학 분위기와 함께 「위로부터의 미학」에 대하여 「아래로부터의

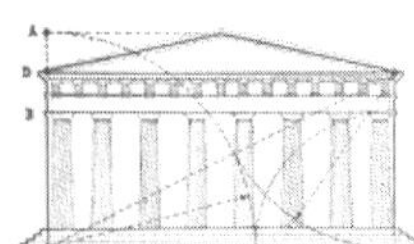

미학」이 발달하였다.

「위로부터의 미학」이 일반적인 이데로부터 출발하여 개개의 현상으로 내려가는 것에 대해서 「아래로부터의 미학」은 개개의 현상으로부터 출발해서 위로 올라가는 것이라 할 수 있다. 즉 전자는 미와 예술의 이데 — 또는 진과 선에 대한 미의 관계가 문제가 되는 것이고, 후자는 쾌 · 불쾌의 경험으로부터 출발해서 서서히 미적 법칙에 도달해 가는 것이다.

이 경험과학적인 방법론 자체는 「위로부터의 미학」에 대한 부정이나 혁명이 아니고 경험적 기초를 부여하려는 것으로 역사적 의의를 갖는 것이다. 경험과학적 미학은 미적 사실의 다양성에 의해 더욱 여러 방향으로 분화되었다.

심리과학적 미학의 방향도 다양한데 보통 심리적 미학, 즉 경험적 심리학적 방법에 의한 미학은 의식의 경험적 법칙성으로부터 미의 현상을 설명하는 것으로 다음과 같다.

- 감정이입미학 : 내성적(內省的) 방법에 의한 이론이다.
- 실험미학 : 실험적 방법을 위주로 하는 미학이론들이다. 아래로부터 진행될 경우는 생리학적 미학이다(알렌, 랑게, 히르트 등).
- 미의식의 구조나 형태를 주안으로 하여 표층으로부터 심층으로 들어가려는 것이다(딜타이, 뮐러－프라이엔펠스 등).
- 게슈탈트 이론을 예술심리학에 응용하려는 것이다(쉬테르찡어, 아른하임 등).
- 정신분석 방법을 활용하여 미적 현상을 무의식이나 잠재의식의 심연에서 조명하려는 이론이다(리드 등).

사회학적 관점에서 미적 현상, 즉 미와 예술현상의 실증적 연구를 하는 것은 다음과 같다.

- 사회학적 미학 : 미를 의식경험을 초월하는 형이상학적 본체, 존재로 보는 것이다.
- 사변적 미학 : 순수한 개념구성에 치중할 때는 관념론적 미학이라고 하는 것이다.
- 비판적 미학 : 비판철학의 입장에서 미의 체계적 지위와 특질을 규명하는 것으로 선험적 미학이라고 하는 것이다.
- 현상학적 미학 : 「생의 철학」의 미학과 훗설의 형이상학적 방법에 준한 것이다.
- 존재론적 미학 · 존재미학 : 하이데거의 실존적 분석을 근거로 하는 것이다.
- 분석철학 · 기초논리학 : 미적 대상의 형상을 감정적 의미의 「상징」으로 본 예술의 미론이다(랭거, 모리스 등).

(김문환 편저, 미학의 이해, 서울문예출판사, 1996에서)

이상은 「미학」에 대한 학적 배경을 개관해 본 것이다.

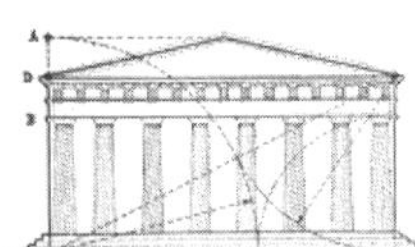

02

건축미학

건축미학은 인간의 실존을 도와온 건축의 의미심장한 상징성을 예술적인 건축미로 인식하고 그 다양한 성격을 이론적, 체계적으로 해명하는 학문

건축의 미에 관한 기존 이론으로는 고대의 형식설, 중세 · 낭만주의의 표현설, 근대의 심리설 그리고 현대의 합목적설 등이 있다. 그리고 과학적 건축미학은 18세기 중엽 독일의 바움가르텐(A. G. Baumgarten)이 저서 「미학」에서 고대의 감각, 지각에서 유래된 어원적 의의에 따라 감성적 인식의 학인 미학을 설정하면서 예술의 한 분과로 건축미학을 세운 것을 효시로 한다.

특히 마이어(Georg Friedrich Meier, 1718~1777)의 저서 「모든 아름다운 학문들의 기초(Anfangsgründe aller schönen künste und Wissenschaften, 3 Bde) Ⅰ, Ⅱ, Ⅲ(1748~1750)」에서 철학 속에 회화 · 음악 · 조각 · 건축 · 동판화 등을 아름답고 자유로운 예술에 꼽히는 것들로 들었다.

그러나 건축미에 관한 이론을 명확하게 학문의 틀, 즉 건축미학으로 성립시킨 사람은 20세기 독일의 죄르겔(H. Sörgel)[7]이다.

그는 저서 「건축미학(1921)」에서 고대 이후 전개된 건축이론을 추적하여 체계적 건축론을 시도하였는데, 그 건축론은 일반적 미학이 아닌 예술학이었으며 여기서 건축은 예술 체계의 일부분으로 다루어졌다.

그동안 건축이 예술체계 속에서 건축예술이라는 현재의 위치를 확보해 온 근원적 의미를 이해하기 위해서는 건축의 미학적 과제를 개관해 보아야 한다.

먼저 제 예술의 분류방법에 대하여 고찰해보자.

첫 번째 방법은 예술을 순수미술(자유미술)과 응용미술로 분류하는 것이다.

이것은 예술작품의 사용목적 유무에 따라서 제 예술을 분류하는 것인데 미적 이외의 실제적인 목적에 의해서 제약되는, 즉 어떤 사용 목적을 갖는 예술을 응용미술이라 하고 실제적인 목적을 갖지 않은 예술과 구별하는 것이다.

빈델반트(W. Windelband)[8]는 이 두 가지 미술의 한계를 다음과 같이 규정하였다. '제 예술 활동은 창조 활동이지만 순수예술은 응용예술과 같이 일상생활에 사용되는 대상이나 도구를 제작하는 것이 아니다. 그러므로 실용목적을 넘어서는 순수예술은 순수한 이론적 과학 같은 것이어서 사람의 일상적 요구를 벗어나야만 미 또는 진의 세계를 창조할 수 있다는 것이다. 실제

7 죄르겔(H. Sörgel)
「건축미학(Architektur Aesthetik, 1921)」에서 건축미에 관한 학문적 틀(=건축미학)을 성립시켰다.

8 빈델반트(W. Windelband, 1848~1915)
「철학입문(Einleitung in die Philosophie)」에서

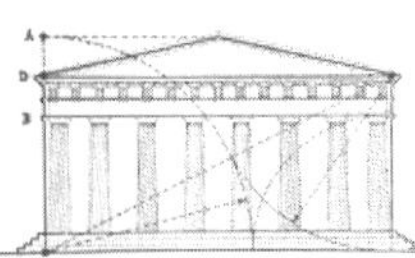

로 예술가의 작품은 실용목적을 갖지 않기 때문에 순수예술이며, 그래서 이들은 미적 이외의 실용적 목적을 가진 응용예술과는 구분되는 것이다.

칸트[9]가 '자유미에 대해서 건축미는 그 목적 개념과 완전성 개념을 전제로 한 것이기 때문에 단순한 효용미(效用美)이다.' 라고 한 것도 이와 같은 경향이다. 그는 건축미의 존재를 인정하고 취미 판단의 순수성을 유지하기 위해서 자유미에 대한 효용미를 설정하였다.

이 분류방법에서 응용미술은 순수미술과 동계열이 아니라는 것이다. 그러나 오직 건축이 예술로서 인정될 수 있는 것은 건축에 회화 · 조각 등의 순수미술이 첨부되는 경우만이라는 것이다.

피셔(F. Th. Vischer)[10]가 건축의 이상(理想)을 신전 건축에 둔 것도 이와 같이 건축론의 대상으로 기념적 종교건축을 채택한 좋은 예이다.

근대 건축의 발전 과정에서 종교 건축은 주택 · 공장 · 공공건축 등 비종교적 건축으로 대체되었다. 이 건축들은 목적에 의해 구성되는 것이지만 건축은 목적 충족에만 속박되는 것은 아니다. 오히려 그 목적 충족이 새로운 예술형식을 생성시키는 계기가 되어 왔다.

그로피우스(W. Gropius)[11]가 바우하우스(Bauhaus) 운동을 추진해 오면서 그 교육이념의 하나로 응용미술과 순수미술의 차이에 대한 철폐를 주장한

9 칸트(I. Kant)
「비판적 판단(Kritik der Urtheilskrtft, 1790)」에서

10 피셔(F. Th. Vischer)
「미학(Aesthetik, 1846~1857)」에서

11 그로피우스(W. Gropius)
「생활공간의 창조(Scope of Total Architecture, 1943)」에서

것도 이와 같은 경향의 한 현상이다.

로스(A. Loos)가 '미는 합목적성이다.' 라고 주장한 것도 전체적으로는 인정하기 어렵더라도 근대조형예술의 핵심적 사고 중 하나라고 할 수 있는 것이다.

로마의 비트루비우스(M. Vitruvius P.) 이후에 건축론의 출발점은 편리함 · 견고함 · 아름다움의 세 가지 요소와 그들 상호관계의 문제에서 고찰되어 왔는데 특히 편리함, 즉 기능 = 목적과 미적 형식과의 관계에 대한 문제는 건축미학의 주요과제가 되어 온 것이다.

두 번째 방법은 제 예술을 순수직관 형식으로 분류하는 것이다.

이것은 공간과 시간을 분류의 계기로 하는 것이다. 회화 · 조각 · 건축은 공간 속에 존재하므로 이들을 파악하기 위해서 시간은 필요하지 않다.

그러나 심포니 · 드라마 · 소설 · 무용 등은 이들을 공연하기 위해서 많은 시간이 필요하다. 그래서 일반적으로 조형예술은 공간예술로, 그리고 음악 · 소설 등은 시간예술로 분류하는 고찰 방법이 나타났다.

레싱(G. E. Lessing)은 저서 「라오쿤(Laokoon, 1766)」에서 동시존재라는 것을 조형 예술의 원래 성격으로 고찰하고 시간적 · 계기적이라는 것은 시 · 문예 등의 본질적 성격으로 보았다. 그 이후 이 분류법은 많은 예술가들이 채택해 온 것이다.

그러나 공간예술에 시간성을 도입하거나 시간예술에 공간성을 도입하려고 하는 의견도 나타났다. 그 예로 건축 · 회화에 「리듬」을 인정하고 반대로 시 · 음악에 「건축적 구성」을 인정하는 것이다. 이러한 사고방법은 특히 근

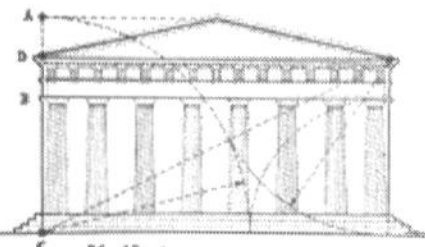

대 예술의 해명을 위한 힌트를 갖는 것이다.

건축이 공간예술로 규정되는 경우에도 건축의 본질 해명에서 보는 것 같이 두 가지 방향의 주장이 있다.

그 하나는 건축의 본질을 「입체 형식」으로 보는 것이고, 다른 하나는 건축의 본질을 「공간 형성」으로 보는 것이다.

립스(Th. Lipps)는 「입체 형식」을 주장하였고 쉬마르조(A. Schmarsow)[12]는 「공간 형성」을 주장하였다.

립스는 '「입체 형식」은 건축 형태인 「매스(mass)의 형성」에 중점을 둔 것이고, 「공간 형성」은 건축 내부 공간의 형식에 중점을 둔 것이다.' 라고 하였다.

쉬마르조는 '건축은 인간 생활을 위하여 공간적으로 환경적 틀(rahmen)을 만드는 것이므로 본질적으로는 「공간적 형성」이다.' 라고 하였다.

위의 두 가지 주장은 건축 역사상에서 보여지는 양식의 변천에 부응하는 이론으로 볼 수 있다. 그러나 이 주장들은 각기 충분한 의의를 갖고 있기 때문에 어느 한편의 주장만으로는 역사상 모든 양식발전의 설명이 불가능한 것이다.

페브스너(Nikolaus Pevsner)[13]는 건축에 의해 일어나는 미적 감정을 세 가지 방법으로 고찰하였고 좋은 건축은 이 세 가지 작업으로 조성된다고 주장

12 쉬마르조(A. Schmarsow)
「예술학의 기본개념(Grundbegriffe der Kunstwissenchaft, 1905)」에서

13 페브스너(N. Pevsner)
「유럽 건축사 개관(An Outline of European Architecture, 1943)」에서

하였다.

제 일은 벽면의 취급방법이다.

창의 비례, 창 분할, 각층의 비율, 트레이서리 장식의 형식 등이다. 이것은 이차원적이고 화가의 영역에 속한다.

제 이는 외부 전체의 취급방법이다.

블록상호관계, 지붕의 형태, 돌출부와 후퇴부에 의해 생기는 리듬 등이다. 이것은 삼차원적이고 조각가의 작업에 속한다.

제 삼은 내부의 취급방법이다.

각 실의 연속작업, 교회당 내부의 넓이를 결정하는 방법, 계단의 형식 등이다. 이것은 삼차원적이지만 공간을 문제로 하기 때문에 건축가의 독특한 방법이다.

페브스너는 위의 이론을 바탕으로 새로운 건축사를 서술하였다.

세 번째 방법은 현실성을 계기로 예술을 분류하는 것이다.

이 분류법은 위의 방법들과 관계를 갖는 것이지만 특히 건축예술에서는 중요한 방법이다.

일반적으로 예술은 그 형성 작용에 의해서 「현실 재현」과 그것과는 관계없는 「창조」의 두 가지 방향으로 고찰된다.

회화 · 조각 등은 전자에 속하는 것이며 건축 · 공예 · 음악 등은 후자에 속하는 것이다. 재현 예술인 회화나 조각은 그들이 자연을 재현하는 모방이고 비구상적 표현으로 향하는 모방도 현실과는 근본적으로 다른 관념적 세계의 표현으로 완성되는 것이다.

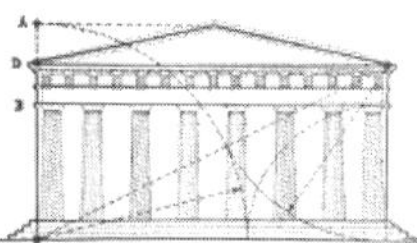

그러나 건축은 미적 객체로서 현실에 존재하며 예술적으로 형성된 현실이다. 즉 건축이란 사람들의 생활기능에 의해서 공간을 형성하는 것이며 사람들의 활동을 위한 도구로 제작되는 것이다.

건축에 대한 근본적 문제는 「건축의 현실이 미적 현실이 될 수 있는가」라는 과제이다. 건축은 확실하게 현실성에 의해서 다른 예술과 구별되기 때문이다.

건축 작품은 사람들과 동시에 있으며 현실의 공간 속에 존재하지만 그들이 예술이기 위해서는 어떤 방법으로든지 일상적인 현실성에서 탈피하여야 한다. 건축미학에서 항상 논쟁의 과제가 되어온 목적이나 재료 그리고 미적 형식의 관계에 대한 문제는 모두 건축의 미적 「현실성」에 관한 것이다.

다음으로 건축미학을 일반 미학과 같이 과학적 · 철학적 방법으로 고찰해 보자.

건축미학은 예술의 분류에서 강조된 건축미의 복잡한 성격을 이론적, 체계적으로 연구하는 것이다. 건축의 철학적 방법은 그 대상이 건축 작품이라는 구체적 예술 현상이기 때문에 일반 미학의 철학적 미학과는 다르다. 그래서 건축미를 이데아의 표현으로 설명하는 것과 건축미의 근원을 탐구하는 것은 철학적 방법에 속한다. 이에 대하여 건축미의 원인을 주로 미적 체험이라는 주관적인 면에서 구하려는 심리학적 건축미학(=건축심리학)은 과학적 방법에 속한다.

그리고 건축예술의 체계적 · 이론적 연구는 역사적 연구에서 대립되는 것이 아니라 상호교류된다. 이 교류점에서 「건축양식론」을 인정하게 되는 것

14 헤겔(G. W. Hegel, 1770~1831)
「예술철학(Philosophy of Fine Art, 1835)」

이다.

헤겔(G. W. Hegel)의 미학[14]은 이미 그 예술의 체계성과 역사성의 관계로 눈에 띄는 것이다. 그는 세계의 역사적 구조를 이데아의 자기실현 과정으로 채택하였지만 이데아의 감성적 형식인 예술 현상도 변증법(정반합(正反合))적으로 전개되는 것으로 사고하였다. 이데아와 감성적 형식의 관계에서 분리된

「상징적 예술(=동양적 예술)」= 건축

「고전적 예술(=그리스적 예술)」= 조각

「낭만적 예술(=기독교적 예술)」= 회화 · 음악 · 시

이다. 이 세 가지 구분은 한편으로 예술양식의 발전이라는 역사적 문제인 동시에 미의 기본형태, 예술의 종류 등 체계적 문제도 되는 것이다.

건축은 그 이상이 구체적인 정신으로 실현되는 것이므로 표현된 실재는 이념의 외적인 것이다. 이것이 건축에 침투되면 그 근본유형은 상징적 형식 예술이 된다. 물론 헤겔의 미학은 거의 사변적이지만 그의 예술의 역사성과 체계성의 관계는 매우 중요한 이론인 것이다.

건축미학의 중요한 방법 중에 하나는 19세기 이후 명확하게 된 「양식론」이다. 이 양식론은 딜타이(W. Dilthey)[15]에 의해서 정신과학의 철학적 기초가 확립되었고 뵐플린(H. Wölfflin)[16]에 의해서 예술역사상에 응용되었다.

딜타이는 '자연과학의 방법은 「설명」이고 정신과학의 방법은 「이해」다.'

15 딜타이(Wilhelm Dilthey, 1833~1911)
「생의 철학(Philosophy of life)」
16 뵐플린(H. Wölfflin)
「예술사의 기초개념들(Kunstgeschichtliche Grundbegriffe, 1917)」

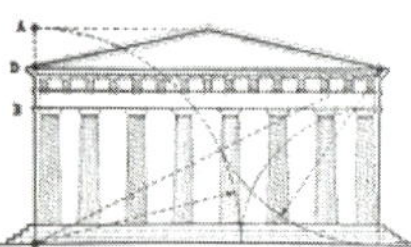

그리고 '「이해」가 외적인 것보다 내적인 것을 파악하는 과정이라면 외적인 것은 내적인 것의 「표현」으로 파악된다. 문화현상의 역사적 관련에서 내적인 것이 「표현」으로 파악될 때 정신과학적 인식의 목표는 「유형(流形)」이 된다.' 라고 하였다.

헤겔의 사고와 같이 다양한 문화 현상은 동일한 공통의 뿌리, 즉 시대정신을 갖는 것이다. 그래서 「유형」의 개념은 예술의 양식 개념으로 발전하는 기초가 될 수 있는 것이다.

뵐플린은 '건축은 시대 감정을 옳게 표현한 것이다.' 라고 주장하였다. 그리고 「과제에 의한 예술사」를 제창하고 양식적 파악의 선구가 된 스승 부르크하르트(J. Bruckhardt)의 흐름을 수용하여 양식의 근원을 추구하였다. 그는 각 시대 예술에 특유한 작업을 「시 형식(視形式)」으로 고찰하였다.

건축미학자 죄르겔도 '미학이란 보편적 · 공통적인 것을 목표로 하는 법칙학이고, 미술사란 개별적인 작품을 수집해서 질서 부여를 목표로 하는 사실학이며, 양식론은 각각의 역사 현상의 가치를 그 특이성으로 규명하는 것을 과제로 하는 발전학이다.' 라고 하여서 양식론의 입장을 주장하였다.

위의 각 학문의 방법은 비판적 · 기술적 · 해명적으로 규정될 수 있다. 그래서 양식론은 미학적 법칙을 역사적 현상에 응용하는 것으로 규정된다.

미학이 항상 철학과 과학, 체계와 역사의 종합으로 고찰될 수 있다면 건축미학은 양식론적 파악의 방향으로 진행될 수 있는 학문인 것이다.

Ⅱ 건축론

기존의 건축론은 지적인 고대의 형식설, 낭만적인 중세의 표현설, 신비적인 근대의 심리설, 과학적인 현대의 합목적설로 이어졌다.

1 | 형식설(形式說)

형식설[17]은 지적(知的)인 고전예술과 고전사상에 관련된 것으로 고대의 수(數)에 따른 비례와 형식미에 관한 이론이다. 이것은 '가시적인 미는 형식의 문제 또는 형식+색채의 문제라는 것이다. 형식설은 예술작품의 형식상의 미감을 형성하는 미적 형식 원리 및 법칙에 관한 학설이다. 이 이론은 본질적으로는 기하학적인 상관관계, 즉 형태에 의한 희열인데 「어떤 종류의 형체는 인간의 쾌감을 만족시킨다.」'라는 학설이다.

01

수와 비례, 형식 이론

예술작품에서 외부로 드러나는 형식상의 균형, 대조, 통일 등에 관한 미적 원리, 법칙의 이론

고대에는 학문으로서의 미학 또는 건축미학은 없었다. 그러나 이집트에서는 건축의 형태 표현에서 그리고 그리스에서는 건축미에 관한 많은 철학적 소론들 속에서 보여진다. 그것은 고대 건축 속에 숨겨진 화음, 조화의 비밀인 수와 비례에 관한 이론이었다. 이 수에 관한 이론은 조형예술에서 작품의 질서와 조화를 창조해내는 척도, 즉 「표준율(canon)[18]」을 규정하였다. 그리고 이 표준율에 의한 형식은 고대인들이 채택한 예술적 규범이었으며 미학적 정

17 형식설
햄림(T.Hamin). 「건축 : 전 인간의 예술(Architecture : an art for all man, 1947)」

18 표준율(canon)
음악의 노모스(nomos)와 동의어. 수의 이론을 바탕으로 작품의 질서와 조화를 창출해내는 척도

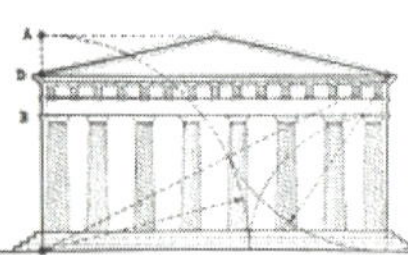

당화로 모든 것의 원상이 되었고 기하학적 형식으로 표출되었다.

이 형식은 신인동형론(神人同形論)적 건축형태인 신전 건축양식을 정형화시켰으며 그들의 신적 계시와 함께 작품의 근저에 '이와 같은 형식이어야만 한다.' 는 사고방법을 정착시켰다.

그리고 일반적으로 그리스인들은 '완벽한 미의 형식은 가장 단순한 수적 비례를 갖는 기하학적 도형, 즉 삼각형, 사각형, 원 등이다.' 라고 주장하였다.

그러나 건축미에 관한 체계적 고찰은 로마의 비트루비우스(M. Vitruvius)[19]로부터였다. 그는 저서「건축에 관하여(De Architectura, B.C. 25~B.C. 27)」에서 건축기술이나 건축미에 관하여 이론적이고 실제적인 서술을 하였는데 그 건축이론의 기초적 고찰방법은 이미 그리스 철학에서 보여진 것이다.

비트루비우스는 인체의 연구를 통하여 그리스의 수와 비례에 대한 형식미를 인체비례의 형식미로 치환하였으며 인체비례에서 모듀루스(modulus : 기본단위척도)를 발견하여 건축 구성에 인용하였다.

인체비례의 미적 형식에 대한 형식설은 르네상스에서도 승계 발전되었다. 이것은 고대 조형세계의 미적 비밀인 수와 비례 및 인체 비례의 형식론에 대한 사고방법이 그 실효성에서 인정되었기 때문이다.

고전적 예술의 미학을 정리하면 다음과 같다.

첫째, 표준율적 형식미학이다. 즉 객관적인 미가 수와 척도에 의한다는 확

19 비트루비우스(M. Vitruvius P.)
최초 · 최고의 건축 이론서「건축에 관하여(De Architectura, B.C. 25~B.C. 27)」를 저술

신을 가졌다.

둘째, 유기적 형식을 선호한다. 가장 위대한 미는 형식, 비례 그리고 인간 존재의 척도 속에서 표출되었다.

셋째, 실재론(realistic)적이다. 자연의 미를 이끌어 온다는 의미이다.

넷째, 정적인 형식미이다. 균형 잡히고 정지된 형식인 단순함의 가치를 가졌다.

다섯째, 정신물리학적 미학이다. 형식과 내용을, 즉 영혼과 육체의 통일성과 조화를 갖는 정신적이면서 물질적인 미이다.

그러나 고전적 예술의 미학은 그리스의 수와 비례에 의한 「객관적 형식미」에서 로마의 「주관적 형식미」로 이전되었다.

■ 건축의 표준율canon

기둥높이

그리스 신전의 기둥높이는 양식에 따라 기둥 밑변의 반지름을 1모듈(module)로 하여 정하였다.

A　H=16모듈
B　H=18모듈
C　H=20모듈

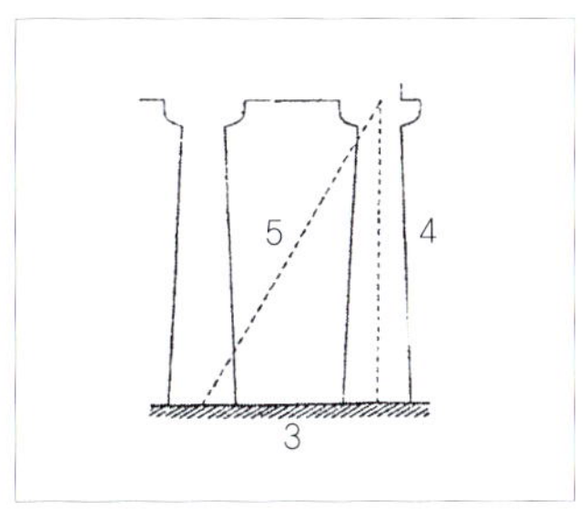

기둥간격

그리스 신전에서 기둥들의 높이와 배열은 일반적으로 변들의 비례가 3:4:5로 된 피타고라스 삼각형의 비례를 따랐다.

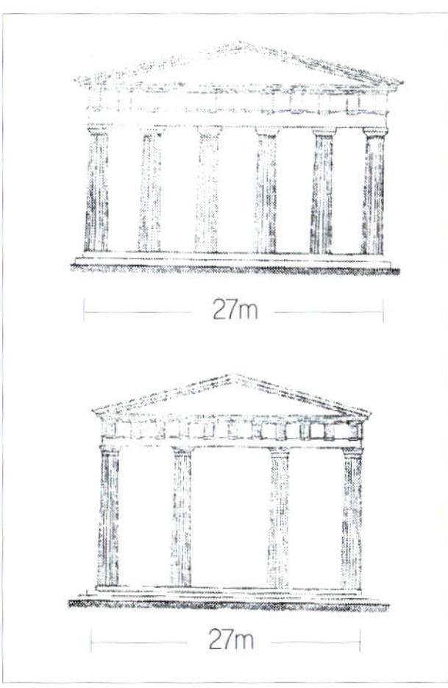

신전의 전면폭

그리스 신전의 전면폭은 전면의 기둥수와 관계 없이 기둥 밑변의 반지름을 1모듈로 하는 27모듈로 하였다.

이집트 삼각형

스미스(E. B. Smith) 교수는 저서 「문화인상으로서의 이집트 건축(1939)」에서 '이집트인들은 예술에 대한 미적 태도를 가졌다고 상상하기 어렵다. …이집트인들은 예술적 창조물들의 미적 매력에 거의 관심을 갖지 않았다.' 라고 하였다.

그러나 이집트의 실재적 건축은 시각교정법에 의한 조형적 연구나 의도가 있었으며, 명확한 축(Axis)과 정적이고 조각적인 정교한 공간구성이 매우 우수하였고, 그들이 건축 작품에 사용한 비례도 황금비율(Golden Section)에 유사한 것이었다.

이 실용적인 미적 비례는 직각을 만드는 방법에 그 기원을 둔 것인데, 긴 줄에 등간격으로 14개의 매듭을 짓고 그 매듭길이 3개, 4개, 5개로 직각삼각형을 만들면 그 자체가 우수하고 아름다운 조형을 이루었다. 이것이 르네상스의 예술가들이 명명한 「이집트 삼각형」[20]이다.

이집트 삼각형은 3 : 5라는 독특한 비례의 아름다움을 형태로 구현시킨 근원이다. 그 실예로 기제(Gizeh)의 제 일 피라미드는 밑변 약 230m, 높이 146m인데 이 치수는 피보나치(Fibonacci)[21]의 상가급수 중 144 : 233과 유사한 황금률의 근사치로 구성되었다.

---

20 이집트 삼각형
고대 이집트인들이 행한 끈에 의해 직각을 만드는 방법. 이 3:4:5는 정면한 정수비를 갖으며 3개의 변에서 최단선분과 최장선분의 비가 3:5인 황금비를 나타냈다. 이것은 수에 의한 황금비례의 기원이라 할 수 있다.

21 피보나치(Leonardo Fibonacci, 1170~1250)
이탈리아 수학자. 상가급수(相加級數)를 제시했다.
1:2, 2:3, 3:5, 5:8, 8:13 ……

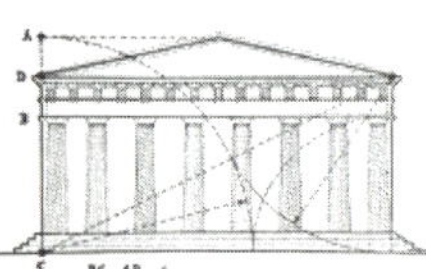

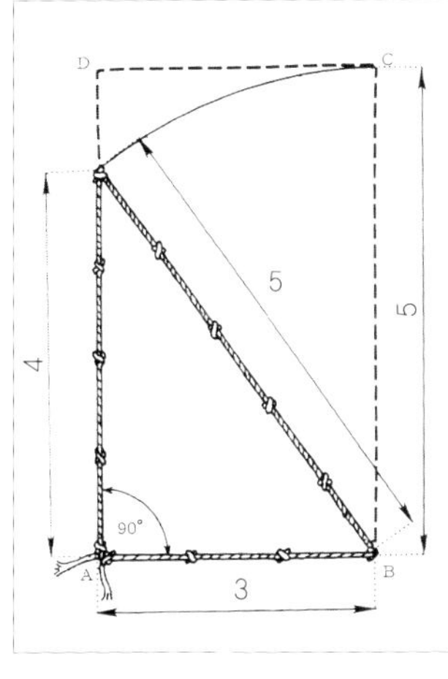

이집트 삼각형과 3:5가 만드는 구형

3:4:5의 이집트 삼각형에서 O와 B변인 매듭 5를 직각으로 세우고, AB를 연장시켜 OC와 직각되는 선을 그으면 3:5가 만들어 내는 황금비 구형이 얻어진다.

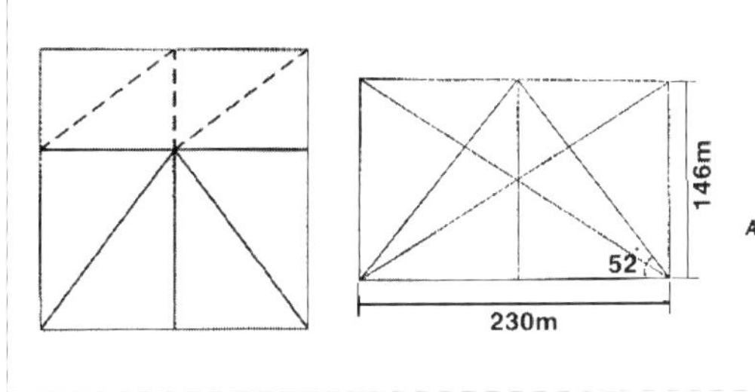

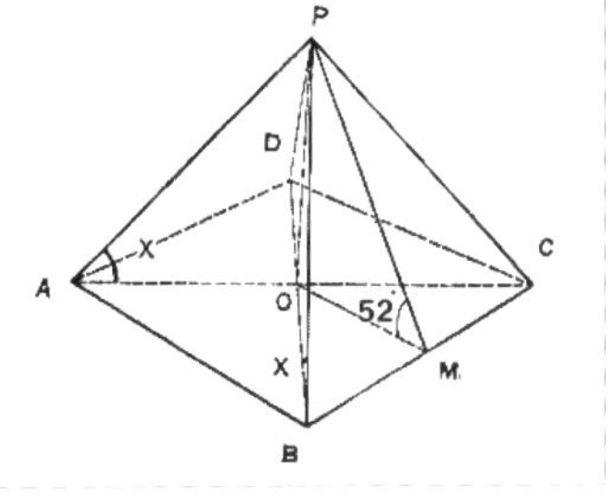

피라미드의 비례

피라미드는 평면 · 입면 · 형태구성에서 이집트 삼각형(3:4:5의 비례)이 인용되었음을 실증하는 것이다.

피타고라스(Pytagoras)

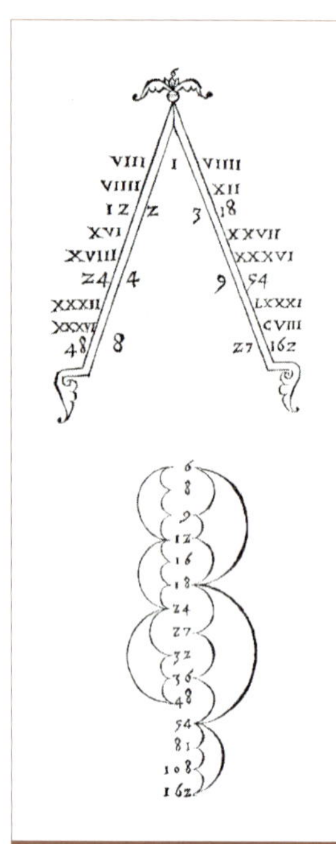
피타고라스의 수와 비례 이론

피타고라스[22]는 「우주는 아름다운 조화가 있는 전체」라 사고하였고 자연의 설계와 그것의 기본적 가지성(可知性)을 수학적 개념으로 이해하였다. 그는 음악에서 「팽팽한 현(弦)의 길이와 그것이 진동할 때의 음 높이와의 관계, 즉 길이의 비율과 그에 상응하는 음정간의 관계」를 발전시켰다.

그것은 1 : 2(8도 음정), 2 : 3(5도 음정), 3 : 4(4도 음정) 비례였다.

특히 1 : 2 비례인 옥타브 음정(하모니아(Hamonia))은 조화라는 근본적인 것으로 사고하였다.

그는 수(數)의 요소를 홀수와 짝수로 나누고 이 두 종류의 수에 성격을 부여하였다.

홀수는 1, 3, 5, 7, 9 이고,

짝수는 2, 4, 6, 8, 0 이며,

10은 완전수인데 이것은 수라는 것의 본성을 전부 포함하였다.

특히 숫자에도 의미를 부여하였다.

홀수는 한정 · 왼쪽 · 남자 · 고정 · 직선 · 빛 · 선 · 정방형,

짝수는 무한 · 오른쪽 · 여자 · 움직임 · 곡선 · 어두움 · 악 · 구형,

그리고 1은 점, 2는 선, 3은 평면, 4는 입체이고 정의이며 5는 혼인과 기교를 나타내었다.

이와 같이 홀수와 짝수, 단일성과 이중성의 대립을 내포하고 이 두 가지를

22 피타고라스(Pytagoras, B.C. 582경 ~ B.C. 497경)
그리스의 철학자, 수학자. 수를 조화로 보았음

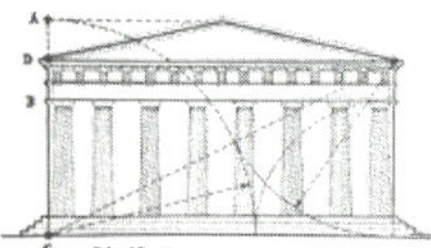

완전하게 조화시킨 것은 「다양의 통일」이라는 형식 원리에 부합되는 것이라고 하였다. 이 수의 이론은 그리스 세계의 조형예술에 있어서 형식, 특히 기하학적 형식(삼각형, 사각형, 원형 등)에 특별한 의미를 갖는 것이다.

피타고라스학파는 수(數)의 사상을 일반론으로 확장시켰다. '물질계의 요소들은 수이거나 수의 모방' 이라 고찰하여 수학적 제원리를 모든 존재자의 제원리로 보았고, 수를 조화와 성질의 근거로, 그리고 전 자연속에 제 일의 것으로 사고하였다. 그리고 수의 원소를 모든 것의 원소로 해석하고 세계전체를 수와 조화되는 것으로 이해하였다. 이것은 수의 이론을 근본원리로 하여 세계전체를 조화로 파악하려 한 그들의 세계감정의 표현이었다. 존재하는 세계의 원리와 질서를 수와 조화의 법칙에 의한 것으로 본 것은 수의 신비스러운 면을 인정한 것이다.

필로라오스(Philoraos)[23]는 '존재하는 것은 투쟁하는 것과 대립하고 있는 것으로부터 성립하는데, 그것은 당연히 그 속에 조화를 갖고 있다. 조화란 혼합된 것들의 통일이고 상쟁(相爭)하는 것의 관련이기 때문이다.' 라고 사고하였다.

그는 자연의 제 현상 속에서 합리적 질서와 조화, 합법칙성을 인정하고 그들 자연법칙을 척도와 수에 따라 표현하려 하였다. 이와 같은 그의 근본사상은 이후 예술 이론에 출발점이 된 것이다.

23 필로라오스(Philoraos)
파타고라스의 제자. 피타고라스학파

이들의 수의 사상은 그리스 조형예술 전체에 중심되는 표준율(canon)을 확립시켰다. 이 표준율의 형식은 최초로 신전 건축에 적용되었고, 표준율의 활용은 예술작품의 완벽함을 보증하는, 즉 가장 완벽한 비례라는 미학적 정당성을 구현시켰다.

피타고라스학파의 개념으로 미의 본질은 질서(taxis), 척도, 비례, 협화, 조화 등이었다. 즉 미는 다음과 같이 이해되었다.

첫째, 부분들의 배열(배치, 조화)에 따른 하나의 속성이었고,

둘째, 수(척도, 비례)로 표현되는 수적 속성이었다.

플라톤(Platon)

플라톤[24]은 저서 「필레보스(Philebos)」에서 기하학적 도형이 갖는 미에 관하여 '형과 색이 우리들에게 아름답고 쾌감을 주는 것은 이들이 수량적으로 규칙적이고 적합한 형식인 균제(Symmetria)와 비례(Analogia)를 갖고 있기 때문이다.' 라고 하였다. 그리고 '척도와 균제의 본성을 수반한 혼합은 어떤 혼합이라도 필연적인 혼합이고 무엇보다 혼합 자체를 파괴하지 않는 것이다.' 라고 하였다.

플라톤은 '미의 쾌감은 절도 있는 중용의 힘을 갖고 정관의 자태 속에 성립하는 것이고, 절대적인 미는 감각적 지각의 요소인 색채, 음, 기하학적 형식에 있다.' 라고 사고하였다.

그는 복잡한 아름다운 것들 중에서 전형적인 예로 신전건축을 택하고 '신전들은 부분과 부분의 관계에서 어떤 이상적인 비례를 보여 준다. … 우리는 전체에 동적인 정적과 자기완성을 부여하는 균형 또는 대비를 통하여 부분들이 상호 화합하는 것을 발견한다. 그래서 척도(Metron)와 비례(Symmetron)의 특성은 반드시 … 미와 우수함의 구성요소가 된다. 그리고 이들은 미와 덕이다.' 라고 하였다.

이것은 척도와 비례가 미와 긴밀하게 연관된 것 그리고 미에 본질적인 것이라는 사고를 분명히 한 것이다.

24 플라톤(Platon, B.C. 427 ~ B.C. 347)
그리스 철학자. 그는 아케데미아를 설치하고 입구에 자신의 신념인 '기하학을 모르는 자는 들어오지 말지어다' 라고 써 붙였다.
– **필레보스**(philebos): 플라톤의 후기 저서 중 하나, 일명 「즐거움에 관하여」

그는 '하나의 사물, 즉 감각경험의 기초적 성질의 미는 부드럽고 명료하므로 단순음을 전하는 소리는 그 자체로 아름답다.

색채의 경우 순백은 모든 흰 것들 중에 가장 참되고 고상한 것이다. 더욱이 단순한 기하학형태—직선이나 원 그리고 이들을 이용하여 … 만들어내는 평면과 입체— 는 절대적으로 아름답다.' 라고 하였다.

플라톤은 자연철학에 관한 저서 「티마에오스(Timaeus)」에서 '선한 것은 아름다우며 아름다운 것은 비례를 결여할 수 없다.' 라는 미와 척도의 관계를 해명하고 피타고라스 주의를 인정하였다. 그의 체계에서는 감각적 존재와 순수한 이데아(形相)의 중간물은 세계영혼이고 그것은 모든 생명, 모든 선(善)의 원천이지만 동시에 수의 관계로 구성되어진 것이다.

그는 음계에 따라서 7유성(遊星)을 구분하고 제원소를 기하학상의 근본형태로 환원시킨 방법을 다음과 같이 밝혔다.

즉 '불은 4면체의 형을 갖는 미소한 물체이고 공기는 8면체, 물은 12면체, 땅은 6면체에서 생겨났으며 전 세계는 가장 완전한 형인 구형(球形)이 차지하고 있다.'

이것은 세계를 질서와 조화와 미라는 과정에서 유기체로 사고한 플라톤의 근본개념을 이해할 수 있는 매우 흥미 있는 것이다.

플라톤은 '미란 유용한 것 그리고 듣고 봄으로써 즐거움을 주는 것으로 얼마간의 진실도 발견된다.

미는 유용한 즐거움이다. 참된 즐거움(=쾌)은 색채와 형태미, 어떤 향기와

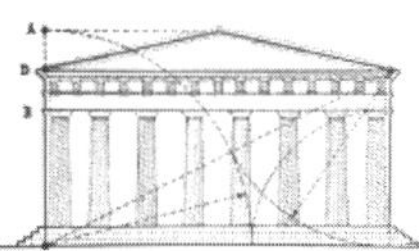

음향 그리고 기하학적 구성에 의해 부여되는 것이다.' 라고 사고하였다.

그는 외형의 미적 형식주의를 찬양하였지만 내용의 미도 찬양하였다.

이 「다양한 통일」을 기본으로 한 플라톤의 미적 형식설은 아리스토텔레스(Aristoteles)에 계승되었고 고대 그리스 조형세계의 기본적 방법으로 인식되어진 것이다.

육면체 땅

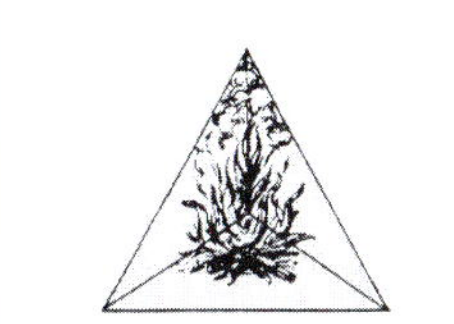
사면체 불

이십면체 물

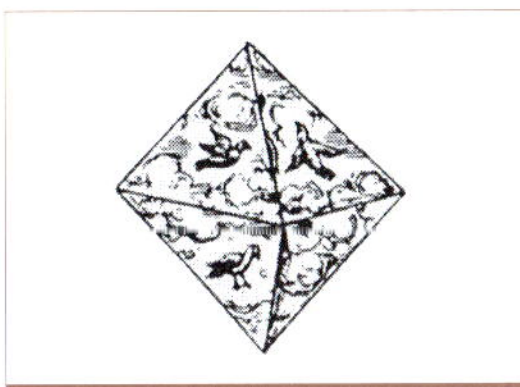
팔면체 공기

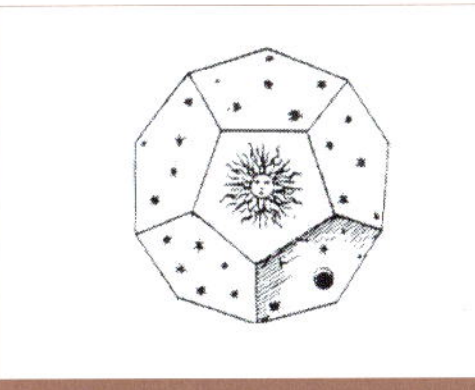
십이면체 우주

아리스토텔레스(Aristoteles)

아리스토텔레스[25]는 저서 「시학(詩學, B.C. 347~B.C. 342)」에서 '예술은 자연을 모방한다.', '창작의 본질은 모방에 있다.' 라고 하여 예술의 본질을 모방(mimesis)의 개념으로 포괄하고 미적효과로서의 카타르시스(katharsis)의 개념을 사고하였다.

그리고 미란 용어는 '가장 좋은 것', '가장 멋진 것', '예술적으로 가장 우수한 것' 에 해당된다고 정의하였다.

특히 '미(美)란 귀나 눈을 즐겁게 해주는 것 또는 그 자체의 고상한 연상을 지니는 것' 으로 사고하였다.

그는 저서 「시학」에서 '아름다운 것은 그것이 살아있는 생명체이든 부분들로 구성된 어떤 구조든 간에 그 각 부분들의 배열에 일정한 질서를 갖고 있어야 할 뿐만 아니라 우연적이지 않은 일정한 크기를 지녀야 한다. 왜냐하면 미는 크기와 배열에 있기 때문이다.

크기(megathos)는 사물 본래의 성질과 관조의 주체 모두에게 알맞은 것이어야 하지만 전체가 명료하게 이해되어지는 한 보다 긴 것은 그 길이에 비하여 더욱 아름다운 것이 된다.' 라고 하였다.

---

25 아리스토텔레스(Aristoteles, B.C. 384~B.C. 322), 「시학(Poetics, B.C. 347~B.C. 342)」
그는 「사유」의 근본을 지(Theoria) · 항(Praxis) · 제작(Poiesis)의 세 가지 형태로 나누고 있다. 그러나 「시학」에서는 '어떤 제작은 대상과 사건의 모방 또는 제현이다. 그리고 모방적기술 그 자체를 둘로 나누었다.' 고 하였다.
(1) 색채와 드로잉을 통해 시각적 외양을 모방하는 기술
(2) 운문, 노래, 춤을 통해 인간행위를 모방하는 기술, 즉 시예술
그는 어떤 것의 「본질」에 관한 탐구로 저서 「형이상학」에서 원인을 구분하였다.
(1) 질료인: 조상의 청동
(2) 형상인: 형(型) 또는 본질의 정식
(3) 동력인: 생산자, 조각자와 그 행위
(4) 최종인: 목적, 사물의 존재이유

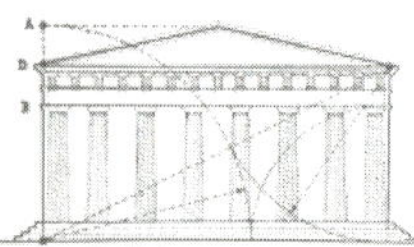

그는 '미는 크기와 질서가 있다.' 라고 하여 예술미의 성립에 대한 통일원리를 나타냈다. 여기서 질서는 그 객관적 및 형식적 측면을 대표하는 것이다.

그리고 저서 「형이상학」에서는 '미의 주요형태는 질서(taxis), 균제(symmetria), 한정(to horismenon)이다.' 라고 정의하였다. 이것은 고대의 수적비례(Analogia)에 의해 구성되는 형식미를 인정한 것이다.

아리스토텔레스는 '훌륭한 비극은 질서 있게 배열되어 있음' 을 지적하고 사실 '그것은 완전성, 적절한 비례 그리고 척도(지나치게 플라톤적이 아닌)를 함축할 수도 있다.' 그리고 '이러한 유기적 통일과 질서는 모방예술이 제공한다고 주장할 수 있는 것이며 진지한 시예술이 회화예술과 공유하는 것이다.' 라고 하였다.

그리고 '쾌는 그것이 완수하는 각각의 활동에 따라 고유한 쾌를 지니고 있다. … 이 활동이 가장 완벽하고 가장 유쾌한 것이다. 쾌는 활동을 증진시키며 어떤 일을 증진시키는 것은 그에 고유한 것이다. 감각활동(예로 조각을 보는 일)과 사유, 관조도 활동이며 따라서 각각의 고유한 쾌를 지니고 있다.' 라고 하여 '시(視) 감각적으로 감지되는 미의 세계' 를 인정하였다.

아리스토텔레스는 '시인이 하는 일은 일어날 수 있는 것을 말하는 것이기 때문에 감상자는 개개의 현실이 아니라 보편적인 것의 인식자로서의 관계를 맺는다.' 라고 하였다.

인식은 그의 최고의 사명인 동시에 기쁨이었다.

그러나 아리스토텔레스는 미학적 · 문학적 문제에 대한 체계적 미학을 갖지 못하였고 형상적으로는 플라톤을 승계하였다.

고대의 수와 비례, 형식미 비밀에 대한 연구

이 형식미에 관한 연구는 뫼젤(E. Mösel) 박사가 제안한 「크라이스 지오메트리(Kreis Geometrie)」와 햄비지(Jay Hambige) 교수의 「동적 균제(Dynamic Symmetry)」로 그 신비성이 확인되었다.

고대의 수와 비례에 의한 조화 및 형식미의 특성에 대해서는 관계된 이론과 실재적 작품을 통하여 해명해 보고자 한다.

■ 크라이스 지오메트리(Kreis Geometrie)

이 방법은 뫼젤 박사가 1915년에 제안한 것이다. 이 비례는 원주의 규칙적 분할, 즉 4, 5, 6, 7, 8, 9, 10 등의 수에 의한 분할을 토대로 한 것이다.

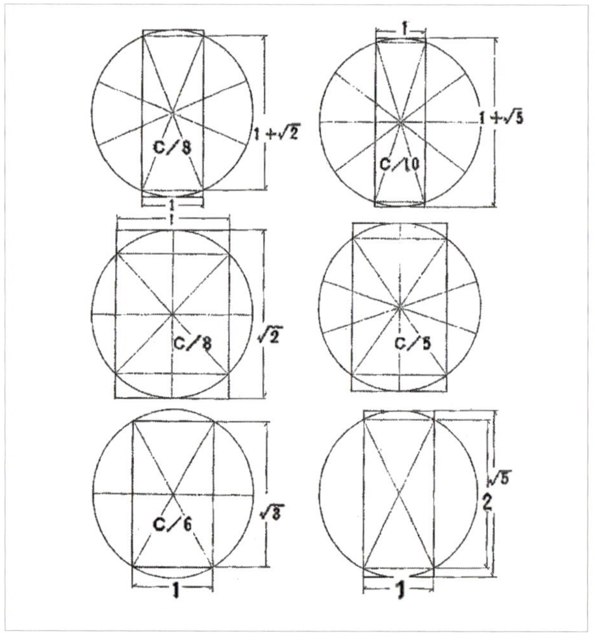

크라이스 지오메트리에 의한 원주의 분할

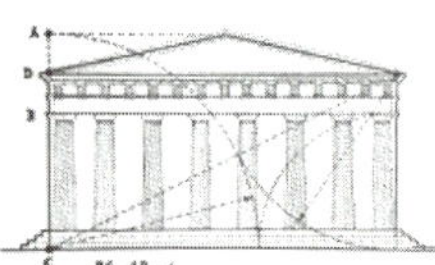

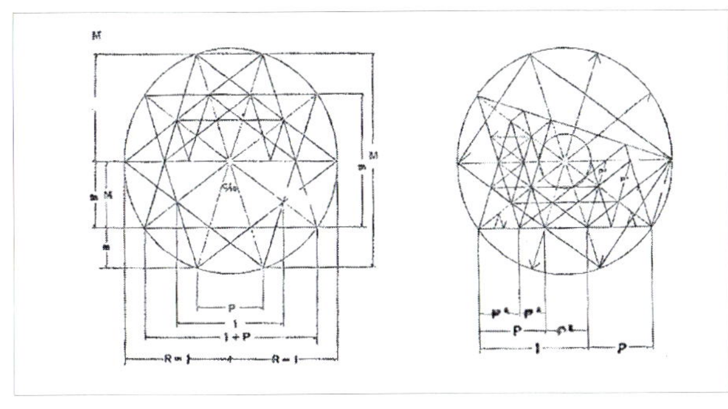

크라이스 지오메트리에 의한 성형십각형(星形十角形)

이 비례에 의한 기하학적 구성은 형 전체를 결정하고 동시에 그 부분적 관계도 규정하므로 전체와 부분이 항상 수리적 관계를 갖는 것이다. 각종 원주의 분할 중 고대 건축가들이 애용한 것은 원주의 10분에 의한 구형의 비례이며 이것은 1: $\sqrt{5}$ 비례가 만드는 기본도형의 하나였다.

■ 균제(Symmetry)

이 방법은 헴비지 교수가 저서 「동적 균제론, 그리스의 도자기에 대하여(1920)」 등에서 발표한 새로운 학설의 비례 이론이다. 그는 균제 이론을 두 가지 종류로 나누고 적극적 성질을 동적 균제(Dynamic Symmetry) 그리고 소극적 성질을 정적 균제(Static Symmetry)라 하였다. 동적 균제는 정적 균제로 취급한 4각형을 근간으로 그 대각선에 의해 구해지는 $\sqrt{2}$, $\sqrt{3}$, $\sqrt{4}$, $\sqrt{5}$ 구형을 말한다. 특히 $\sqrt{5}$ 구형은 생물형태의 자연적 구성비와 부합되어 동적 균제라는 이름이 부여되었다.

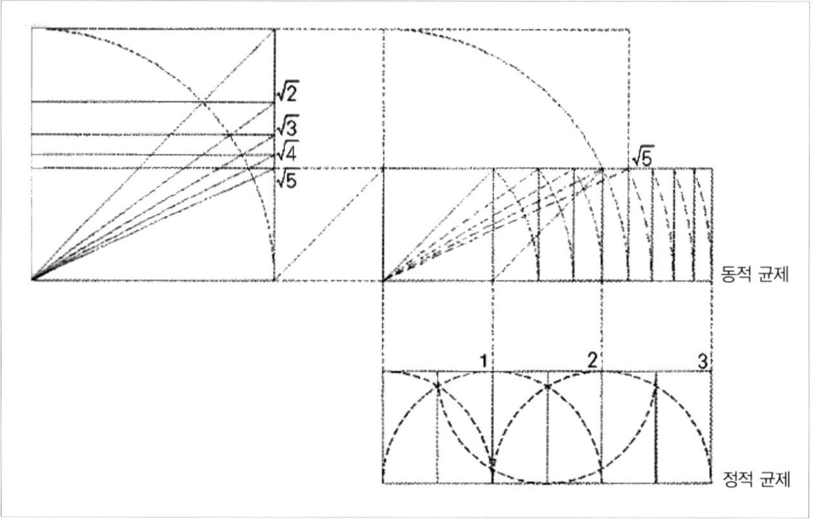

균제

그리고 황금분할에 의해 구성되는 직사각형이 있다. 이 구형(矩形)은 정사각형 밑변의 1/2이 윗변 모서리와 이어진 대각선의 호에 의해서 구해지는데 황금율이라는 1 : 1.618의 비례로 구성된 직사각형이다.

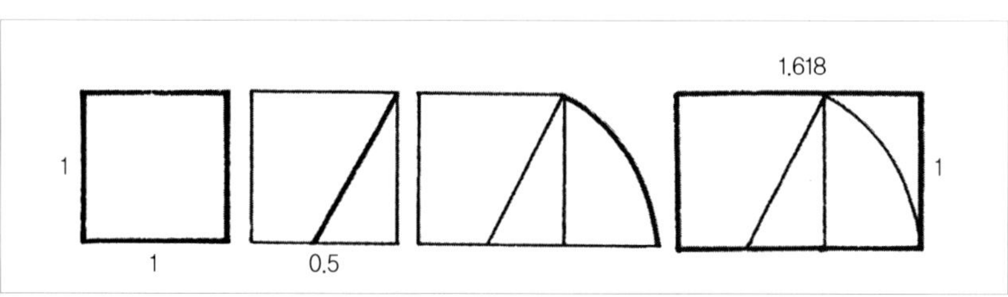

황금분할

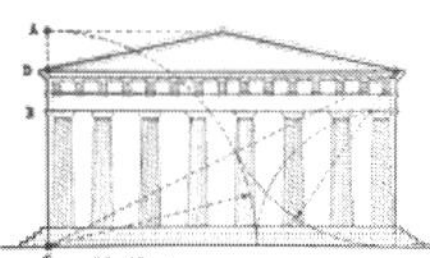

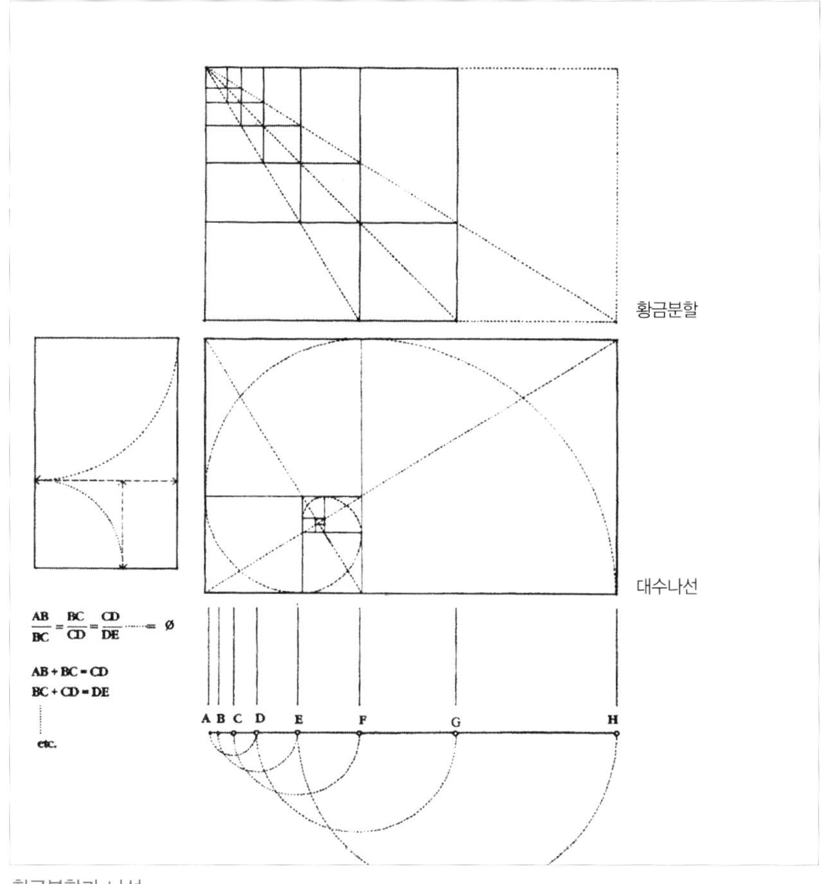

황금분할과 나선

이 황금비 구형의 외곽 모서리를 곡선으로 연결하면 생물형태의 성장 형식인 대수 나선형 곡선을 이룬다.

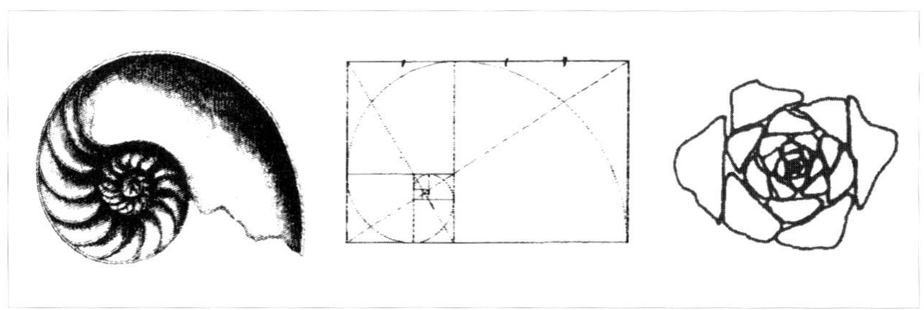

생물곡선과 대수나선

이상의 두 가지 방법에 의하여 고대 그리스의 파르테논 신전의 평면, 입면에 적용된 비례를 보면 그림과 같다.

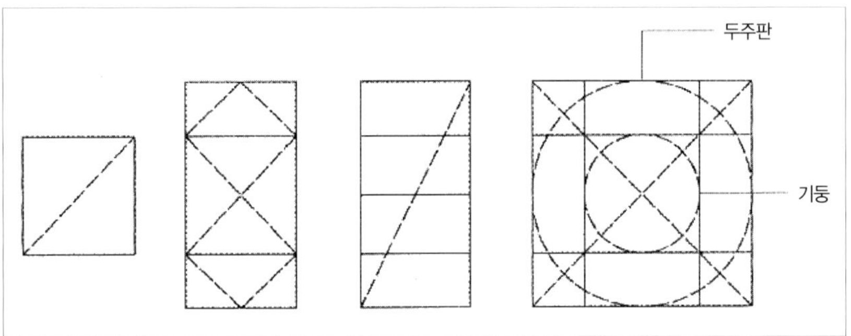

신전단위 $\sqrt{5}$ 구성비

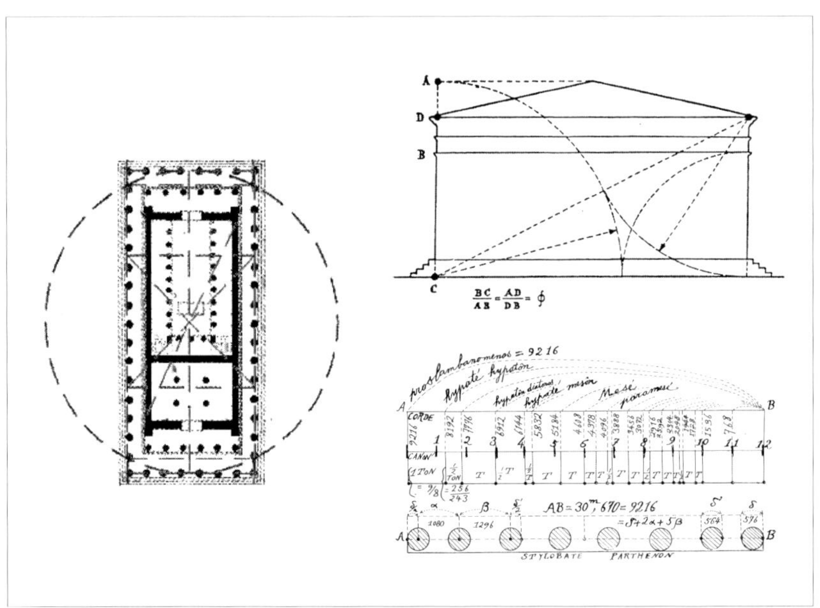

파르테논 신전의 비례구성

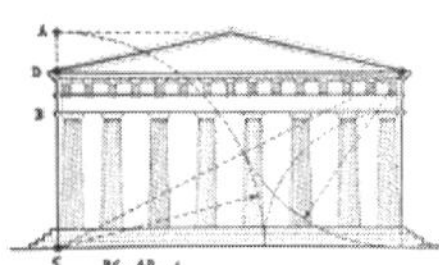

02

인체비례, 형식 이론

그리스 시대의 수와 비례, 음과 비례에 의한 형식 이론은 로마 시대에 인체비례에 의한 형식 이론으로 치환되었다. 그리스 시대에서도 모든 예술품은 인체에 의한 수준 높은 비례법에 의해 형성된 것으로 보여진다.

그러나 건물의 형성 이론으로 「인체비례」를 주장한 건축가는 로마시대의 비트루비우스[26]가 최초였다. 그는 그리스 신전의 비례와 인체비례 사이에 깊은 관계가 있다는 것을 인정하고 당시 남, 여의 인체를 실측하여 얻어진 비례를 형식 이론으로 제시하였다. 여기서 모듀루스(Modulus, 기본단위척도)의 존재를 발견하였고 그것을 건축비례에 인용하였다.

---

26 비트루비우스(M. Vitruvius P.)
「건축에 관하여(De Architectura)」에서 건물형성에 '인체비례' 이론을 적용하였다.

마르쿠스 비트루비우스 폴리오 (Marcus Vitruvius Pollio)

비트루비우스는 그의 저서 「건축에 관하여」[27]에서 건축미의 이론과 기술론을 서술하였는데 이것은 현존하는 건축 문헌상 최고의 서적이다.

당시 로마에서 건축개념은 현재 우리가 설정하고 있는 범위보다 훨씬 폭이 넓어서 토목기술 · 기계기술 · 조병기술 등을 포함하는 것이었다.

이 「건축에 관하여」는 전체가 제10서로 구성되었는데, 제1서에서 제7서까지는 건축술(aedificatio)에 대한 서술이고 제8서는 물의 성질, 제9서는 천문 · 시계의 구조, 제10서는 기계에 대해서 쓰여진 것이다.

건축부분은 제1서 건축술과 도시계획, 제2서 건축재료, 제3 · 4서 신전형식, 제5서 극장 · 욕장 등, 제6서 주택, 제7서는 바닥 · 천장 · 벽의 마감에 관한 것이다. 건축미에 관해서는 제1, 3, 4, 5서가 고찰의 대상인데, 그 속에 비트루비우스의 건축에 관한 기본적 사고 방법이 기술되어 있다.

그의 건축술은 세 가지 부분으로 나뉜다.

집을 건축하는 것

해시계를 제작하는 것

기계를 제작하는 것

집을 짓는 것은 성벽을 축조하는 것과 공공건물을 짓는 것인데 이것은 방어용 · 종교적 · 실용적의 세 가지였다. 이와 같이 광범위한 기술을 실시하는 건축가의 지식 습득에 대하여 그는 '건축가의 지식은 많은 학문과 각종 교양

27 「건축에 관하여(De Architectura)」
비트루비우스(M. Vitruvius P.)의 저서로 B.C. 25년 저술되어 아우구스투스(Augustus) 황제에 봉정됨. 건축론 최고의 고전

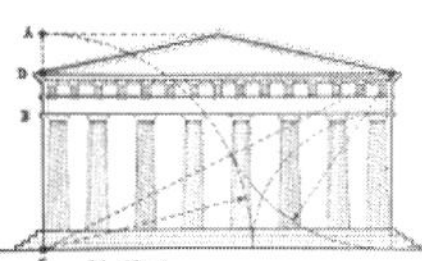

에 의해 구비된다. 각종의 기술에 의해 완성된 모든 작품은 이 지식의 판단에 의해서 검사되는 것이다. 이것은 실기와 이론으로부터 생긴다.' 라고 하여 실제적인 기술의 습련과 이론을 요구하였다.

실기란 건물이 '도면에 의하여 표시된 여러 필요한 종류의 재료를 이용하여 손에 의해 완성된다.' 라는 실제적 습련이고, 이론이란 '기교롭게 만들어진 작품을 비례이론으로 증명하고 해명한다.' 라는 것이다.

그리고 이론과 실기의 두 가지 길을 통해야만 '마치 모든 무기를 몸에 지닌 사람같이 한층 권위를 얻어 목적점에 도달한다.' 라고 강조하였다.

그는 구체적으로 건축가의 학문에 대하여 다음과 같이 제시하였다.

건축가는

문필을 이해하고,

묘화에 숙달하고,

기하학에 정통하고,

각종 역사를 알며,

힘써 철학자에 귀 기울이고,

음악을 이해하고,

의술에 무지하지 않고,

법률가의 소론을 알고,

천문학(天文學) 또는 기상이론의 지식을 갖추어야 한다.

비트루비우스는 위의 학문들에 대하여 다음과 같이 해명하였다.

「문필」의 이해는 각서를 만들어 기억을 보다 확실하게 하기 위하여 필요하고, 「묘화」의 지식은 건축을 도면으로 표현하는 데 보다 용이하게 구상화시키

는 힘을 부여하고,

「기하학」은 삼각 정규와 콤파스를 사용해 부지 내에서 계획 평면을 구성하고 직각, 수평, 수직의 방향을 설정해 주며 슘메트리아(symmetria)와 같은 어려운 문제도 기하학의 이론과 방법으로 습득하게 할 수 있고,

「역사」의 지식은 건축가 본인이 설계하는 작품의 장식물의 모티브에 대해 설명해 줄 수 있어야 하기 때문이고,

「철학」은 건축가의 마음을 넓게 하는 역할을 하고,

「음악」은 케논(canon)의 음악이론과 수학이론에 대해 충분히 이해하고 이를 기반으로 궁노포와 경노포 등의 조합을 바르게 하기 위해 필요하고,

「의학」은 건강에 적합한 건물을 만들기 위하여 필요하고,

「법률」은 건물의 준공으로부터 분쟁에 대비하기 위해 필요하며,

「천문학(天文學)」은 동서남북의 방위뿐만 아니라 기상이론을 배우기 위해서이다.

이와 같이 건축가에게는 매우 광범위한 이론적 지식(ratiocination)의 습득과 실제적 지식(opus), 즉 설계 실기의 습련이 요구되었는데 이들은 모두 건축에 관한 근본적인 문제를 제시한 것이다.

그리고 그는 '건축가는 타고난 능력(natura), 지식(doctrina), 경험(usus)을 지녀야 한다.' 라고 하였다.

그는 건축에 관한 문제에 대하여 다음과 같이 지적하였다.

첫째는 건축은 실용적인 것을 목표로 해야 하며,

둘째는 건축형식을 형성하는 것인데 그 기초는 기하학이고 간접적으로는 음악이론이다. 그리고

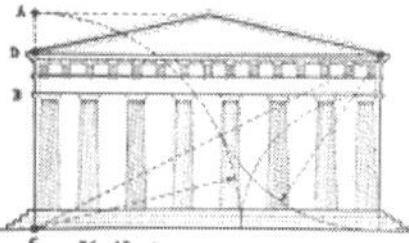

첫 번째 문제는 실용과 미에 관련된 문제를 포함하는 것이고,

두 번째 문제는 그리스의 비례이론, 형식이론에 결부된 문제인 것이다.

비트루비우스는 건축 구성의 기본적 원칙, 즉 건축 성립을 위한 기본적 요소 6가지를 들었다.

- 오르디나티오(ordinatio)
- 디스포지티오(dispositio)
- 에우류드미아(eurythmia)
- 슘메트리아(symmetria)
- 데콜(decor)
- 디스트리뷰티오(distributio)

비트루비우스는 위의 6가지 범주에 대하여 다음과 같이 해명하였다.

- 오르디나티오는 '작품의 지체가 각각의 척도에 적합하고 전체로서 슘메트리아가 되는 비례를 설정하는 것' 이다. 오르디나티오를 상세하게 규정하는 것은 에우류드미아와 슘메트리아이다. 이것은 「질서(order)」의 의미이다.
- 에우류드미아는 아름답게 보는 것이고 건물의 길이 · 폭 · 높이가 조화를 유지할 때, 즉 전체가 이 슘메트리아에 조응될 때 성립되는 것이다. 이것은 「미(beauty)」의 의미이다.
- 슘메트리아는 '특정부분의 길이를 모듀루스(기본단위척도)로써 전체를 통일하는 것' 이다. 이것은 「통일(unity)」의 의미이다.

위의 세 가지는 양적(量的) 범주를 갖는 요소들이다.

- 디스포지티오는 질적으로 질서를 부여하는 것으로 그 표현 형식은 평면도, 입

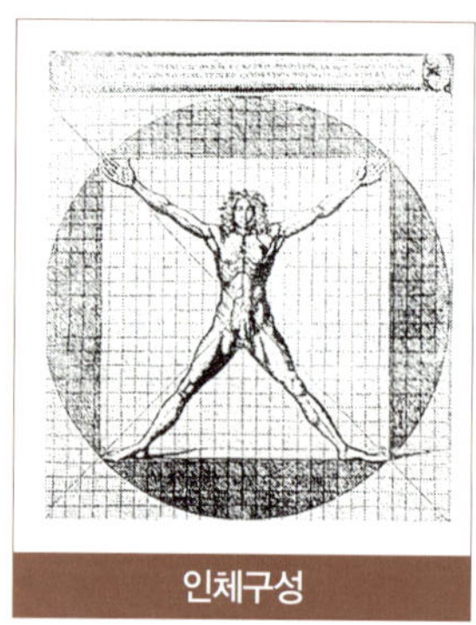
인체구성

면도, 투시도이다. 이것은 「배열(arrangement)」의 의미이다.

• 데콜은 적절성의 의미인데 양식의 적당한 선택이나 건물의 일조에 대한 위치를 지키는 것이다. 이것은 「적합성(suitability)」의 의미이다.

• 디스트리뷰티오는 실용목적, 재료, 위생 등의 측면에서 건물을 계획하는 것이다. 이것은 「경제(economy)」의 의미이다.

위의 세 가지는 질적(質的) 범주를 갖는 요소들이다.

이중에서 데콜, 슘메트리아 및 에우류드미아의 세 가지 범주는 미와 직접적으로 관계되는 요소들이다. 그는 데콜이란 '건물이 시인하는 것을 이용해 권위를 갖고 조립되어 결점 없이 보이는 것' 이고, 그것은 '정측 · 관습 · 자연' 에 의해 규정된다.' 라고 하였다.

즉 '미네르바 · 마르스신을 위한 남성적 도리아 양식의 신전이나, 비너스 · 프로라 등의 신을 위한 유화한 여성적 코린도스 양식의 신전을 건조하는 것 그리고 내부의 호화로운 건물에 대해서는 현관도 적절하고 훌륭하게 만들어야 한다. 그래서 이 개념은 양식과 관련을 갖는 것이다.' 라고 하였다.

그런데 범주란 사유 또는 존재의 근본형식을 의미하고, 미적 범주는 미적인 것의 최고 유개념(類概念 : generic concept)을 말하는 것이다. 그 의미로 비트루비우스가 채택한 범주 중에도 에우류드미아와 슘메트리아는 미적 범주 즉 「미적 기본형태」로서 다른 범주와는 성격이 다른 것이다.

에우류드미아는 '건축의 각 부분이 폭에 적합한 높이, 길이에 적합한 폭이 될 때 성립된다.' 라고 하여 입체 형식의 미적비례를 규정한 것이다.

그리고 슘메트리아는 '신전형식은 슘메트리아로부터 정한다. 이 방법은 건

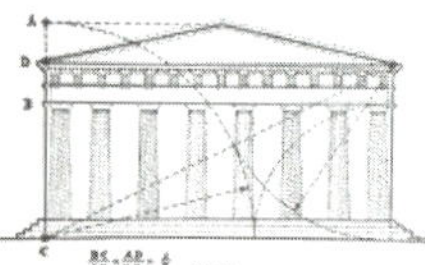

축가가 가장 주의 깊게 채득해야 한다. 이것은 비례—그리스인이 말하는 아나로지아(Analogia)—로부터 얻어진다. 비례란 각 건물에서 부분 및 전체가 일정 부분의 기본치수에 따르는 것으로, 이들로부터 슘메트리아의 방법이 생긴다. 실제로 슘메트리아 또는 비례를 제외하면 어떤 신전의 구성방법도 될 수 없다.' 라고 규정하였다.

비트루비우스의 정의에 의하면 슘메트리아와 에우류드미아는 다같이 형식의 비례규정 이론이다. 그러나 이 두 가지 이론은 각기 다른 범주를 갖고 있는 것이다.

슘메트리아는 수, 즉 모듀루스(기본단위척도)에 의해 이루어지는 순수한 수리적 비례이론이다.

그리고 에우류드미아는 시각에 의해 인지되는 형태, 즉 순수한 감각적 형태의 범주를 갖는 이론이다.

이 이론은 인간의 시각적 왜곡 현상으로 실제와 다르게 보여지는 형상을 교정하여 최초 의도대로 보여지도록 하는 슘메트리아 범주를 넘어서는 다른 범주를 갖는 이론인 것이다.

파르테논 입면(A)

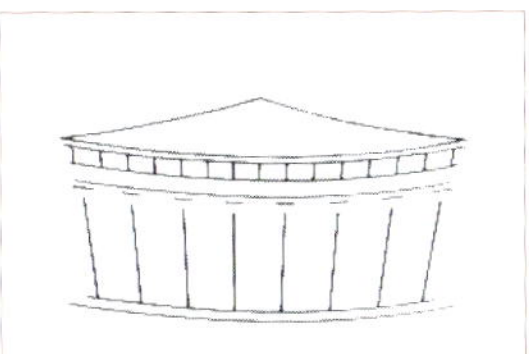

파르테논 입면의 시각적 왜곡현상(B)

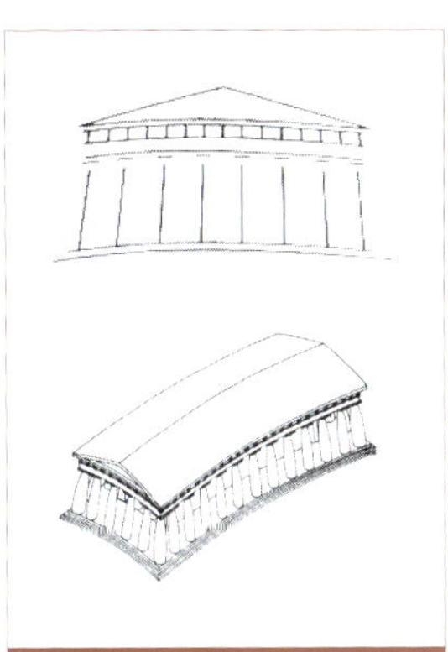

파르테논 입면을 위한 착각교정(C)

이 두 가지 이론의 상관관계를 도해하여 보면 다음과 같다. 파르테논 신전의 슘메트라아적 비례인 최초의도(그림 (A))에 대한 눈에 보이는 형상은 그림 (B)와 같다. 이 왜곡된 현상을 최초의도(그림 (A)) 대로 완성시키기 위해서 그림 (B)에 착각교정을 하면 그 형상은 그림 (C)와 같아진다. 이것은 수리적인 슘메트리아의 비례미를 넘어서 감각적인 에우류드미아 세계의 형상미를 감지할 수 있는 것이다.

이와 같이 고전건축의 미적 비밀은 수에 의한 비례관계에서 구하여졌다.

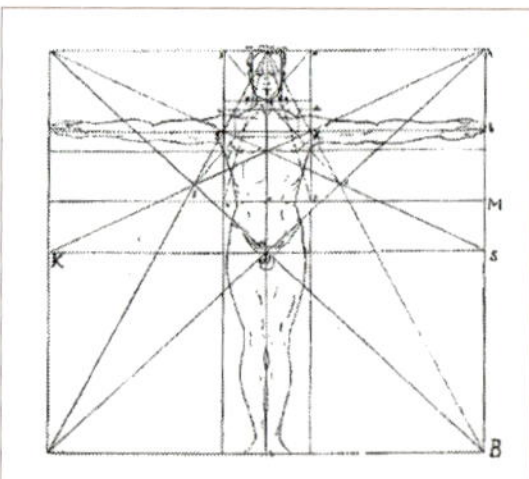

남성 인체비

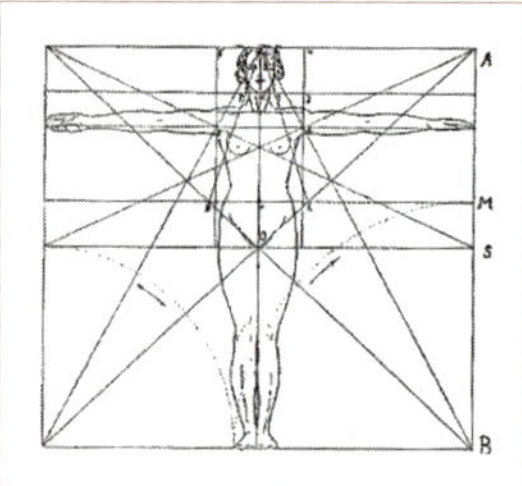

여성 인체비

그래서 피타고라스, 플라톤에서 보이는 형식과 수의 이론과의 조응 관계를 인정할 수 있는 것이다.

비트루비우스는 이 비례관계의 기본을 인체에서 구하였다. '자태가 훌륭한 인간과 비슷하게 각 부분을 정확히 분할하는 것' 이 슘메트리아가 되는 것이다. 즉 '자연은 인간의 신체를 그 지체가 조화되도록 형성하고 있는데, 건축의 완성에서도 각 부분이 전체에 대해서 미적 비례관계를 가져야 하는 근거 있는 것으로 생각된다.' 라고 하여서 인체비례를 신전형식의 각 부분의 크기 결정방법에 인용하고 있음을 알 수 있다. 그 특징적인 것은 치수의 단위로서 「모듀루스」의 개념을 이용한 것이다.

즉 '신전에서 기둥의 굵기 그리고 트라이그리프 등은 어떤 기본치수로부터 슘메트리아의 방법이 도입된 것이다.' 라고 하는 것은 건축 형식의 통일을 위해 일정의 길이가 모든 건물에 공통의 절대적 치수로 선택되는 것이 아니고, 각 건물에 따라 길이의 단위로서 선택되는 것을 의미한다.

그리스 미학에 있어서 중요한 위치를 점유한 슘메트리아 및 아나로지아의 의미는 이 비례의 법칙인 것이다.

위에서 말한 건축 구성의 6가지 범주는 건축미에 근거를 둔 것으로 비트루비우스는 이 「아름다움(venustas)」의 원칙과 병행해서 「편리함(utilitas)」·「굳건함(firmitas)」의 원칙을 들었다.

「편리함」의 원칙은 용도에 따른 장소를 정확히 하고 지장 없이 배치시키고 또 그 장소를 각각의 종류에 대응하는 방위에 따라서 적절하게 나누는 경우에 지켜진다.

「굳건함」의 원칙이 지켜지고 있는 것은 기초를 견고한 지반까지 파 내려가

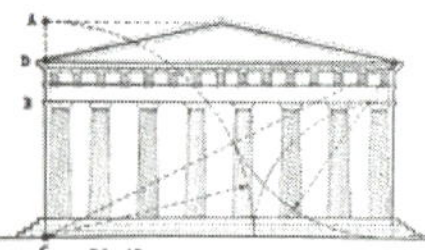

각 재료로부터 분리되지 않는 충분한 양이 주의 깊게 선택된 경우이다.'

그리고 '미의 원칙은 건물의 외관이 기분 좋고 전아하며 각 부분의 비례가 정확하게 슘메트리아법에 합치되는 경우에 지켜진다.' 라고 하였다.

건축의 고찰에서 「편리함」·「굳건함」과 「아름다움」의 세 가지 요소를 채택한 것은 매우 중요한 것이고 이후의 건축론에도 그의 이 세 가지 원칙이 고찰의 출발점이 되었다. 그러나 비트루비우스가 「아름다움」의 원칙과 다른 두 가지 원칙 사이의 관련성에 대해서는 깊이 고찰한 기술이 없다.

그런데 비트루비우스의 형식론만으로 고대 건축형식을 설명할 수 있는가라는 의문, 즉 정확한 슘메트리아를 규정하는 수단으로써 모듀루스 개념 이외에는 어떤 형식 법칙도 없다고 하는 것이 문제라 할 수 있다.

비트루비우스도 극장의 형식에 관해서 모듀루스 개념과는 상이한 원과 삼각형 그리고 사각형에 의한 형성법칙도 채용하였기 때문이다.

비트루비우스의 건축미학적 원리를 요약하면 다음과 같다.

첫째, 그의 건축론의 주요개념은 미에 관한 개념이다.
예술의 특정규정 및 평가 속에 미학적 관점이 있다.

둘째, 그의 건축론은 기능적인 미와 순수한 형식적인 미 사이의 균형을 유지하였다.

셋째, 그의 미학적 사상은 자연의 법칙에 의해 조건지어지는 객관적인 미를 기반으로 하였다.

이상 비트루비우스의 건축론은 미(美)라는 객관적인 척도와 주관적인 지각의 조건들 모두를 의지한 것이다.

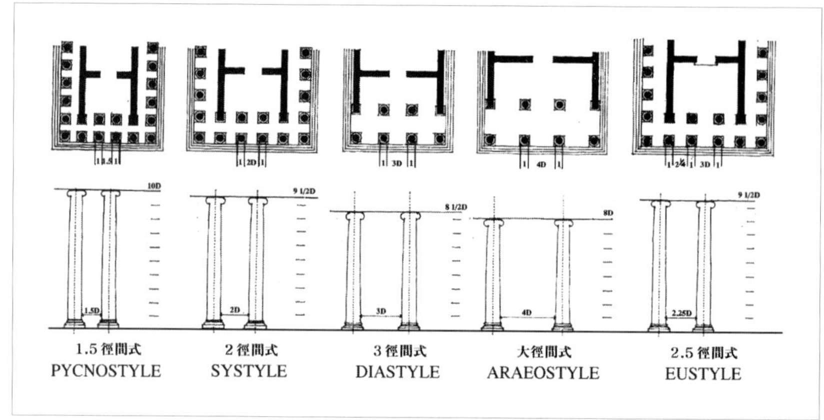

신전 열주식 및 경간식

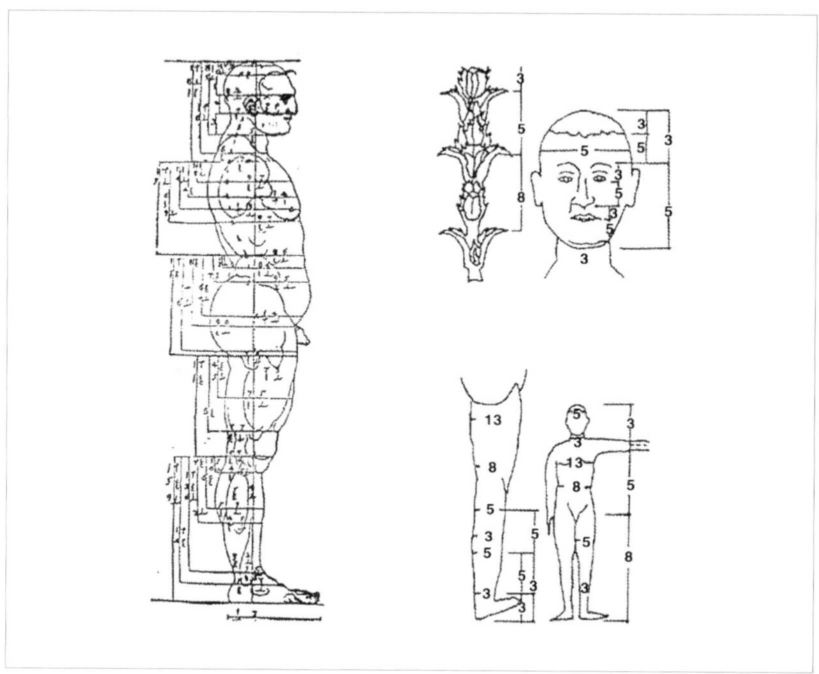

인체비례

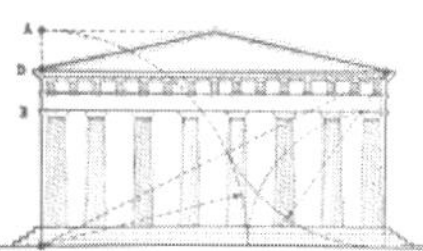

로마의 5 주범

- 주범의 비례(기둥직경 D = 1일때 기둥높이 H)
  - · 도릭 H = 6D
  - · 이오닉 H = 7D … 터스칸
  - · 코린티안 H = 8D~10D … 컴포지트
- 인체의 각부 비례(인간의 신장 H = 1을 기본으로)
  - · 머리의 길이 1/6, 1/7, 여인 1/8
  - · 얼굴의 길이 1/10
  - · 손바닥 길이 1/10
  - · 발바닥 길이 1/6
  - · 가슴폭 및 앞팔뚝에서 손끝까지 1/4

03

중세 형식 이론

중세는 기독교의 신학적 사상에 의해 지배되었던 시기이다. 기독교의 사상은 「창조」라는 것을 전제로 한 것인데, 창조는 곧 만유 = 이 세상 만물과 그 근원(Arche)인 초월적 신과의 관계에 대한 것이다.

중세의 사상은 신앙의 진리를 절대적으로 확인하고, 또 인간의 이성에 의거한 철학적 진리를 인정하여 이 두 사상이 필연적·근본적으로 조화된 것이다. 성 아우구스티누스(St. Augustine)와 성 토마스 아퀴나스(St. Tomas Aquinas)의 사유도 이와 같다.

시간이 경과하면서 기독교 사상의 주류는 종교적 숭배를 위한 심미적 조력에 점점 더 개방적이 되었고 음악, 조각, 회화 그리고 대성당 시대의 위대한 건축적 승리를 낳았다.

그러나 기독교 사상에 의한 중세의 형식은 모든 가시적인 예술에 똑같이 명료함으로 나타나지는 않았다. 고딕(Gothic)이란 용어는 오직 건축을 위해 만들어졌고 건축에서 그 양식적 특징을 명확히 보였다.

이 시대의 건축이나 건축가의 존재에 대해서는 브릭스(M. S. Briggs)의 「건축공방사(1927)」에 상세히 기록되어 있으나 당시의 건축미학에 관한 이론이나 사상에 대한 문헌은 찾아 볼 수가 없다.

브릭스는 '수도원이 우수한 세속의 건축가를 선정하였는데, 그들은 훌륭한 도면이나 장식을 묘사하는 공인(draftman)이었고 기하학이나 역학도 통달했던 것으로 추측된다. 후에는 그들도 비트루비우스를 연구하였을 것이다' 라고 기술하였다.

13세기 비야르 드 온느쿠르(Villard de Honnecourt)는 인간, 동물, 장식무늬 등 건축의 세부를 묘사한 스케치 앨범을 남겨서 중세의 수준 높은 제도법을 전하고 있다.

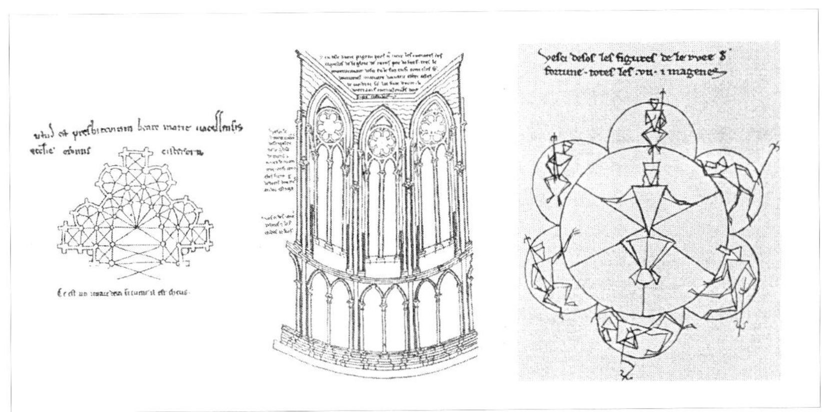

비야르 드 온느쿠르의 스케치

성 아우구스티누스(St. Augustine)

아우구스티누스[28]는 그의 논문 「아름다운 것과 어울림에 관하여(On the Beautiful and Fitting)」에서 여러 미학적 문제에 답하였다.

그는 아름다운 것(Pulchrum)과 어울림(Aptum)을 구분하고 이들은 그 자체에 아름다운 것과 다른 어떤 것에 꼭 들어맞는다(adcomodatum)는 것의 차이로 보았다. 아름다운 것은 그것이 일종의 전체(totum)이고 아름다움이 그 전체의 속성일 때 아름답고, 어울림은 그 자체만으로는 아름답지 않을 부분이 복합체의 한 부분이 되면 아름답다고 할 수 있다는 것이다.

아우구스티누스는 '미 이론의 핵심 개념은 통일성, 수, 일치, 비례, 질서 등이다.' 라고 사고하였다.

그는 '미적통일성은 모든 실재의 기본이다. 어떤 것이 존재하기 위해서는 하나가 되어야 하기 때문이다. 그리고 미적 기초 개념은 일치 또는 유사성의 개념이다. 개개의 사물들이 단위들로 존재하기 때문이다. 즉 그들이 반복하고 그들 각 집단을 일치, 불일치의 관점에서 비교할 수 있다는 가능성이 비례와 척도 그리고 수의 문제이기 때문이다.' 라고 하였다.

아우구스티누스는 수를 신의 천지창조의 근본원리로 간주하였고, '모든 것은 수에 의존한다. 즉 수는 존재와 미에 근원적인 것이다.' 라고 정의하였다.

그리고 수는 질서의 기초원리로 보았다. 질서는 각 부분들을 어떤 목적에

28 아우구스티누스(Aurelius Augustinus, 354~430)
고대 그리스도교회 최대의 사상가. 교회의 전통적 신앙을 대표하는 신학자, 철학자

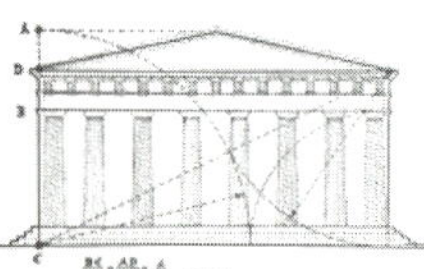

부합되게 하나의 통합된 복합체로 배열하는 것이다.

즉 '적절히 질서 있는 것은 아름답다.' 라는 사고이다.

그는 '미는 통일성, 비례, 질서에서 생겨나서 그 불변성을 함께 나누는 것이다. 그래서 미는 하나의 전체로서 우주의 미와 신의 미에 이르기까지 다양하게 존재한다.' 라고 하였다.

그리고 '미의 판단은 곧 질서의 파악을 수반하며 질서의 파악은 규범적인 것이다. 질서 정연한 대상은 당위적 존재로 지각되고 이해되는 것이다.' 라고 하였다. 이러한 미에 대한 그의 사상은 피타고라스, 플라톤에 바탕을 두고 있는 「조화」와 이어지는 이론인 것이다.

산타 마리아 마죠레 교회당

성 토마스 아퀴나스(St. Tomas Aquinas)

아퀴나스[29]는 저서 「신학대전(Suma Theologia, 1265~1273)」에서 스콜라(schola) 철학의 가장 위대한 체계를 세웠다.

그는 존재(ens)개념의 양태를 세 가지로 보았다.

존재는 하나(unum)이며, 참되고(verm), 선하다(bonum)는 것이다.

그리고 이따금 초월적이라는 res와 aliquid를 덧붙였다.

아퀴나스는 선(善)은 적합한 것과 유용한 것 그리고 즐거운 것 또는 기쁜 것으로 구분하였다. 특히 '미란 보았을 때, 그래서 관조했을 때 즐거움을 주는 그 무엇이다.' 라고 사고하였다.

그는 '사물 내에서 미와 선은 근본적으로 동일한 것이다. 이것은 형상에 기초하고 있기 때문이다. 그래서 미는 적절한 비례에 있다.' 라고 정의하였다.

그리고 '오감은 적절한 비례를 갖춘 사물에서 기쁨을 느끼는데 … 왜냐하면 모든 인식기능이 그러하듯 감각조차도 일종의 이성이기 때문이다. 그런데 인식은 동일화에 의하고 유사성은 형상에 관계되므로 미는 형상인의 본질에 속하는 것이 마땅하다. 그래서 욕구나 욕망은 그 자체 내에서 비례를 갖춘 만큼 그리고 구체화되어 있는 만큼 아름다운 것이 된다.' 라고 하였다.

아퀴나스는 성부와 통일성, 성자와 균등성, 성신과 균등성 및 통일성의 조화를 일치시키려 하였다.

30 토마스 아퀴나스(Thomas Aquinas, 1225~1274)
중세 스콜라 철학을 완성한 철학자, 신학자. 천사적 박사라 불렸다.
스콜라 철학 : 중세 그리스도교 중심의 철학. 토마스 아퀴나스가 완성. 종교와 철학의 종합이 근본문제였다.

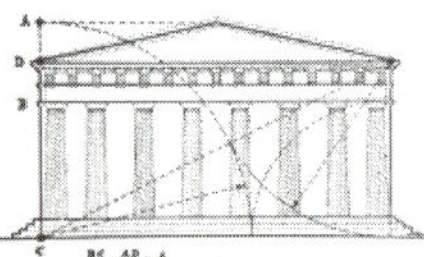

그는 '미란 성자의 속성과 유사성을 갖고 있다. 그리고 미는 다음과 같은 세 가지 조건을 포함한다.' 고 보았다.

첫째, 완벽성 혹은 완전성(integritas sive consonantia)

손상된 사물은 손상되었다는 그 사실에 추한 것이 되기 때문이다. 완전성은 총체성이다.

둘째, 적절한 비례 혹은 조화(debita proportio sive consonantia)

성자는 그 자신 성부의 명시적 이미지(express image)라는 점에서 조화를 이룬다. 비례는 좁은 의미와 넓은 의미가 있는데, 좁은 의미는 한 양(量)과 다른 양 간의 어떤 관계를 뜻하며 넓은 의미는 두 배, 세 배, 균등함 등의 비례의 종(種)이다.

셋째, 선명함 혹은 명료성(claritas)

사물은 선명한 색체를 지닐 때 아름답다고 불리어지기 때문이다. 선명함은 빛의 상징주의 전통, 즉 빛은 신의 진, 미의 상징이라는 사상이다.

명료성은 질료의 조화된 부분들 위에서 빛나는 형상의 광채와 관련된다. 이것은 '진성의 빛이요 광채' 이며 이것들은 미에 포함되어야 하는 것이다.

아퀴나스는 '모든 아름다운 사물들에 공통된 단일한 미란 없다. … 만일 완전성, 비례 그리고 명료성이 동일한 것이라면 미는 그것들과 동일할 수가 없다. 이러한 속성들은 유추적이며 무한히 다양한 미의 형상들 각각의 내부에서 미를 구성한다.' 고 사고하였다.

고딕 건축(Gothic Architecture)

고딕 건축[30]은 왕실 수도원 교회 생드니를 수도원장 쉬제르(Abbot Suger)가 제건하면서 생성되었다. 이 생드니 수도원 건축에는 새로운 정신이 깃들어 있는데 그 두 가지는 다음과 같다.

첫째, 엄격한 기하학적 설계

둘째, 광명의 추구

당시 기하학적 설계의 중시는 그리스적 조화 = 하모니아, 즉 수학적 비례나 비율을 가진 부분 상호 간의 완전한 관계를 수용하여 신의 이성세계를 만들어내는 법칙을 예증하는 것으로, 모든 미의 근원이 된 것이다.

광명의 추구는 가장 성스러운 창을 통해서 교회 내부 = 내진에 가득차는 「기적과 같은 빛」을 받아 신의 거룩한 빛, 영원의 신비스러운 계시를 받아들이는 것이었다.

이와 같이 빛과 수(數)적 조화의 상징적 해석은 수세기 동안 기독교 사상 속에서 확립된 것인데, 이것은 「디오니시오스(Dionysius) 위서」의 사상인 빛과 수의 상징주의를 쉬제르가 시각적으로 표현한 것이다.

고딕 건축의 천공지향적 형식의 성공은 건축공학의 발달, 즉 플라잉 버트레스(Flying Buttress)와 첨두아치(Pointed Arch)의 발명을 바탕으로 한 것인데, 그 배경에는 그 시대 인간들의 기독교신에게 향하는 앙천(仰天) 성향의 조형 욕구가 수용되어진 것이다.

30 고딕 건축
플라잉 버트레스를 이용하여 앙천의식의 형식적 표현을 이룬 상징적 교회건축이다.

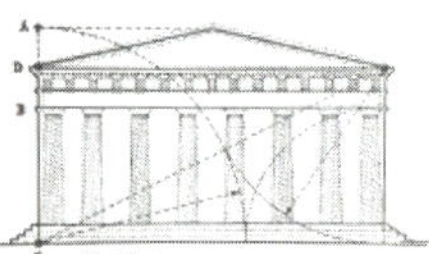

샤르트르 대성당의 플라잉 버트레스

플라잉 버트레스의 상세

샤르트르 대성당 서측 정문 문설주벽 조상

앙천 성향의 천공지향적 조형욕구는 성자들의 조각상이 그 몸통길이가 하늘을 향해 길게 늘려져 조각되게 하였다.

기독교 교회 건축

기독교 교회 건축은 로마의 바지리카를 예배형식에 따라 변형시킨 초기 기독교 교회 형식, 비잔틴 형식, 로마네스크 형식에 이어 고딕 건축 형식으로 양식적 발전을 이루었다. 기독교 교회 건축은 바지리카(Basilica)형과 마르티리움(Martyrium)형 두 가지이다. 바지리카형은 직사각형 형태, 마르티리움형은 중앙 집중식 형태의 교회이다.

■ 바지리카형

◎ 초기 기독교 교회

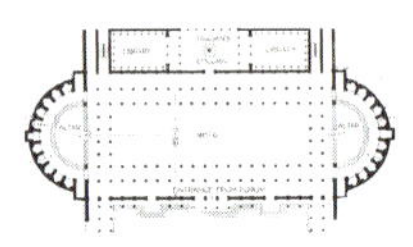

울라시스 바지리카

로마의 법원, 초기 기독교 교회의 원천

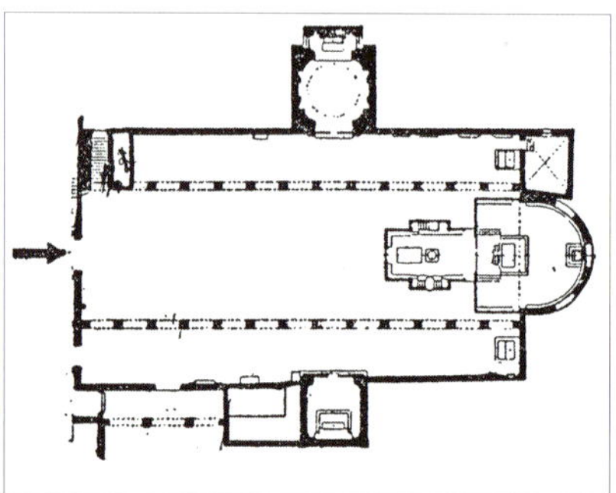

성 사비나 성당

바지리카 형태의 변형으로 완성된 초대 교회

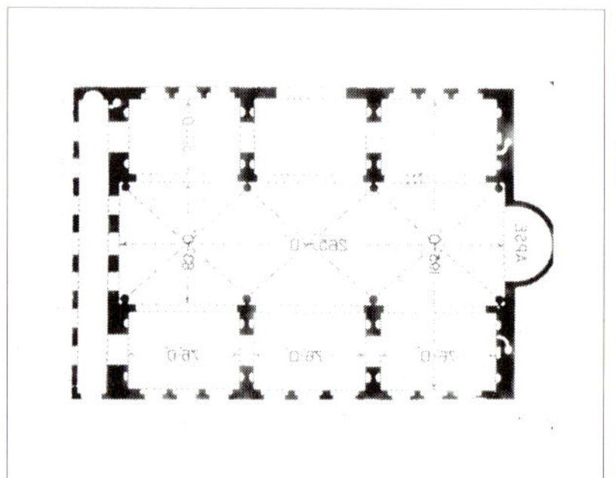

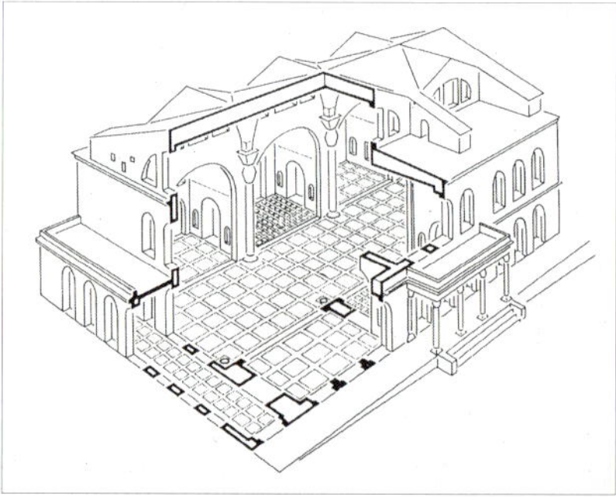

콘스탄티누스 성당

내부 공간을 intersecting cross vault로 구성한 교회

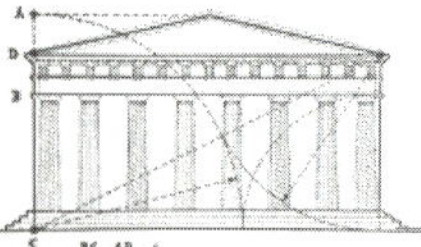

◎ 비잔틴 교회

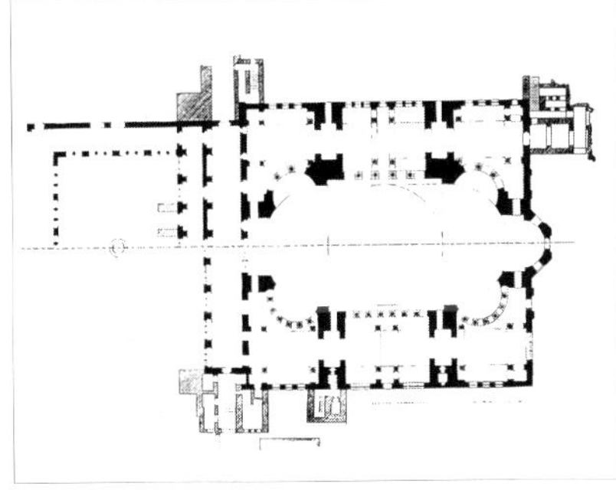

성 소피아 성당
내부공간의 깊이를 확보한 평면

◎ 로마네스크 교회

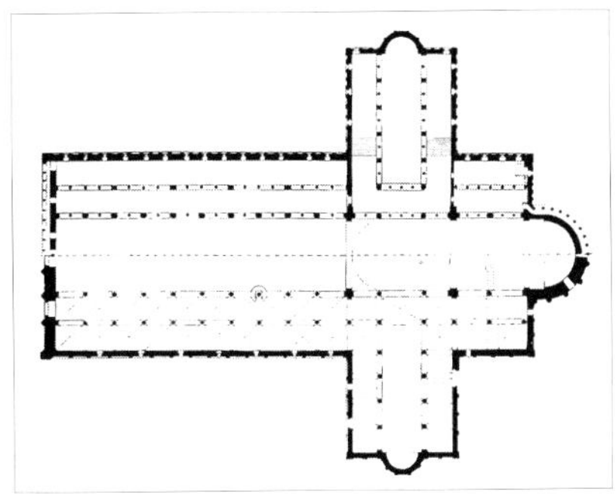

피사 성당
의식 증가에 의해 조성된 Latin cross의 평면

◎ 고딕 교회

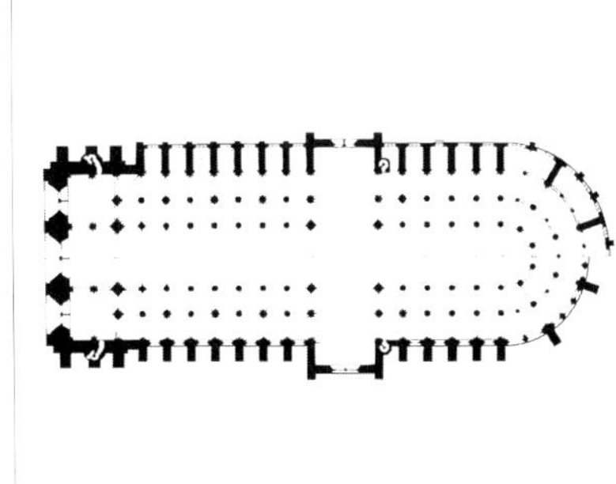

노틀담 성당
내부공간에 빛과 높이를 확보한 완성된 교회

■ 마르티리움형(순교의 유적형 – 집중식 교회)

◎ 초기 기독교 교회

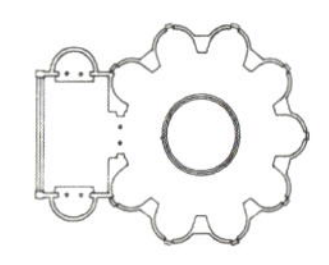
미네르바 메디카 로마 신전

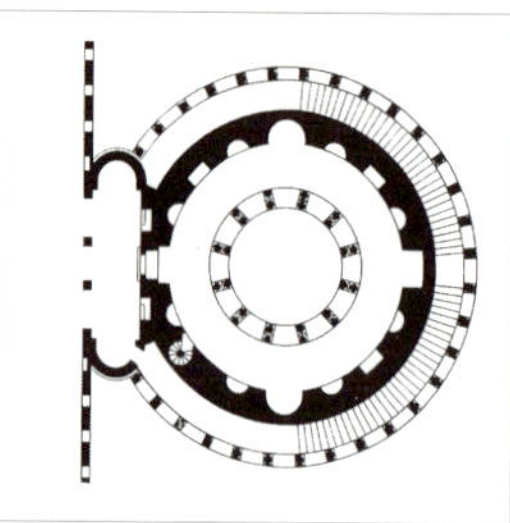
코스탄자 성당
원형 평면

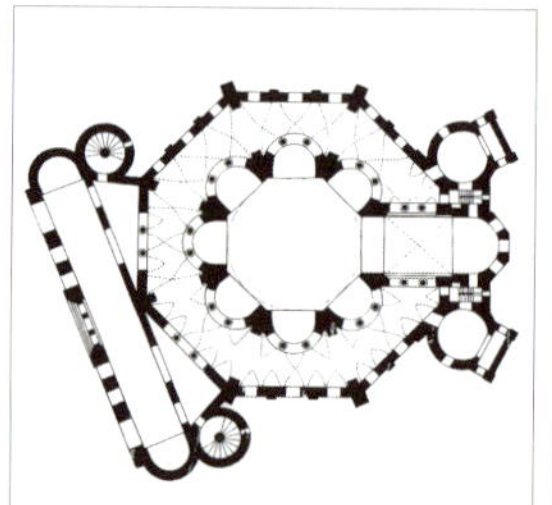
비탈레 성당
팔각형 평면

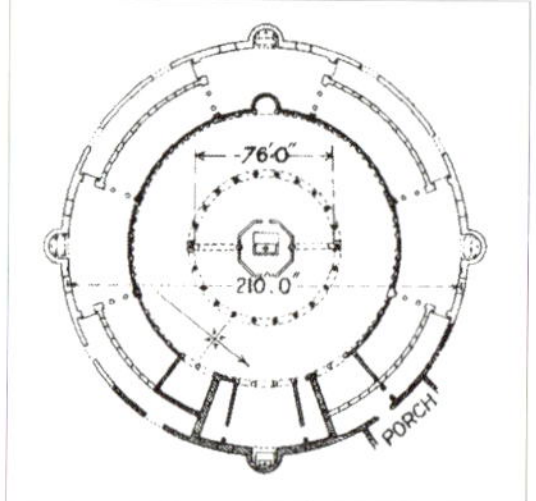

스테파노 로톤도 교회
원형 평면

◎ 로마네스크 교회

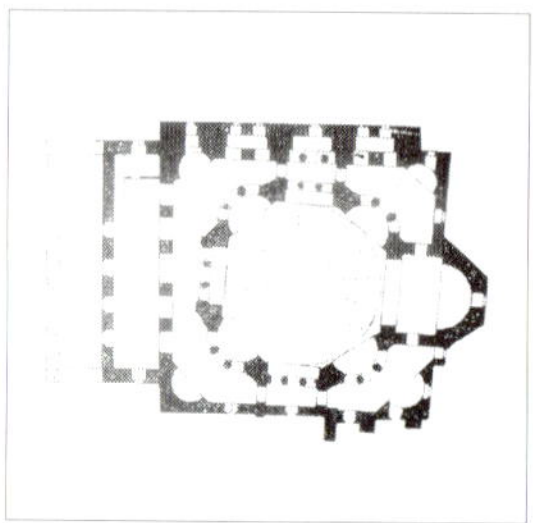
세르지오와 박코스 교회
사각형 평면

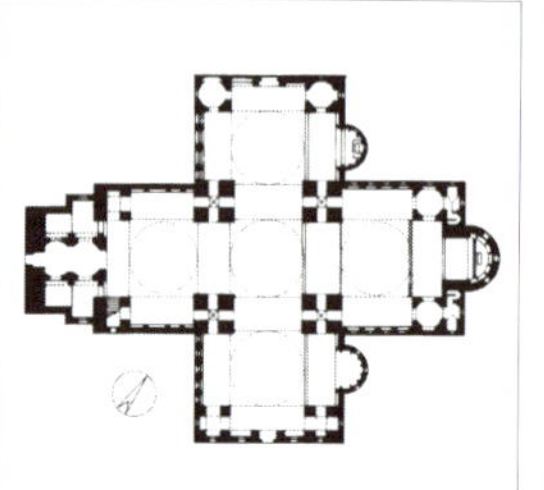
성 프롱 성당
십자형(Greek cross) 평면

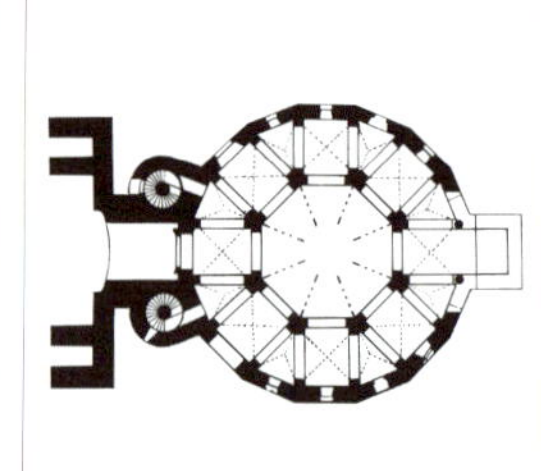
팔라틴 체플
다각형 평면

◎ 기타 건축

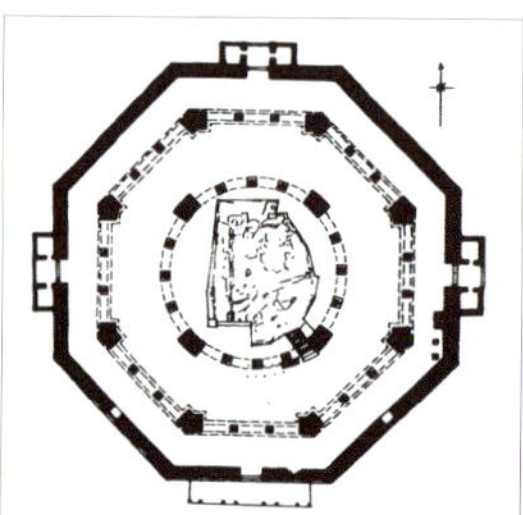
예루살렘의 모스크
팔각형 평면

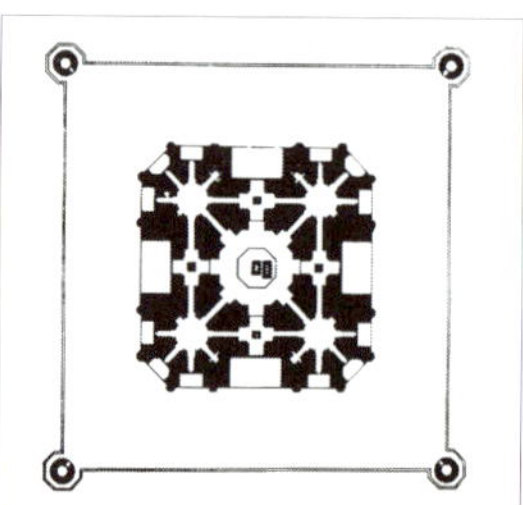
인도의 타지마할
정사각형 평면

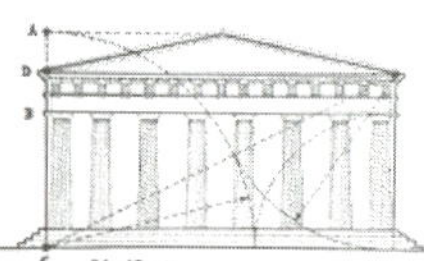

◎ 고딕 건축

노틀담 성당은 기독교적 앙천사상과 교회 내부에 빛을 수용하려는 의지를 실현시켰다. 기능 · 구조 · 형태가 일치된 현대적 건축이었다.

노틀담 정면

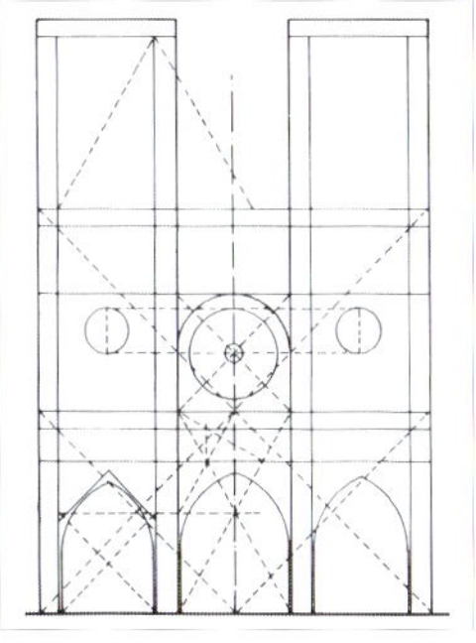
비례분석도
정방형을 3분한 기하학적 구성

노틀담 내부

단면도
4단 구성의 실내 - 앙천사상 실현

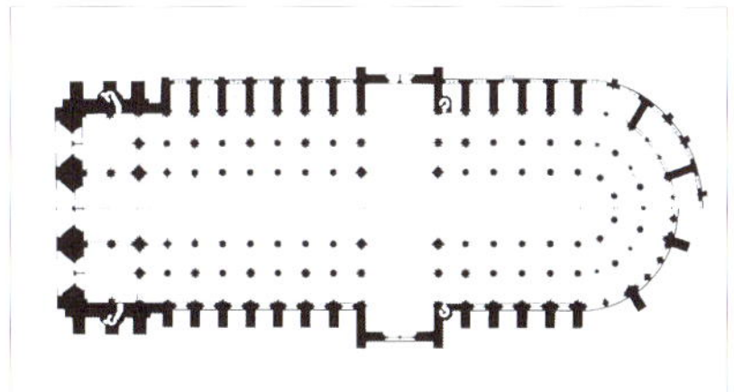
평면도
플라잉 버트레스를 위한 구조의 평면 - 빛을 수용

04

르네상스 형식 이론

르네상스 시대에는 그리스 미학의 부흥과 비트루비우스 건축론의 부흥이 큰 활동을 하였다. 그 시대 예술의 놀라운 발전을 가능하게 한 원동력은 예술의 과학적 연구였고, 이것에 의해서 예술은 종교적 속박에서 분리되어 독자적 가치를 갖게 되었다.

당시 건축가 브루넬레스키(Filippo Brunelleschi, 1377~1466)는 15세기 초에 고대 로마의 풍위를 연구하여 이것을 고대 문화의 모범으로 선택하였다.

그러나 14~15세기 이태리의 전형적 인격인 「천재」는 15세기의 훌륭한 건축가 알베르티(L. B. Alberti)였다.

폿지오(Poggio)는 1415년경 비트루비우스의 「건축에 관하여」의 사본을 발견하였는데, 이것은 르네상스 및 바로크를 통해서 중요한 위치를 차지하였다.

지오콘도(Fra Giocondo)는 1511년 초에 삽화를 넣은 라틴어 텍스트를 간행하였고, 후에 칼비(Fabio Calvi)는 이태리어 역서를 시도하였다. 이러한 비트루비우스의 연구열은 그 후 더욱 높아져 1542년 비트루비안 아카데미가 설립되었다.

당시 비트루비우스의 이론은 건축만이 아니라 일반적인 예술론에서도 큰 영향을 끼쳤는데, 그의 건축이론은 르네상스기 비례이론의 전개에 기초가 되었다.

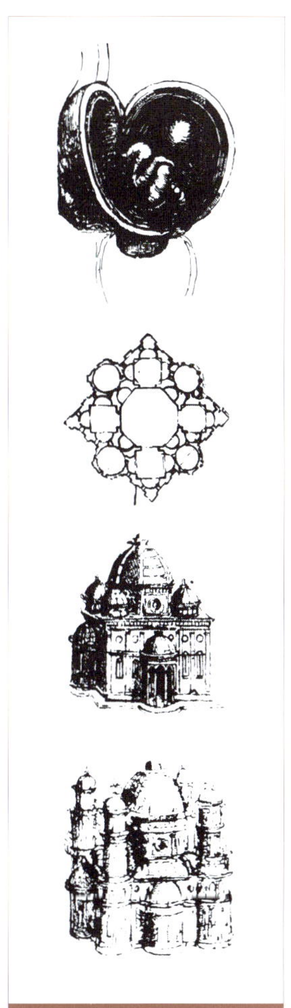
레오나르도 다빈치의 스케치

레오나르드 다빈치(Leonardo Darinci)의 벗, 수학자 루카 파치올리(Luca Pacioli)는 저서 「신성한 조화」에서 비트루비우스의 이론을 인용하였다.
파치올리는 먼지 인체비례에 관해서 「여러 척도는 사람으로부터 얻는 것이고, 또 자연의 깊은 비밀인 비례는 전부 인체 속에서 보인다.」라고 하였다.
그는 고대인들이 인체비례를 신전에 이용한 것을 지적하였고, 또 원과 정방형을 기본적 도형으로 인정하였다. 이러한 사고의 구체적인 표현으로 그는 르네상스 건축가들이 즐겨 채용한 집중형 평면의 건축 형식을 수용하였다.

레온 바티스타 알베르티(Leon Battista Alberti)

최후의 만찬, 레오나르도 다빈치

아테네학당, 라파엘로

투시도법에 의한 회화

알베르티[31]는 르네상스 시대의 철저한 휴머니스트 교육 — 언어학, 수학, 음악 등 기초적 학문 이외에 법학, 신학 등 — 을 받았다. 그의 광범위한 문필 활동은 이러한 기초교육에 기인된 것이라 할 수 있다.

그는 저서 「회화론 제1권(Della Pittura I, 1435)」에서 화가들에게 기하학 지식의 필요성을 강조하고, '화가의 목적은 평면상에 대상과 채색에 의해 눈에 비친 대상의 부분을 일정거리 · 일정위치에서 부조된 것과 같이 봄으로써 대상을 똑같이 묘사하는 것이다.' 라고 말하여 하나의 시점과 일정거리를 지정하는 원근법의 기초적 요소를 명시하였다.

알베르티의 **원근법(=투시도법(Perspective))**은 이차원인 평면 위에 삼차원적인 양(量)적 위치관계를 정확히 재현시킨 것으로, 르네상스 시대가 역사상 최초로 획득한 조형적 수법이었다.

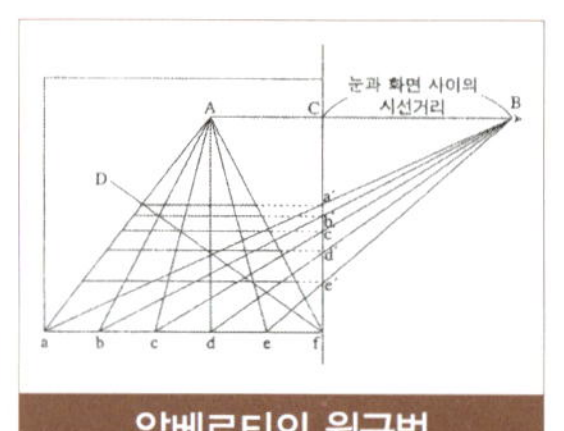

알베르티의 원근법

이 투시도법은 감상자에게 회화 속의 전경, 즉 어떤 사물이 어떤 위치에 어느 정도의 거리를 갖고 어떻게 펼쳐지는가를 양적으로 보이기 위해 폭, 깊이, 높이라는 차원에 따른 축을 만들어 위치를 결정지음으로써 전개된 사물의 위치 관계를 정량적(定量的)으로 측정할 수 있게 한 것이다. 즉 양적 측정이 가능한 위치관계를 이차원의 평면상에 정확히 구현시키려는 이미지 조작에 필요한 조형적 방법체계였다.

---

31 레온 바티스타 알베르티(Leon Battista Alberti, 1404~1472)
르네상스의 중요한 건축가 · 이론가. 그는 희곡 · 작곡 · 회화 · 물리학 · 수학 등에서 훌륭한 업적을 남겼으며, 법률 · 회화 · 건축 · 경제 등에도 큰 성과를 남겼다.

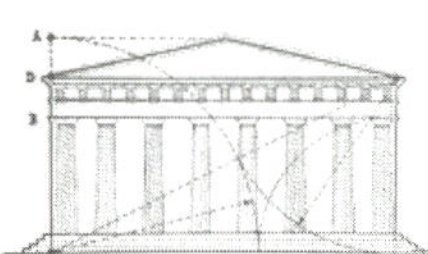

특히 투시도법은 체적측정이 가능하게 된 양화공간, 즉 양화구역(量化區域)을 자기의 자유영역으로 택하게 하였다. 이것은 기독교의 신과 인간의 직선적 관계에 양(量)이라는 인간의 새로운 이미지를 개재시켜 인간의 독자적 자립을 시도하게 한 것이다.

그래서 양화된 세계상은 기독교의 신과 세계에 새로운 형의 정위(正位)가 되었다. 양화구역의 형성이라는 르네상스 시대의 욕구는 투시도법에 의한 새로운 회화 표현 형식을 전개시켰다.

루첼라이 궁

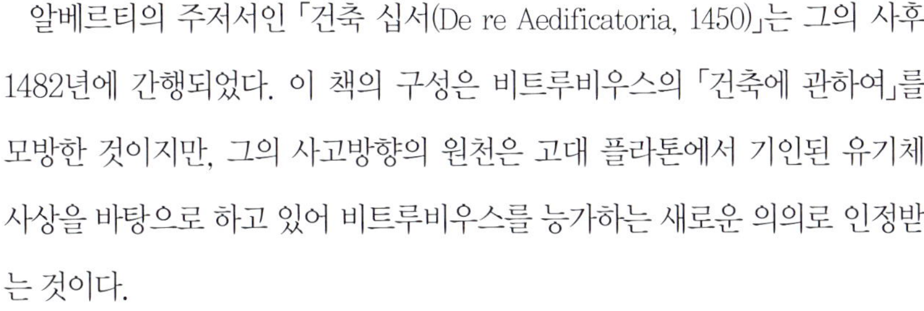

알베르티의 주저서인 「건축 십서(De re Aedificatoria, 1450)」는 그의 사후 1482년에 간행되었다. 이 책의 구성은 비트루비우스의 「건축에 관하여」를 모방한 것이지만, 그의 사고방향의 원천은 고대 플라톤에서 기인된 유기체사상을 바탕으로 하고 있어 비트루비우스를 능가하는 새로운 의의로 인정받는 것이다.

그는 '미는 각 부분들 사이와 각 부분과 전체 사이의 조화와 일치이며, 건축을 보고 기쁨을 느끼는 것은 미와 장식의 두 가지 요소에 의한 것이나.' 라고 사고하였다.

그리고 '미란 여러 부분의 조화이고 여기에는 어떤 것을 첨가하거나 어떤 것을 삭제할 수 없는 것이다. 장식이란 미를 촉진시키기 위해 부가되는 보조적인 것이다.' 라고 정의하였다.

그는 미 또는 예술의 완벽한 통일체를 얻기 위한 비례체계, 즉 법칙성(위계의 법칙 · 점이(gradation)의 원칙)을 탐구하였다. 그의 「조화(concinnitas)」개념은 고대 플라톤의 「슘메트리아」와 「하모니아」의 중간에 위치하는 것으로 그의 미학사상에 기본이 된 것이다.

이것은 '자연이 만들어내는 모든 것은 법칙에 지배되는데 그것과 같이 예술도 그 독자적 법칙성에 의해서 유기적으로 생명화된 작품을 생산해야만 한다. 이 미적 생명의 통일을 기초하는 이데아가 「조화」이다. 이 이데아는 인간 생활 및 사상의 전부를 포함하는 것이고, 일반적으로 모두 조화의 법칙에 의해 제어된다.' 라는 것이다.

이 내적 조화를 이루게 하는 수단은 고대의 경우와 같이 「수」와 「비례」였다.

알베르티는 '우리는 사고와 상상력 속에서 재료와는 별개인 완벽한 건물 형태를 추구할 수 있다.' 라고 하여 디자인과 구성을 모든 것보다 우월시하였다.

그는 건축미의 비밀을 추구하여 다음 세 가지를 발견하였다.

- 수(numerus)
- 관계(finito)
- 배비(corbcatio)

이 세 가지 요소가 건축의 여러 부분에서 「내적 조화」라는 미적 형식으로 통일될 때 「비례의 음악」이 울려 퍼진다고 보았다. 그는 「파사드(facade)의 음악」에 관해서 건축미에 매개되는 것을 비유적으로 말하고, 음악에 본질적으로 내재된 미적 형성(하모니아)을 건축 형식으로 인정하였다. 이 비례와 조화는 여러 건축, 특히 교회당 건축에 표현되었다.

그는 교회당 평면으로 「원형」과 「정방형」에서 파생된 아홉 가지의 기본적인 기하학 도형을 열거하였다. 그리고 원형 또는 거기서 파생된 도형을 교회당 평면으로 추천하였다. 각 부분이 균형을 갖는 「집중적 형태」가 신성(神性)

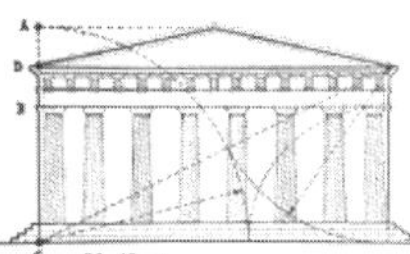

을 표현하는 이상적인 교회당에 가장 잘 어울린다고 사고하였기 때문이다.

그는 평면과 입면 사이의 비례관계도 지정하였다. 예로 원형 평면의 교회당에서는 보울트(vault)까지의 벽 높이를 평면 직경의 1/2, 1/3 또는 3/4으로 규정하였다.

알베르티는 이 비례이론을 자기 작품인 플로렌스의 성 마리아 노벨라 성당에 응용하였는데, 비트카우어(R. Wittkower)의 연구에 의해서 그 성당의 정면 파사드에는 1 : 2, 2 : 3의 비례가 채용된 것으로 인정되었다.

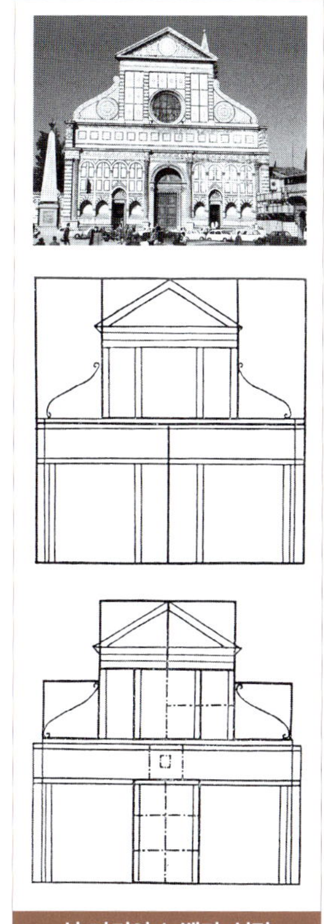
성 마리아 노벨라 성당

그림에서 보는 것 같이 교회의 파사드 전체는 정방형으로 둘려싸였다. 그 일 층은 두 개의 정방형으로 분리되고, 같은 크기의 정방형이 이 층에 놓였다. 더욱이 각층을 보면 이 층에는 중앙의 기둥 사이는 이 층 전체를 둘러싼 정방형의 한 변의 반을 한 변으로 한 정방형으로 둘러싸고, 그것과 똑같은 크기 두 개의 정방형이 페디먼트와 엔타블러처의 부분이 된다. 일층에는 중앙 입구 부분의 폭과 높이의 비가 2 : 3이 된다.

알베르티의 성 마리아 노벨라 성당 서측 정면은 미적 비례에 따른 입면이었다. 그는 이와 같은 파사드의 ㅠ성반이 아니라 평면과 입면의 관계도 지정하고, 평면 비례에서 공간 구성 비례로 진행함으로써 공간론으로 진입하였다.

알베르티는 평평한 천장에 의해 폐쇄된 공간과 보울트에 의해 폐쇄된 공간으로 공간을 두 종류로 구별하고 각각의 경우에서 평면이 원형, 방형 또는 기타형을 갖는 경우를 나누어서 평면의 길이 및 폭과 벽면 높이의 수적 관계를 규정하였다.

특히 아키트레이브, 주두, 기둥 등의 부분형성을 화가에 의존하는 것으로 생각했는데, 이것은 공간예술과 평면 예술 사이의 본질적 차이를 등한시한 것이다. 그의 미학은 르네상스 일반 풍조에 수반된 과학의 계기를 강조한 것으로 논리주의적 경향을 띠고 있어서 근대 선험론적 미학의 선구로 사료된다.

르네상스의 전 시기를 통해서 알베르티의 이론이 준 영향은 매우 큰 것으로 레오나르도 다빈치(Leonardo Davinci, 1452~1519)는 그 이론을 완성하였고, 미켈란젤로(Michelangello, 1475~1564)는 어떤 의미에서 그것을 실행으로 옮겼으며, 팔라디오(Andrea Palladio, 1508~1580)는 그 이론을 잘 인용하였다. 그래서 알베르티는 르네상스 건축이론의 전형이며, 건축미학의 창시자로 인정되는 것이다.

알베르티는 여러 종류의 건물을 상세히 논하였음에도 건축예술의 심리학적 해석에 대해서는 설명한 것이 없다.

그의 이론이 결여하고 있는 것은 르네상스의 다른 이론가들에 의해서 보완되었다.

알베르티가 설계한 만투아의 성 안드레아 성당은 그의 건축 이론이 적용

성 안드레아 성당

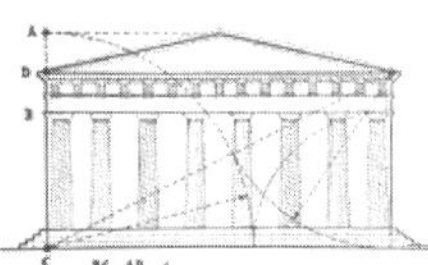

된 실례이다. 전통적인 신랑(nave)의 아케이드를 피어(pier)로 대체하여 채플 공간을 만들고 바렐보울트에 의한 천정을 택하여 공간의 깊이를 더하였다.

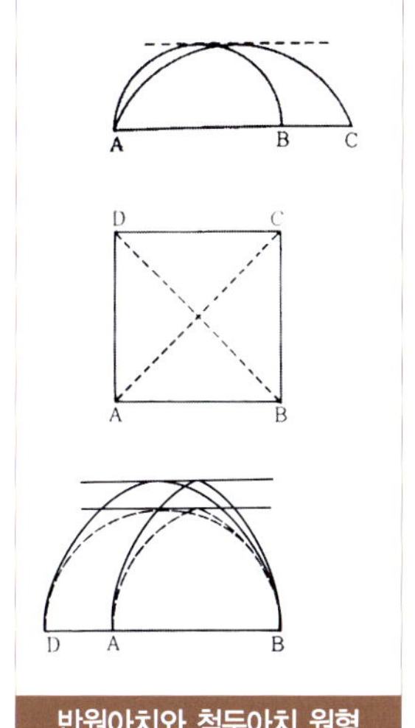

반원아치와 첨두아치 원형

예로 필라레테(Filarete)는 저서 「건축론(Trattato d'Architectura)」에서 비트루비우스에 의한 고대 신전의 주범(order)을 설명하면서 다음과 같이 말하였다.

'우리 기독교 교인들은 교회당을 하나의 형식으로 축조한다. 고대 신전이 대개 천장이 낮은 건축이었던 것은 고대 사람들의 기도하는 마음을 진전시킨 것으로 생각된다. 여기에 대해서 현재는 천장이 높은 교회당을 만든다. 그것은 교회에 들어간 사람들의 정신을 높이고 신을 사모하는 것처럼 느끼게 하기 때문이다. 이것은 우리들에게 공간이 시각적 · 심리학적 효과가 있음을 인정시키는 것이다.'

더욱이 그는 아치(Arch)를 설명하면서 반원아치가 첨두아치보다 아름나운 이유를 들고 일반적으로 원형이 갖는 심리적 효과를 감지하였다. 그리고 '우리가 원형을 볼 때 즉시 그 형을 파악할 수 있는 것은 원형에는 눈의 움직임을 방해하는 것이 아무것도 없다.' 라고 하였다.

원형을 다른 형보다 우수한 것으로 사고하는 것은 일반적으로 르네상스 건축론이 보이는 특징이지만 그 근거로는 플라톤류의 신비적, 철학적 해석도 그와 같은 심리적 해석으로 시험될 수 있는 것이다.

안드레아 팔라디오(Andrea Palladio)

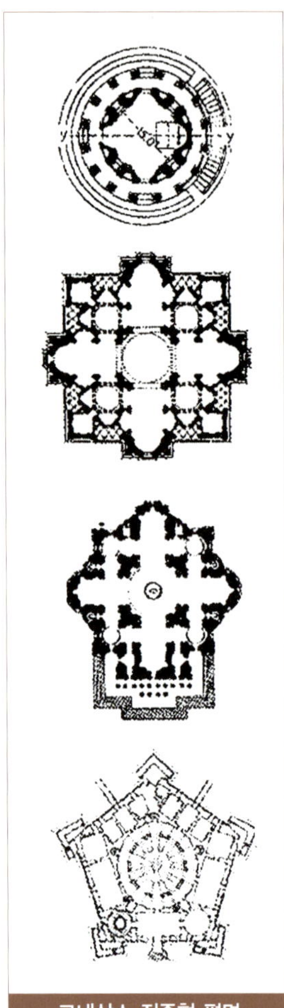
르네상스 집중형 평면

팔라디오[32]는 알베르티의 이론보다 더 실용적인 저서 「건축 4서(I Quattro Libri dell' Architectura)」에서 건축형식에 관하여 명쾌한 설명을 하였다.

팔라디오는 다른 르네상스 예술가들과 같이 수치적 비율이 지니는 우주적인 의미를 확신하고 미의 철학적 규정으로부터 출발하였다. 그는 '미란 부분 상호의 상응 관계 및 부분과 전체의 상응 관계로부터 생긴다. 그렇기 때문에 건축의 미는 각 부분이 다른 부분과 일치되고 모든 부분이 건축 전체의 완성을 위해 필요한 것이 될 때 실현된다.' 라고 하였다.

팔라디오는 이 비트루비우스류의 규정 속에서 더 적극적으로 가장 아름다운 형식으로서 「원형」을 들었다. 그는 '가장 아름답고 가장 규칙적인 형식, 즉 다른 형식의 기초가 되는 형식은 「원형」 및 「사각형」이다. 그리고 이 두 가지 형식 중에서 원형은 모든 형식 중 오직 통일적이고 굳건하며 널찍한 형으로 유일한 형식이다.' 라고 정의하였으며 신전 평면에 원형을 채용하였다.

일반적으로 르네상스 시대에 자주 채용되었던 집중식 교회당은 팔라디오가 말한 통일성, 무한성 그리고 신의 정의를 표현하는 건축형식이며 신의 세계를 묘사한 것이었다.

일반 건축이나 교회당 건축이 갖는 이 형식은 건축의 내용과 결부되어 형식의 심리적 해석으로부터 상징적 해석으로 옮겨졌다. 이것은 알베르티, 브루넬레스키를 시작으로 많은 화가들에 의해서 연구된 원근법이 예술의 표현

32 팔라디오(A. Palladio, 1508~1580)
「건축 4서(I Quattro dell' Architectura)」에서 미를 철학적으로 규정하였다.

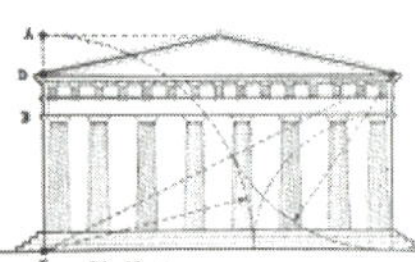

수단의 하나일 뿐이었다는 사실로도 알 수 있다.

르네상스 회화가 원근법적 표현을 중심으로 **양화구역(量化區域)**[33]의 확인으로 발전한 것 같이 르네상스 건축론도 근본적으로는 「다양의 통일」이라는 고대의 형식 원리를 근거로 한 것이다.

팔라디오는 7가지의 방을 가장 아름답고 비례에 맞게 만드는 수법을 다음과 같이 제안하였다. 그리고 그는 방의 폭과 길이에 대하여 적당한 비례가 되도록 알맞은 높이를 결정하는 방법을 제안하였는데,

'편평한 천장으로 된 정방형의 방 높이는 폭과 동일하게 하며 보울트(vault)형 천장으로 된 정방형 방은 방의 폭보다 1/3 정도 더 높여야 한다.'

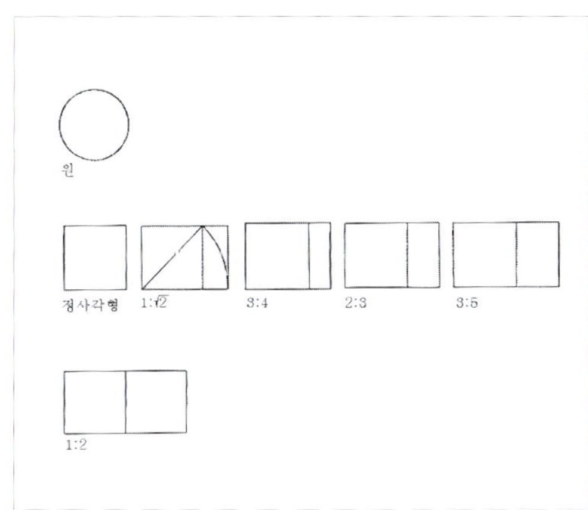

팔라디오의 7가지 방

방의 높이 결정

- 산 술 적: c–b/b–a=c/c eg. 1, 2, 3, … or 6, 9, 12
- 기하학적: c–b/b–a=c/b eg. 1, 2, 4, … or 4, 6, 9
- 조 화 적: c–b/b–a=c/a eg. 2, 3, 6, … or 6, 8, 12

각각의 경우, 모두 방의 최대폭과 길이의 중간값이 방의 높이가 된다.

33 양화구역(量化區域)
투시도법에 의해서 이차원 평면에 삼차원 공간을 표현하고 양적현상을 정량적으로 확인시킨 회화적 공간

그리고 '일반적인 방의 높이는 다음 방법에 의한다. 각각의 경우 모두 방의 최대 폭과 길이의 중간값이 방의 높이가 된다.' 라고 하였다.

팔라디오가 설계한 집중형 평면[34]인 빌라 로툰다를 예로 보면 다음과 같다.

빌라 로툰다는 정방형 평면에 원형 로툰다(rotunda)를 설치하여 중심을 갖는 조형 두 개가 중첩되어진 대표적인 집중형 건축인 것이다.

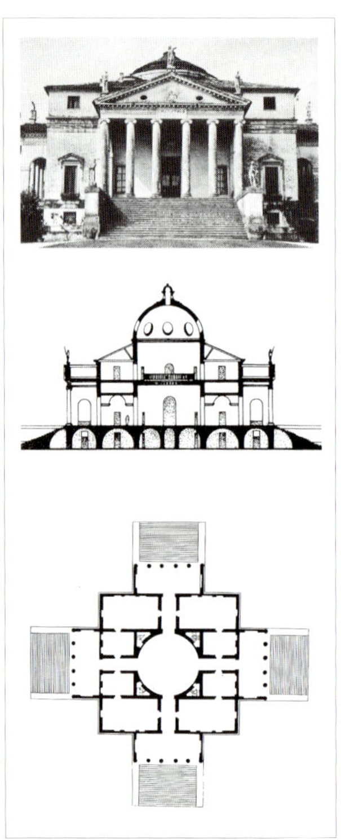

빌라 로툰다, 팔라디오

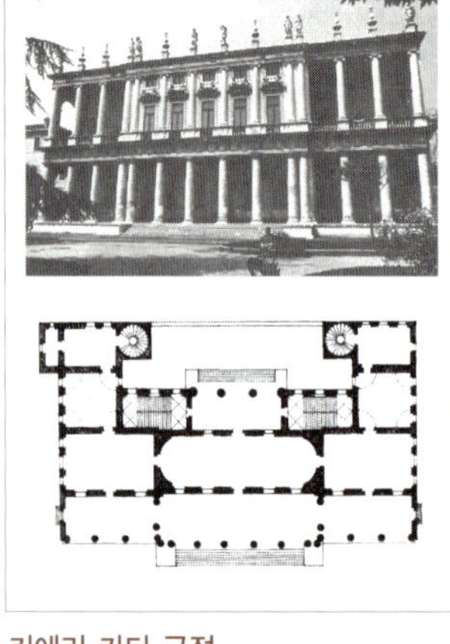

키에리 카티 궁전

34 집중형 평면
중심을 갖는 평면으로 원 · 사각형이 기존평면이다.

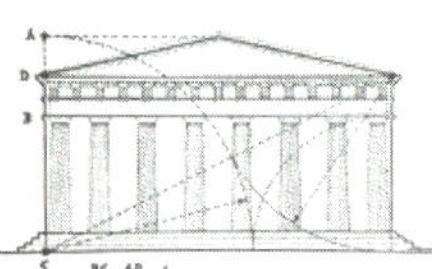

05

형식설 범주의 건축 작품

형식주의적 형식미학은 형식설에 속한다. 형식은 다(多)와 다양을 총괄하는 통일원리(수의 비례와 형식 및 기하학적 형태)로서 사물의 본질을 이루는 것이다. 현대의 인식론에서는 시간, 공간 또는 범주 등과 경험을 성립시키는 형식적 조건을 가리킨다. 형식주의는 미적대상이 되는 예술작품의 감각적 측면을 주요시하여 그 표현상의 미적원리나 통일 작용에서 가치를 찾으려는 미학적 입장이다.

그리고 형식미학은 예술상의 미를 오직 작품의 감각적 형식에 두는 것과 감각적 소재의 상호관계에 두는 것 두 가지가 있다.

건축적 특성

(1) 수와 비례에 의한 건축

■ 주범(Order)에 의한 건축

넵튠 신전

남성적인 기둥과 주두

니케 신전

에릭테이온 신전

여성적인 나선형 주두

아르테미스 신전

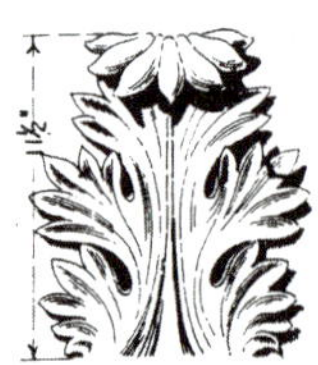

제우스 신전

아칸서스 나뭇잎의 화려한 주두

박쿠스 신전

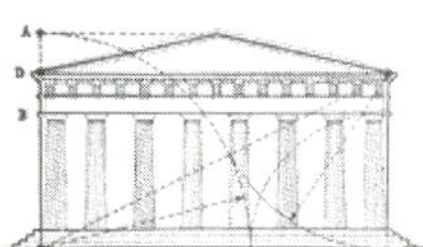

■ 균제에 의한 건축

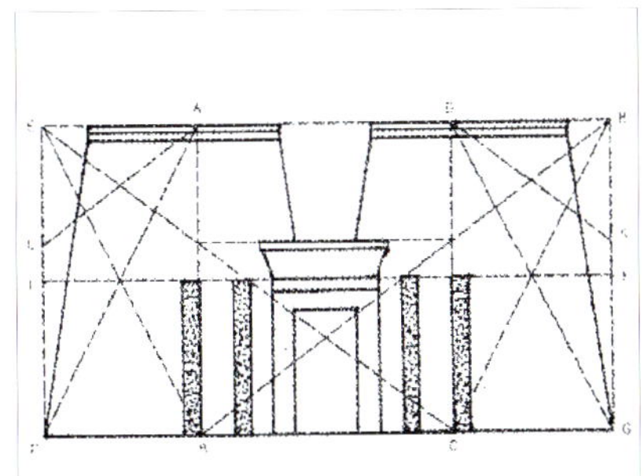

호로스 신전, 파이론

황금분할에 의해 구성된 전면

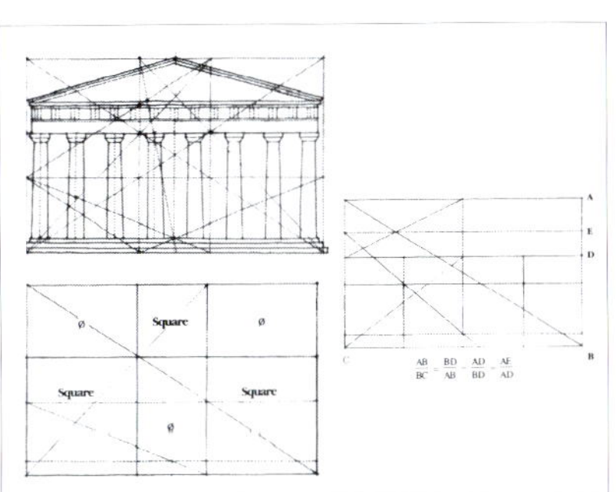

파르테논 신전

황금분할에 의해 구성된 전면

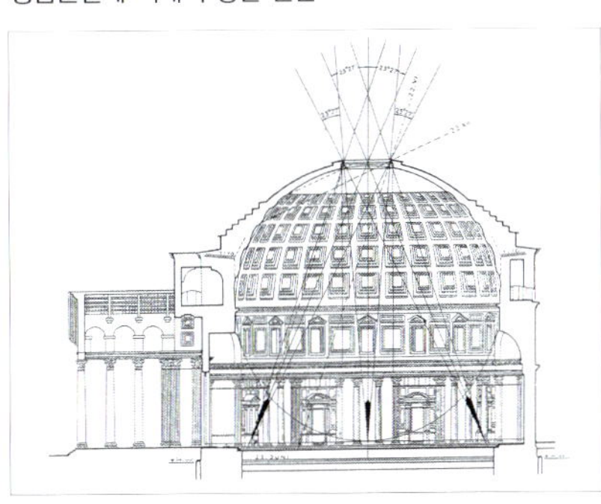

판테온 신전

구와 원에 의해 구성된 단면

◎ 동적 균제

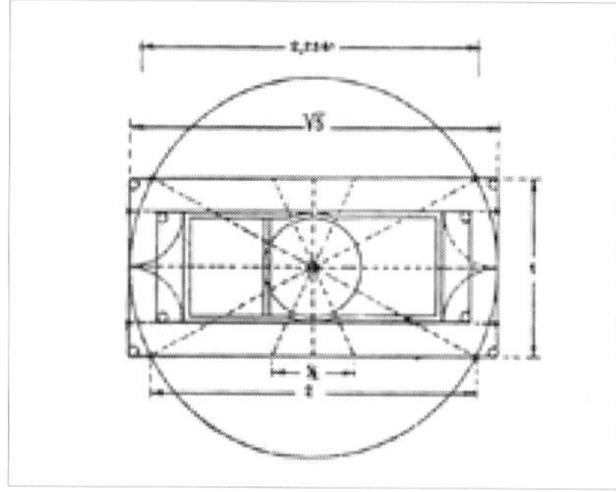

파르테논 신전
√5를 이용한 평면구성

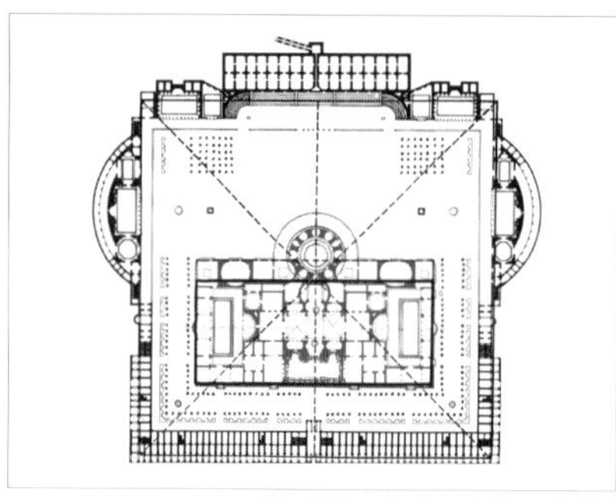

카라칼라 욕장
황금분할에 의한 평면 구성

◎ 정적 균제

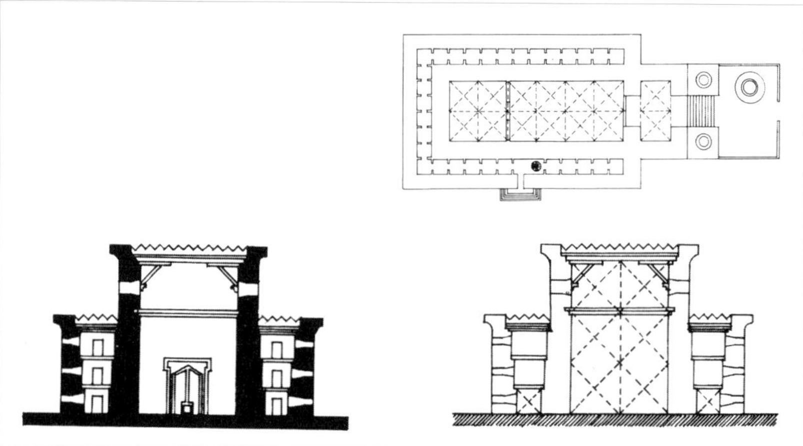

솔로몬 신전
1:3의 정적비례를 채용한 평면, 입면 구성

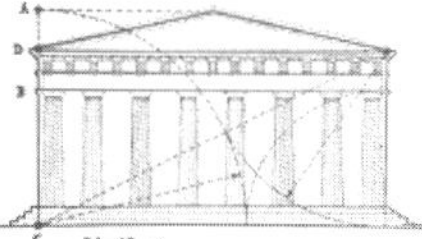

(2) 기하학적 형태의 건축

■ 평면형

◎ 사각형

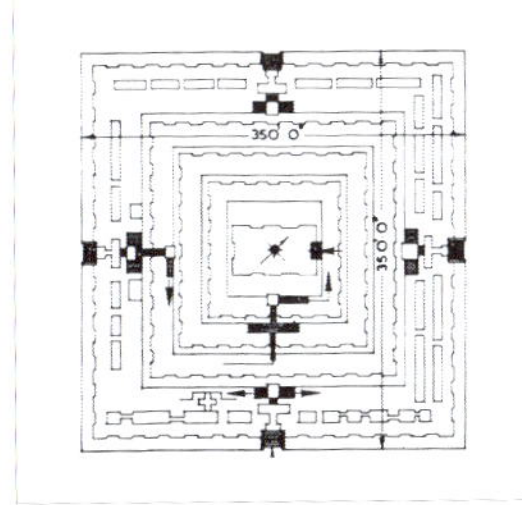

초가 잠빌 : 지구라트
사각형 평면

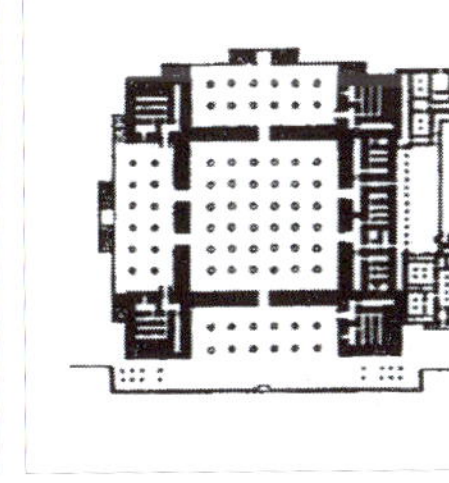

페르세 폴리스 : 백주궁
정사각형 평면

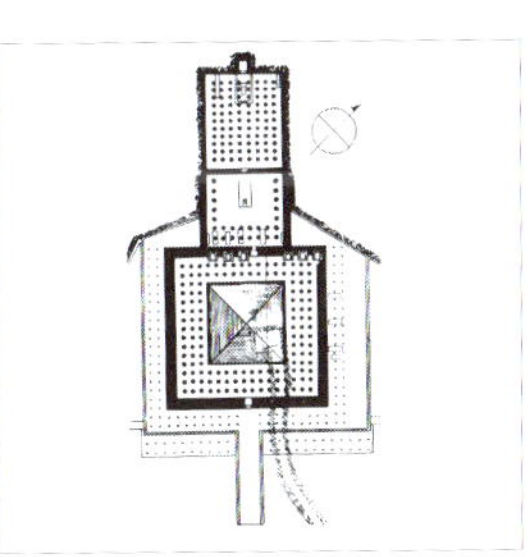

멘투헤텝 신전
정사각형 평면

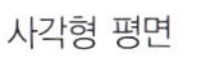

◎ 직사각형

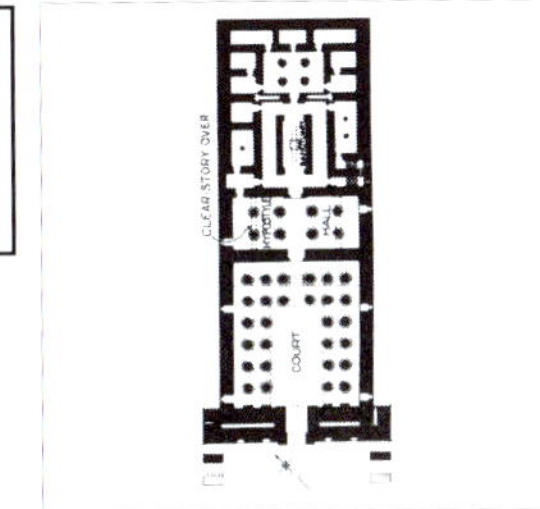

콘스 신전 : 이집트 신전
식물을 표현한 내부기둥의 조형

파르테논 : 그리스 신전
인간을 표현한 외부기둥의 조형

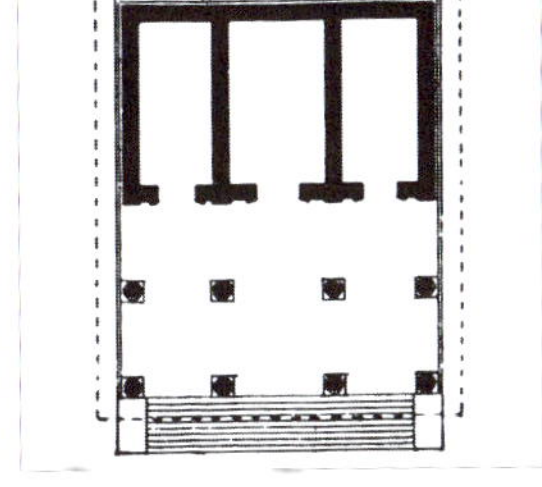

유노 소스피토 : 로마 신전
전면 기둥의 조형

◎ 원형

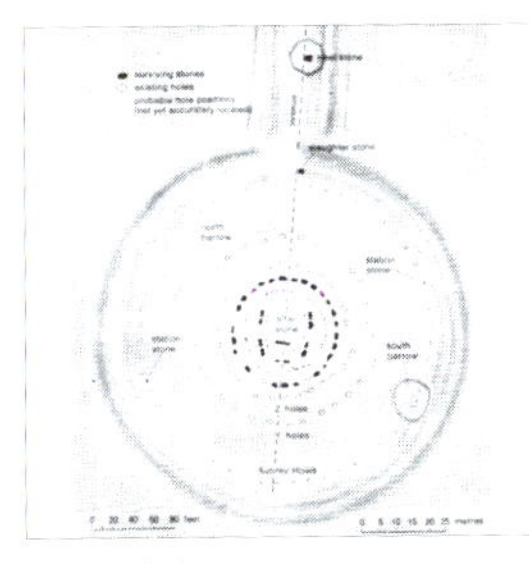

스톤 헨지
원형 평면

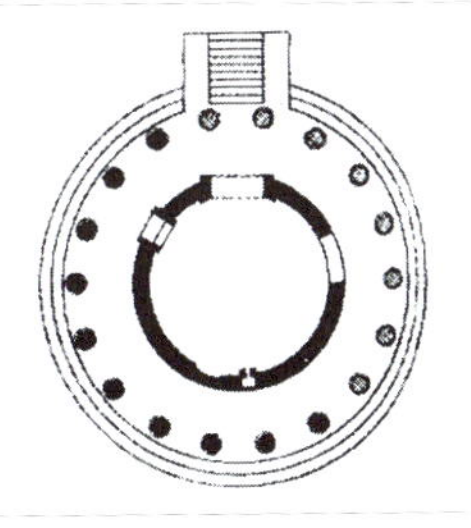

시빌 신전
원형 평면

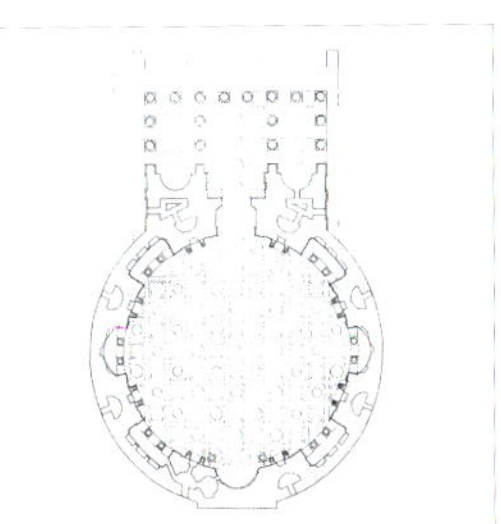

판테온 신전
원형과 구형의 평면

◎ 반원형

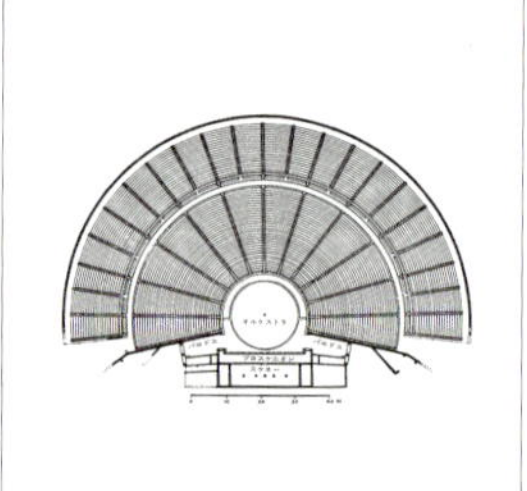

그리스 극장, 에피다우로스
반원형의 야외극장

로마 극장, 오랑쥬
반원형의 형태

◎ 타원형

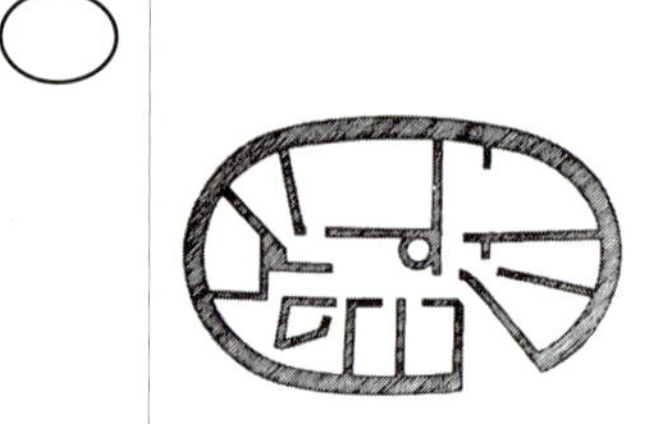

카마이지 타원형 주택
주거의 타원형 형태

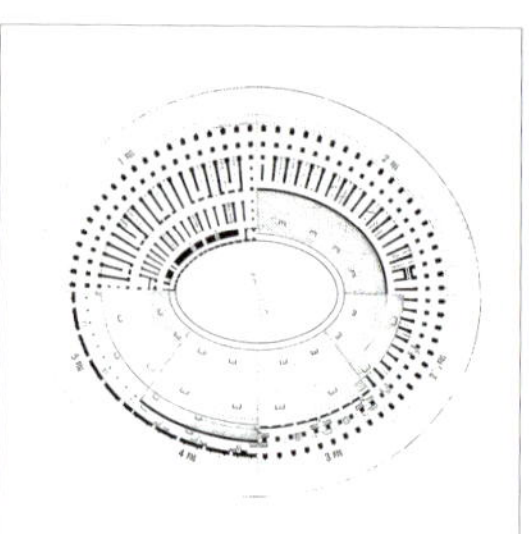

콜로세움
타원형의 형태

◎ 다각형

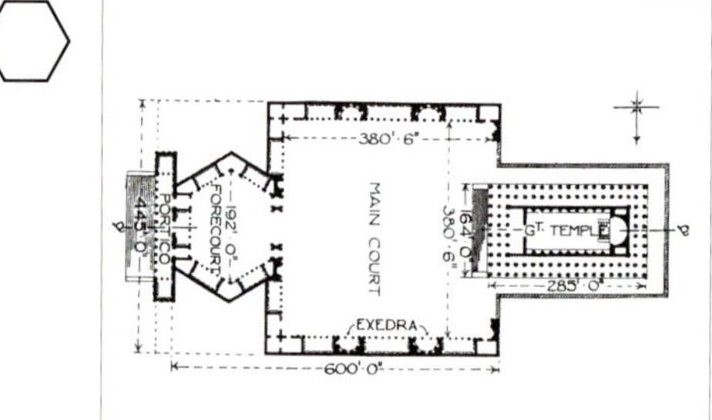

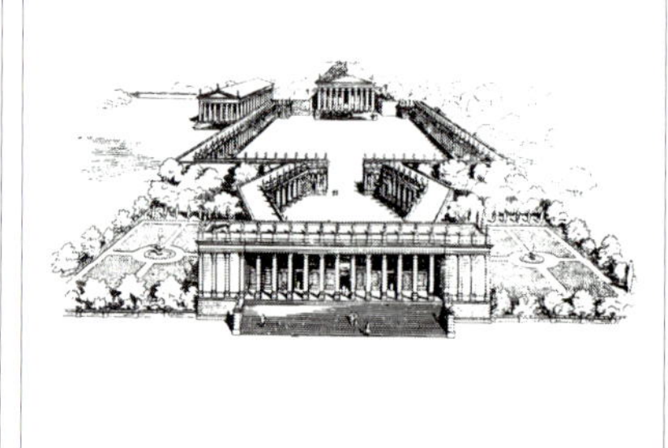

슈리아 바알베크 대신전
육각형+사각형+구형의 신전

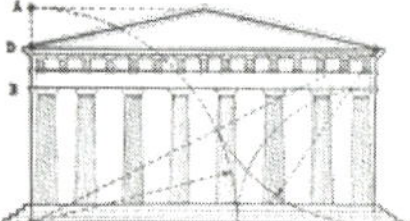

■ 입면형

◎ 삼각형

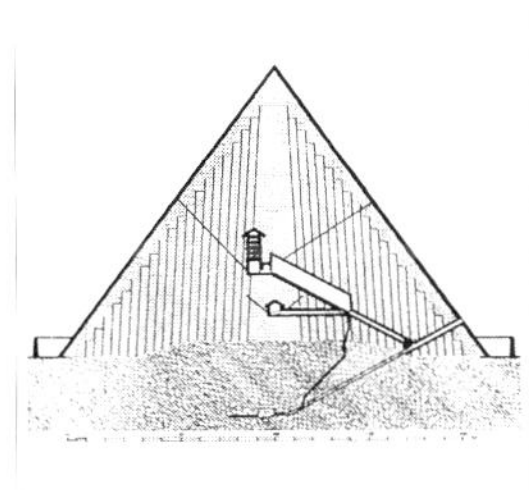

피라미드
삼각형 단면과 입면

카우스 케스티우스 능묘
로마의 피라미드

아트레우스 보고 입구
문 상부의 삼각형 개구부

(3) 형식주의적 건축

■ 주범을 이용한 건축

알테스 뮤지엄, 신켈
고전건축의 기둥을 외부에 의장적으로 채용한 전면

뉴델리 미국 대사관, 에드워드 듀렐 스톤
고전건축의 기둥을 외부에 의장적으로 채용한 형태

샨디갈 국회의사당, 르 꼬르뷔제
외부기둥을 강력한 벽기둥으로 디자인한 전면

브라질 대법원, 오스카 니마이어
외부기둥을 조형적으로 변형시킨 조형주의적 형태

갈라라테제 지구의 집합주거, 알도 로시
고전적 주범의 현대적 해석

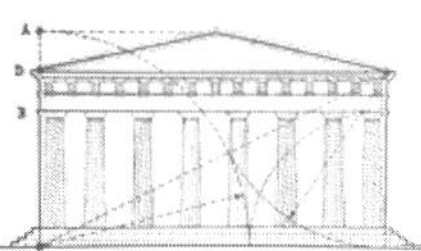

■ 양식을 이용한 건축

파리 오페라 좌, 가르니에
바로크 양식을 모티브로 한 고전주의적 표현

파리 판테온
팔라디오 형식을 모티브로 한 표현

런던 국회의사당
고딕 건축을 모티브로 한 표현

파리 개선문
로마 개선문을 모티브로 한 표현

■ 균제를 이용한 건축

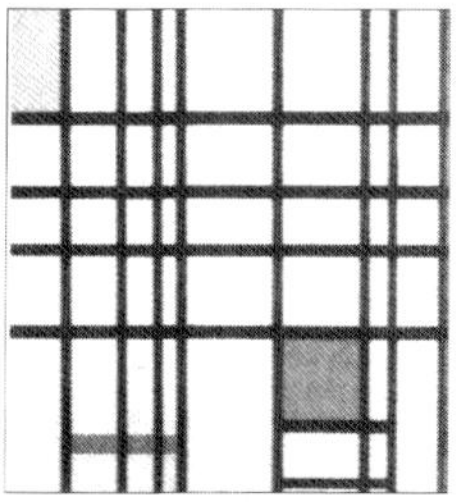

적색 · 청색 · 황색의 구성, 몬드리안

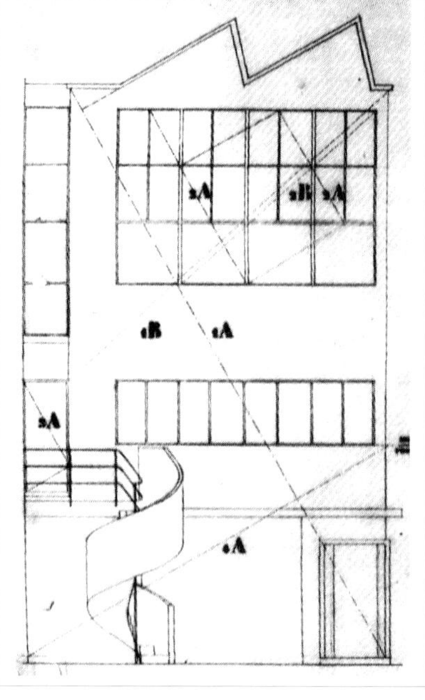

오장팡 주택, 르 꼬르뷔제
입면에 동적균제를 적용한 형태

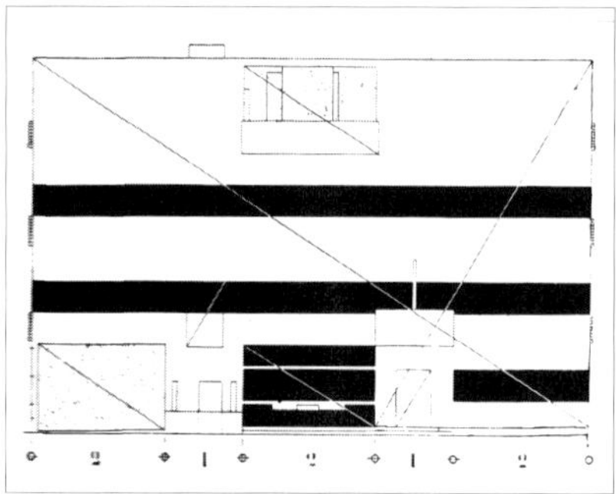

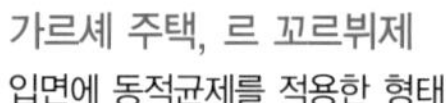

가르셰 주택, 르 꼬르뷔제
입면에 동적균제를 적용한 형태

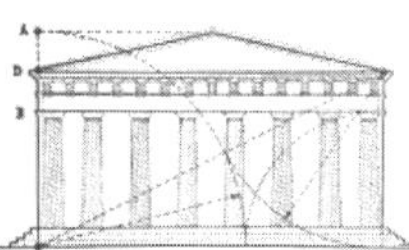

2 | 표현설(表現說)

표현설[35]은 신비적인 중세, 낭만주의의 관념과 이데아에 관한 이론이다. 이것은 「형체나 형식은 그 자체가 아름다운 것보다 그것이 무엇을 의미하고 표현하는가에 아름다움이 결정된다.」는 학설이다. 데카르트(René Descartes)[36] 등이 '진리의 기준은 지적이며 연역적이다.' 라고 주장한 합리주의를 뒤이어 베이컨(Francis Bacon)[37] 등이 '지식의 유일한 근원은 경험이다.' 라고 주장한 경험주의가 태동하였다. 이 합리주의와 경험주의가 합쳐져서 계몽주의 철학이 되었고 칸트에서 절정을 이루었다.

그 후 헤겔은 '역사의 과정은 인간 인식의 발달과정과 동일하다.' 라고 사고하는 형이상학적 철학으로 진전하였고 낭만주의[38]와 연관되어졌다. 표현설은 작가가 자기의 강력한 주관을 통하여 단적으로 사상(事象)의 내부생명을 나타내려는 의도를 해명하는 학설이다.

표현설에 관계된 건축은 「말하는 건축」을 지향한 형태의 표현주의[39]와 연관되어진다.

01

비판적 미학

인간의 인식비판을 과제로 하는 선험철학의 미 이론

미와 예술에 관한 이론은 고대로부터 르네상스에 이르기까지 제예술의 발전과 함께 나타나고 있지만 이들이 체계적으로 조직된 것은 근대에 와서 이루어진 것이다.

---

35 표현설
햄린(T. Hamlin)의 「건축 – 모든 인간의 예술」에서
36 데까르트(R. Descartes, 1596~1630)
합리론 주장, 프랑스 철학자. 「방법시설(1637)」, 「성찰(1641)」
37 프란시스 베이컨(F. Bacon, 1561~1626)
경험론 주장, 영국 철학자. 「과학과 종교의 위업과 진보에 관하여(1605)」 등
38 낭만주의(Romanticism)
18세기 말에서 19세기 전반에 유럽에서 일어난 예술상의 한 경향, 고전주의 전통에 반대하여 자유, 개성, 공상, 자연의 감정 등을 소중하게 여김

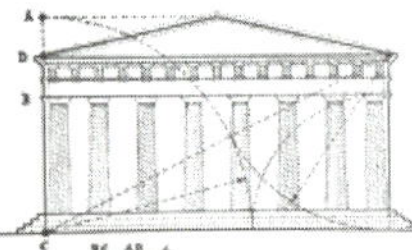

빙켈만(J. J. Winckelmann), 레싱(G. E. Lessing), 바움가르텐(A. G. Baumgarten)에 의해 시작된 미와 예술의 학적 연구는 근대미학의 진정한 창시자 칸트(I. Kant)에 이르러 완성되었다.

당시 낭만주의자 헤르더(J. G. Herder) 및 쉴러(J. C. F. v. Schiller)[40]와 나란히 쉘링(F. Schelling), 헤겔(G. W. F. Gegel)이 칸트의 방향을 발전시켰다. 칸트의 비판미학, 즉 형식미학에 대해서 쉘링과 헤겔은 내용미학으로 불린다. 그들은 예술, 특히 이데아, 절대적인 것에서 세계정신을 구하였다. 이것은 예술에 대한 직접적인 감동보다 오히려 체계적인 것을 구하는 것으로 사변적인 관심이 높게 표출된 것이다. 이러한 형이상학적 연구방법은 다른 경험 미학과는 달리 건축미학에 직접적인 영향을 주지는 않았다.

그래서 건축미학의 학문적 체계화를 위해서는 경험적 사실이 고찰의 대상이 되어야 하고 그들의 소재가 통일되도록 시도되어야 하는 것이다. 물론 형이상학적 미학에서는 건축론이 미학제계의 일부분으로만 언급되있지만 이들 중에는 후대의 건축관 또는 건축미학에 큰 영향을 준 것도 적지 않다.

---

39 표현주의(Expressionism)
예술상에 나타난 주관적 경향의 사조로서 예술의 목적을 내심(內心)의 표백(表白), 내부생명의 표현에 있다고 보는 주의

40 프레드리히 쉴러(J. C. F. v. Schiller, 1759~1805)
'최고의 즐거움을 주는 예술만이 진정한 것이다.' 그러나 '최고의 즐거움이란 정신의 모든 능력들이 활력 있게 유희하는 중의 정신의 자유를 말한다.' 「메시나의 신부(The Bride of messina)」

임마누엘 칸트(Immanuel Kant)

칸트[41]는 영국의 호움(H. Home)과 버크(E. Burke)에 의한 감각에 기초를 둔 미학과 독일 바움가르텐, 빙켈만에 의한 합리주의적 미학을 종합하였다.

칸트는 저서 「숭고와 미의 감정에 대한 고찰(Observation on the Feeling of the Sublime and the Beautiful, 1764)」에서 미학의 문제들에 대해 많은 사고를 하였다는 증거를 보였으며, 그의 주된 입장은 비판적 관념론인 「판단력 비판(Critique of Judgment, 1790)」에서 개진되었다.

칸트가 문제로 제기한 방법들은 인간이 갖는 세 가지 의식의 양식, 즉 인식(knowledge), 욕구(desire), 감정(feeling)을 탐구하는 것으로, 인식은 「순수이성 비판(Critique of Pure Reason)」의 과제였고 욕구는 「실천이성 비판(Critique of Practical Reason)」의 과제였으며 감정은 「판단력 비판」의 과제였다.

칸트의 미학은 「취미판단」, 즉 미에 대한 판정능력의 문제로부터 출발하였다. 그는 먼저 「질(質)」의 입장에서 미를 규정하여 '미는 취미판단과 인식대상이 아니며 그 만족은 무관심적인 것이므로 쾌(快) 또는 선(善)과 다른 것이다.' 라고 하였다.

그리고 「분량(分量)」 및 「양상(樣相)」의 입장에서 미는 개념을 통해서가 아니라 보편타당성을 요구하는 것으로 규정하였고 더욱이 「관계」의 경우 미는 「목적 없는 합목적성」으로 규정하였다.

41 칸트(Immanuel Kant, 1724~1804)
18세기 독일 철학자. 칸트는 저서 「숭고한 미의 감정에 대한 고찰(1764)」에서 미학의 문제들에 대해 많은 사고를 하였음을 증거하였고, 「판단력 비판(1790)」에서 그 위대한 비판적 관념론을 개진하였다.

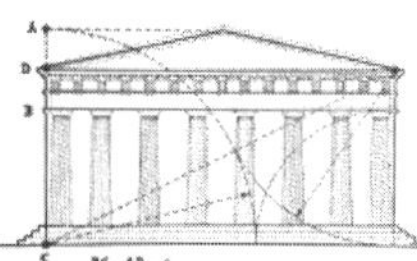

미의 보편타당성이란 취미판단이 인식판단과 다른 것 같이 객관적 타당성이 아닌 「주관적 보편성」으로 특색을 지었다.

그의 미적 법칙성이란 일종의 「공통 감각」이라는 가정에서 설명한 것이고, 궁극적으로 그것은 개념의 능력인 「오성(悟性)」과 직관의 능력인 「상상력」의 조화적 결합관계라는 것이다. 결국 인식의 보편타당성은 오직 인식의 형성이라는 측면에서만 음미한 칸트의 비판적 관념론의 주장은 형식주의를 평하는 말이 되었다.

칸트는 위의 고찰방향을 기초로 하여 건축미를 다음과 같이 규정하였다.

'미란 「자유미」와 「효용미(效用美)」의 두 종류로 구별된다.

자유미는 대상이 어떤 것인가에 대해서 아무런 개념도 전제하지 않는 것이고, 효용미는 대상의 완전성 개념을 전제로 한다.'

그래서 자유미에 속하는 것은 사물의 미라 부르고 효용미에 속하는 것은 어떤 하나의 개념에 「효용된 미 = 제약된 미」로서 어떤 목적개념에서 객체에 부여되는 것이다.

칸트는 건축미를 「효용미」와 동일한 것으로 보았다.

건축미는 '그것이 어떤 것인가를 규정하는 목적개념 그리고 그것의 완전성 개념을 전제로 하기' 때문에 오직 「효용미」에 지나지 않는다. 건축은 '어떤 목적을 규정 근거로 갖는 사물의 개념을 그 의도를 위해서 미적, 합목적적으로 표현해야 하는 예술' 이므로 '인공적 대상으로서 어떤 종류의 사용이 주요사이며 그것에 제약되는 것이고 그 위에 미적 이념이 한정되는 것' 이라고 하였다. 그의 예술철학의 주요 원동력은 미적인 것의 자율성 욕구 그리고 도덕적(morality) 의무와 인식으로부터 그것의 독립성을 확립하는 것이었다.

칸트는 미를 도덕적 질서(=인륜성)의 한 상징으로 보았다.

이 인륜성이 '정신으로 하여금 감각인상을 통해 획득되는 쾌의 단순한 감수성을 넘어서 어떤 고귀함과 고양감을 의식하게 해주는 미적 능력의 진정한 원천' 이라고 사고하였다.

근대 미학의 완성자로서 칸트의 공적은 매우 크다. 그러나 그의 건축에 대한 고찰 방법은 일반적으로 「자유예술」에 대한 「효용예술」의 두 종류를 주장한 것이어서 죄르겔(H. Sörgel)은 이러한 칸트의 건축미학에 대한 고찰이 많은 오류를 조장한 결과가 되었다고 지적하였다.

칸트의 철학은 표상력에 의한 형이상학(이론)과 의욕력에 의한 실천철학(실천)으로 나누어진 형이상학을 따랐지만 형식과 내용, 사유와 존재라는 이원론적 사고를 방치하였다.

쇼의 이상도시, 르두

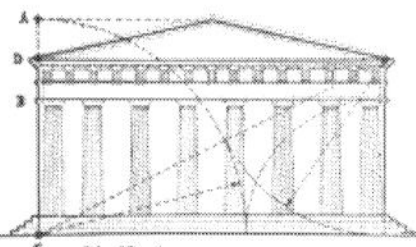

02

형이상학적 미학

초경험적인 우주의 근본원리를 연구하는 철학의 미 이론

헤겔은 「사유(思惟)의 형식이 동시에 실제의 형식이다」라는 논리를 주장하고 형이상학[42]을 회복시켰다. 그는 '모든 관계에서 실체는 동시에 주체이다.' 그리고 '예술은 절대 정신의 직관적인 자기실현이다.' 라고 사고하였다. 그리고 정신이란 자기 부정을 매개로 하여 자기 자신을 정립하는 운동으로 보고 변증법의 자각적 전개를 통해 확립시켰다. 정신의 자립성 문제와 의식

42 형이상학

형이상학의 존재를 연구하는 철학의 부분 중 가장 근본적, 원리적인 것으로 취급되어 왔음

형이상(形而上): 형식을 떠난 것. 모양을 초월한 것. 정신적인 것

[철학] 시간, 공간의 감성. 형식을 취하는 경험적 현상으로서 존재하는 일이 없이 그 자신 초자연적이고 다만 이성적 사유나 또는 독특한 직관에 의해서 포착되는 궁극적인 것

의 능동적 활동성 문제는 주관적, 객관적, 절대적이라는 독일 관념론의 전개 방향이었으며 형이상학적 철학의 주제였다.

헤겔의 추구와 구성은 근대화의 의미를 잘 반영한 것이다.

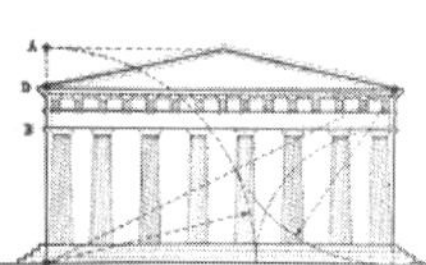

게오르그 빌헬름 프리드리히 헤겔 (Georg Wilhelm Friedrich Hegel)

헤겔43은 저서「예술철학(Philosophy of fine Art, 1835)」에서 '현실은 정신이다.' 라고 사고하고 최고의 것으로 정신을 세웠다.

그는 '예술은 이 최고정신, 즉 절대적 정신의 영역에 속하는 것이고 그 최초의 통일단계인 정신과 자연과의 가장 직접적인 융합 단계를 표현하는 것이다.' 라고 하였다. 그리고 이념과 감각적 형태의 관계에 기초한 세 가지 기본형식—「상징적」,「고전적」,「낭만적」— 을 세웠다.

이 세 가지 예술 형식은 체계적, 역사적으로 이념이 현실화된 것으로 표현되었다. 즉 체계적으로는「상징적」,「고전적」,「낭만적」이라는 세 가지 예술형식에 대해서 건축, 조각 및 회화, 음악, 문예를 배치시켜 역사적으로는「동양적」,「그리스적」및「기독교적」세계를 결부시켰다.

「상징적」예술형식은 이념이 형식을 발견하는 데까지 이르고 이것을 얻으려고 노력하는 난계이고, 더욱이「낭만적」예술형식은 이념과 형식이 그 실제상의 완전한 합치를 더욱 부정하고 한층 고차원적으로 그 양면의 구별과 대립을 살려 감을 말하는 것이다.

헤겔은 '건축은 질료의 추상적인 질서 속에 신(神)의 바깥 울타리를 만드는 것이기 때문에 본질적으로 가장 상징적 예술이다' 라고 하여 건축의 근본유형을「상징적」예술형식으로 보았다. 그런데 여기서 이념은 그것을 표현하려는 형태로 만족하지 않기 때문에 이념과 형태의 관계는 오직 추상적인 규

---

43 헤겔(G. W. F. Hegel, 1770~1831)
독일 철학자. 형이상학적 철학 전개

정성으로 관계되는 것이다. 그리고 「상징적」 예술은 이념과 형태와의 완전한 조화에 의해 성립된 「미」의 성격(=고전적 예술)을 대신해서 「숭고」의 성격을 갖는 것이다. 이 「상징적 숭고」는 역사적으로 동양 예술에 표현되는 것이고 체계적으로는 건축의 영역에서 가장 명료하게 표현되는 것이다.

왜냐하면 건축 질료는 그 자신이 기계적, 물질적인 것이고 그 형식은 심메트리라는 추상적, 오성적 관계로 질서가 유지되어지는 비 유기적 자연의 형식이기 때문이다. 즉 재료와 형식에서 이념은 구체적인 정신성으로 실현되고, 형태는 이념에 대한 외적인 추상적 관계로 대립된다는 것이다.

헤겔의 미학은 미와 예술에 관한 체계적 문제와 역사적 문제를 종합하고 더욱이 정신철학의 체계 속에서 조직되어진 관념론적 내용미학이므로 건축에 관한 소론에 많은 다른 이론이 있을 수 있다. 그러나 그의 건축론은 「절대정신」을 출발점으로 하여 건축에서 실용성과 예술성과의 이원성의 문제를 해결하려는 방향을 택한 것이다.

이상의 형이상학적 미학에 반발하여 형식주의적 미학이 시도되었는데 헤르바르트(J. F. Herbart)는 '예술의 본질적 특징은 형식이다. 이것은 계기적이거나 동시적인 관계들의 집합이다.' 라고 주장하였다. 이 사고를 이어받은 로베르토 짐머만(Robert zimmermann) 등에 의해 형식학으로의 일반미학이 논의되었다. 이 형식주의 미학은 페히너(Fechner), 쉬툼프(Stumpf)에 의한 심리학적 미학의 길을 예비하였다.

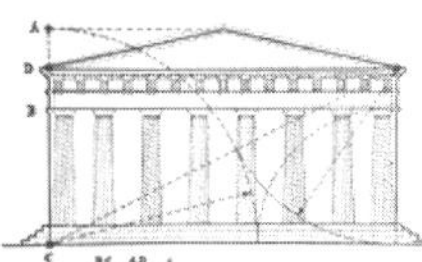

프리드리히 데오도르 피셔 (Friedrich Theodor vischer)

피셔[44]는 헤겔의 미학상의 유산을 더욱 발전시켰고 건축미학에 하나의 기초를 구축하였다. 그는 내용미학의 영역 속에 있었던 고대 건축론으로부터 근대미학에로 다리를 놓았다. 그의 미학은 내용미학의 입장에 선 것인데 그것은 내용만을 중시한 것이 아니고 당시 형식미와 내용미의 문제 또는 심리적 입장과 관념론적 입장의 대립문제를 뛰어 넘어서 내용과 형식의 조화를 목표로 하는 방향을 택한 것이었다.

고전적 주범형식

피셔는 저서 「미학(Aesthetikod Qisseuschaft des Schonen, 1846~1857)」과 만년의 강의집 「미와 예술(Das schone und die Kunst, 1898)」에서 당시 미학의 이행과정을 잘 표현하였다.

그는 '예술은 미의 주관적, 객관적인 현실이다. 예술의 과제는 절대자를 유한의 형식으로 표현하는 것이고 이데아를 감각적 형태로 표현하는 것이다.' 라고 하였다. 그러나 이러한 형이상학적 방법으로 건축을 논하는 경우에 그 대상과 방법이 일치되지는 않았다.

그는 건축의 최고 이상을 「신전」이라고 하였다. 즉 신의 집인 신전에서 최고의 목적이 실현된다고 사고하였다. 그래서 그의 건축론은 대부분 신전건축에 한하여졌다. 그 예로 기둥(= 주범)은 리듬 · 균제라는 형식 측면으로만

44 피셔(F. Th. Vischer)
저서 「미학」, 「미의 학」, 강의집 「미와 예술」

고찰되었다. 그는 '건축은 객관적 세계에 속해 있고 목적 및 구조에 의해 제약되는 것이지만 그들은 비례가 갖는 리듬에 의해서, 비유기적인 재료의 이상화에 의해서, 그리고 그 형식의 상징화에 의해서 제약을 극복해 가는 것이다.

즉 건축은 각 요소인 구성, 비례, 리듬, 대비, 좌우대칭이라는 형식적 법칙에 의해서 형성되는 것이다.' 라고 사고하였다.

피셔는 '건축조형의

제 일 법칙은 「구성(composition)」이다. 이것은 미적 생명의 전체를 포괄하는 것이다. 즉 여러 부분이 전체의 부분이 되는 것이다.

제 이 법칙은 「비례(proportion)」이다. 이것은 길이, 높이, 폭, 두께 등 여러 부분의 전체에 대한 관계를 결정한다.

그리고 「대비(contrast)」는 분할의 법칙으로 형태를 발전시키고 「대칭(symmetry)」은 중심으로부터의 등변성을 규정한다. 이 중심점은 두 개 이상의 형태의 중심으로 전체, 즉 군(群)의 대칭을 낳았다.' 라고 하였다.

이러한 사고방식은 피셔만이 아니라 쇼펜하우어(A. Schopenhauer), 뵈티헬(K. Bötticher)에서도 보여지는데 이것은 건축에서 공간형성을 중시하는 죄르겔류의 건축관과 대립하는 다른 하나의 내용미학적 건축관에 원류가 된 것이다.

피셔는 말년에 상징 개념을 발전시켜 그것을 심리학적으로 깊게 하였다. 그가 간행한 유고(遺稿) 「미와 예술」에서는 그러한 그의 고찰 방향이 심화 발

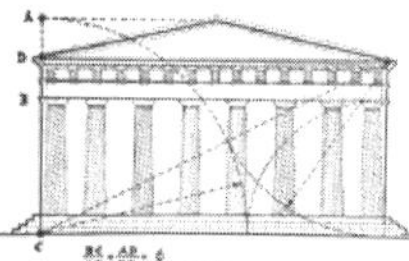

전되었다.

여기서 건축형식에 대한 심리적 효과를 분석하고 「감정이입학」에로 접근하였다. 그 예로 그는 '수직은 마음을 높이고 수평은 확장감을 주며 곡선은 직선보다 더 생생한 감을 준다.'

그리고 '고딕의 종탑을 보는 즉시 시정이 고조됨을 느낀다.' 라고 하여 건축형식은 생명감정의 상징적 형상이라는 사고방법을 표현하였다.

그는 '건축예술은 그것이 기하학적인 선만을 근본으로 하여 돌을 조립하는 것이라면 죽은 것일 수밖에 없지만 건축예술은 돌의 혼을 형상으로 변화시키고 그것을 생명이 깃든 것처럼 만드는 것이다.' 라고 하였다.

피셔는 건축형식에의 감정이입을 강조하고 '건축미는 하중과 지지력 사이의 시각적 투쟁'이라고 사고하였다. 이때 건축은 인간 혼의 내적 생명을 표현하는 것이라는 근본 개념으로부터 건축형식의 시각적, 심리적 효과를 인체의 비례로 사고한 것이다. 그 예로 주두(柱頭) 부분에 대해서는 그것을 지지력과 하중 사이의 항쟁 장소로 설명하였다. 피셔는 건축에 대한 경험적, 심리적 해석의 기초를 구축하였다.

뵐플린의 건축 심리학의 기초도 피셔에 의한 것이다. 그에 의해서 관념론적 내용 미학이 차차 구체적인 문제를 통해서 「감정 이입 미학」에로 접근한 것이다.

아르투어 쇼펜하우어(Arthur Schopenhauer)

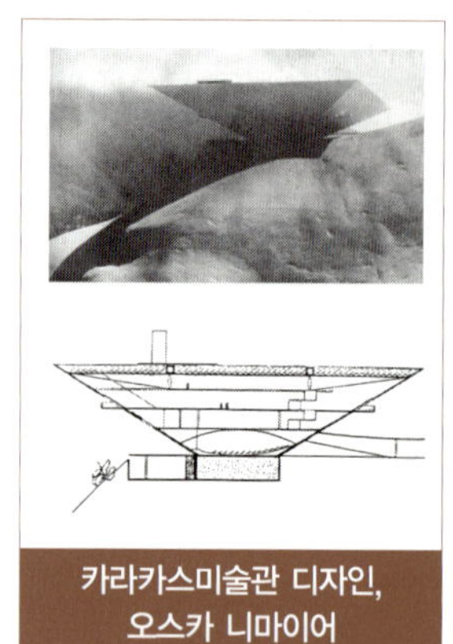
카라카스미술관 디자인, 오스카 니마이어

쇼펜하우어[45]는 저서 「의지와 표상으로의 세계(1819)」(추가분 1844)에서 세계—사물들의 전체—를 바라보는 두 가지 방법을 대조시켰다. 그는 제일 권에서 '어떤 관점으로 볼 때 세계는 현상이다.' 라고 하였는데 그것은 표상들, 즉 감각적 존재자들의 마음속에 일어나는 감각지각의 더미를 말한 것이다.

그는 「우리 각자는 '세계가 나의 표상이다.' 」라고 주장하였다. 그리고 제이권에서 '의지는 본체적이므로 충족이유율(시간, 공간, 인과성)로부터 자유롭다. 그것은 방향도 목표도 목적도 없는 「순전한 투쟁」이다.' 라고 하여 의지의 이론을 제시하였다. 그는 '예술은 의지의 폭정과 실존의 참담함으로부터 하나의 도피 수단으로 존재하며 여기에 그 정당성이 있다. 이것은 영구적 도피가 아니라 예술만이 인생을 때때로 참고 살아갈 만하게 해준다.' 라고 사고하였다.

그리고 '미, 즉 쾌는 예술 작품으로부터든 직접적으로 자연과 인생의 관조에서든 간에 하나이며 동일하다.' 라고 하였다. 그는 예술적 천재도 이념자체를 인식하는 능력, 즉 미적 경험을 수용하는 능력으로 정의하였고 '예술 작품은 이념을 현시하기 위한 존재이다.' 라고 하였다. 이것은 다양한 등급에 따라 존재하며 예술 작품도 다양한 매체 속에 존재한다는 것이다.

---

45 쇼펜하우어(A. Schopenhauer, 1788~1860)
독일 철학자. 주지주의철학 주장. 그는 '아름답다는 것은 객관적인 경우이고 이것은 이념을 뜻한다.' 그리고 '모든 것은 이념의 표현이므로 모든 것이 아름답다' 라고 하였다.

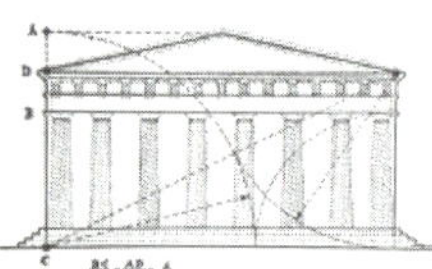

부러진 오벨리스크, 바네트 뉴만

그래서 각 예술이 내용과 관련해서 분화되는 것은 당연한 것이다. 즉 각 예술은 자신의 특수한 영역으로서 이념의 어떤 범위를 택한다는 것이다.

따라서 건축은 요소적인 자연력들(=중량과 반력 간의 갈등)을 이용하며 그것을 관조 가능한 것으로 구현하는 것이다.

조각은 인체의 아름다움과 우아의 표현에 특히 적합하며, 회화(특히 이것의 최고인 역사화)는 인간 성격의 특성들을 표현하기에 적합한 것이다.

쇼펜하우어가 모든 예술을 등급적으로 정리한 예술 철학의 근저에는 건축 예술이 놓여 있다. 이것은 기본적인 자연력 및 공간과 중력의 영역에서 물질의 「장력과 응력」에 의해 구성된 형식을 나타내 주는 것이기 때문이다. 그러나 이 형식은 고전적 양식에서는 잘 조화되지만 고딕 건축에서는 혼란되는 것으로 보이는 것이다.

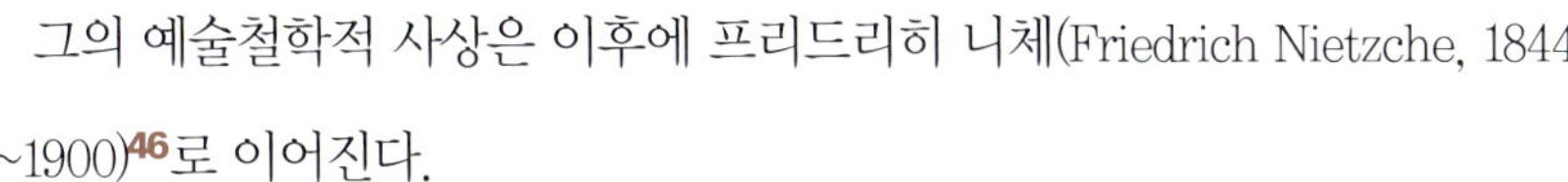

그의 예술철학적 사상은 이후에 프리드리히 니체(Friedrich Nietzche, 1844~1900)[46]로 이어진다.

> 니체는 예술에 관한 성찰에서 쇼펜하우어, 바그너(R. Wagner)에게 강력한 영향을 받았다. 니체는 비극은 인간본성 깊숙한 곳에 있는 두 개의 강렬한 충동의 결합으로부터 생겨났다고 하고 이 충동들은 냉정한 아폴로(Apollo)적 정신과 거친 디오니소스(Dionysos)적 정신이라고 하였다. 아폴로적 정신은 질

46 니체(Fredrich Wilhelm Nietzsche, 1844~1900)
독일 철학자. 니체는 비극은 인간본성 깊은 곳에 있는 두 개의 강렬한 충동의 결함으로 생겨났다고 보았다. 이 충동은 아폴로적 정신과 디오니소스적 정신이다.
아폴로적 정신은 냉정하다. 이것은 질서와 한도에 대한 사랑이며 형식적 미와 비례의 예술로 표현된다. 디오니소스적 정신은 거칠다. 그것은 삶의 흥분과 고통을 충만하고도 즐겁게 받아들이는 의기양양하거나 도취된 상태를 기뻐한다.

서와 한도에 대한 사랑이며 형식적인 미와 비례의 예술로 표현되었다. 그리고 디오니소스적 정신은 삶의 흥분과 고통을 충만하고도 즐겁게 받아들이는 의기양양하거나 도취된 상태를 기뻐하였다. 삶의 숭배자이고 삶의 모든 황홀경을 음미하는 자인 디오니소스적 인간은 '실존의 공포나 부조리'와 대면하였다. 그런데 예술이 그를 구해주었다.

니체는 '예술은 본질적으로 실존의 긍정이요, 축복이요, 신성화이다.' 라고 하여 쇼펜하우어를 탈피하였다.

그는 낭만주의를 증오했지만 그의 예술철학은 낭만주의 이론에 속하며 쇼펜하우어와 연결되었다. 주의주의(主意主義)와 반합리주의, 예술가와 비극적 영웅의 찬미 등은 낭만주의에 기원을 두고 있음을 말해주는 것이다.

그러나 그의 실존주의는 예술의 기능 및 예술의 진리에 대한 보다 깊은 연구를 촉발하였다. 디오니소스적 충동은 예술과 삶이 더 적극적이고 근본적인 연관성을 의미하고 있으므로 낭만주의보다는 20세기의 도구주의와 자연주의 정신에 더 가까운 것이었다.

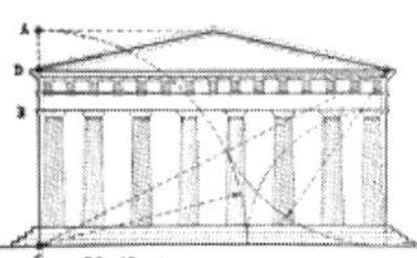

존 러스킨(John Ruskin)

러스킨[47]은 저서 「현대 화가들(Modern Painters, 1856~1860)」의 제1권과 제2권에서 미학이론과 미적 판단의 기초를 처음으로 서술하였으며 제3권~제5권(1856~1860)은 본질적으로 이전의 서술에 대한 다소 제한된 모방론이었다.

제1권은 예술(혹은 적어도 회화)의 제 일 원리인 진리를 해명하였고 제2권은 제 이 원리인 미를 해명하였다. 그러나 이 원리들은 거의 동일한 것이었다.

러스킨은 '예술은 어떤 수단에 의해서건 간에 관조자의 마음에 최대 다수의 최대 이념들을 전달해 주는 가장 위대한 것이다. 내가 어떤 이념을 위대하다고 부르는 것은 그것이 보다 높은 정신의 능력에 의해 받아들여지는 정도에 비례해서, 그리고 그것이 자신을 받아들이는 능력을 더 완전하게 점령하여 이를 훈련시키고 고양시키는 정도에 비례해서이다(현대화가들 제1편 제1부 제2장).'

'위대한 이념들은 협의로 모방적인 것이 아니더라도 경험에 충실한 것이다.'

그리고 '만일 하나의 대상이 직접적이고 확정적인 지성의 행사 없이 그것의 외적 성질들에 대한 단순한 관조 속에서 우리를 즐겁게 해줄 수 있다면 그것은 광의에서 아름답다고 부른다.' 라고 하였다(제6장).

그런데 「현대 화가들」의 제2권에서는 미의 의미가 좀 더 좁아졌다(제3편

47 러스킨(John Ruskin, 1819~1900)
영국 미술평론가. 「현대 화가들(Modern Painters, 1843~1860)」

네이브 보울트, 랭스 성당

제1부 제2장). 여기서 러스킨은 무엇보다 「감성(Aesthesis)」을 유쾌한 성질들에 대한 감각적 지각으로 기술하였다.

그는 '이제 쾌적성의 단순한 동물적 의식을 나는 아이스테시스(Aesthesis)라 부른다.

그러나 그것을 기뻐하며 겸손하게 감사하는 마음으로 받아들이는 것을 나는 테오리아(Theoria)라 부른다. 왜냐하면 이것이 또는 이것만이 신의 선물인 아름다움에 대한 완전한 이해와 관조이기 때문이다.' 라고 하였다.

팬 보울트, 킹즈 대학 채플

러스킨은 후에 '미학이라는 용어가 아무것도 재현하지 않으며 어떤 것을 위해서도 봉사하지 않지만 인간의 감각과 본능에 그 자체로 쾌적한 사물들, 즉 그 유일한 봉사가 쾌적함에 있는 그런 사물들의 본성에 대한 탐구를 위해 유보되어야 한다.' 라고 제안하였다. 그리고 '미학 연구의 전부는 서로 엇비슷하게 근거 없는 것이거나 무용하다.' 라고도 덧붙였다.

그는 '미는 두 가지 서로 다른 것을 지시하고 있다.

첫째로 미는 어떤 종류의 신적인 전형에 속한다고 여겨지는 물체들의 외적 성질을 지시한다. 따라서 나는 이런 미를 구별하기 위해서 이것을 전형적 미(Typical Beauty)라 부르겠다.

둘째로 미는 생명체에서 기능이 적절하게 수행되는 모습을 갖고 있는데, 이런 종류의 미를 생동적 미(Vital Beauty)라 부르겠다.' 라고 하였다.

그 감각의 형식 속에서 특정적인 또는 기능적인 미가 사물들에 속해 있으며 예술의 덕목은 그러한 미(美)들을 발견하여 전달하는 능력에 있다는 것이다.

건축에 관한 그의 초기 저서 「건축의 7등불(The Seven Lamps of Architecture,

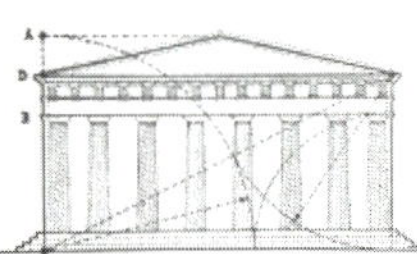

1849)」과 「베니스의 돌(The Stone of Venice, 1851)」에서는 건축물과 이를 세우고 사용하는 인간들의 관계에 깊은 관심을 기울이고 '위대한 건축 작품은 도덕적 자질을 갖춘 건축가의 표현이며, 그리고 건축 작품들은 그것들이 출현하는 사회에 심대한 영향을 미친다.' 라고 주장하였다.

「건축의 7등불」은 디자이너의 자질로 갖추어야 할 7가지 내용의 지침서이다.

- 희생의 등불 — 건축은 신성함, 아름다움이 포함되어 있다.
- 진실의 등불 — 진실된 건축은 쓸모없는 구조, 거짓된 재료를 배재하나 사람의 손을 배재하지 않는다.
- 힘의 등불 — 건축의 힘은 장엄하고 간단한 구조를 통해 얻는다.
- 미의 등불 — 건축의 미는 자연의 모방이나 자연에서 얻은 영감에 의해 가능하다.
- 생명의 등불 — 건축은 생명을 충분히 표현하며 자유분방하고 규칙에 구애받지 않으며 인간의 인간다운 일의 결과, 즉 수공(手工)으로 세워진 것이다.
- 기억의 등불 — 건축은 불멸의 건축으로 세워야 한다.
- 순종의 등불 — 양식은 보편적으로 받아들여야 한다. 이미 알려진 형태는 우리들에게 충분히 좋은 것이다.

그리고 「베니스의 돌」은,

장식과 색채로 풍부한 베니스 고딕을 예찬하고 그들의 생활과 창작활동을 이상(理想)으로 삼고 있는 것이다.

또 「고딕의 본질」에 관한 그 유명한 장 「베니스의 돌」 제2권, 제6장에서는 고딕 건축의 도덕성 · 정신적 성격을 분석하였다. 예술은 그 원인이나 결과에 있어서 도덕적이어야 한다는 것이다. 그리고 여기에서 예술은 회화나 시뿐만 아니라 교회당 · 은행 · 거리 · 정원 · 항아리 · 의복 등도 포함되는 것으로 보았다.

때때로 러스킨이 설교한 교리는 청교도적 경직성에 접근하였다. 그는 '예술의 온전한 생동성은 그것이 진리로 충만되어 있느냐 또는 유용성으로 충만 되어 있느냐에 달려있다.

즉 진실된 것을 진술한다거나 유용한 것을 장식하지 못할 경우 그것은 열등한 종류가 되며 그 열등성의 정도를 심화시킬 수밖에 없다.' 라고 하였다.

러스킨적 형태의 기능주의(=고딕건축)는 빅토리아 시대의 모든 사람들 마음속에 강력한 메아리를 불러일으킨 것이다.

올 세인츠 성당

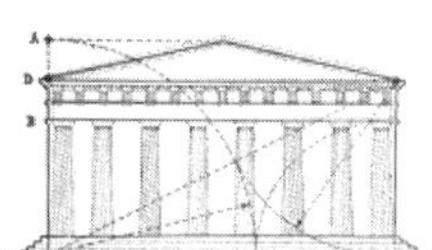

03

표현설 범주의 건축 작품

모든 예술은 작가와 그의 작업 상황이 표현[48]이다. 그러나 일부 예술은 강한 감정과, 감정으로 충만된 메시지를 전하고 그 감정을 발산시켜주는 시각적 동작을 통해 우리에게 감동을 주도록 의도된다. 이러한 예술이 표현주의적 예술이다.

표현주의 건축은 주로 야수파나 독일 표현주의로 대변되는 표현적 경향을 구체화하였다.

48 표현 : 내면적 과정의 감성 표시
심적 상태, 과정 또는 성격, 지향, 의미 등 모든 정신적, 주체적인 것을 외면적, 감성적 형상으로 바꾸는 일이다.
또 객관적, 감성적 형상 그 자체, 바로 표정, 몸짓, 언어, 필적, 작품 같은 것이다.
즉 작가가 감동을 예술로써 표출하는 일이다.

표현주의적 작품의 특징은 다음과 같다.

- 특이하고 극적인 형태사용
- 인간의 정서적, 물질적 복지 및 윤리적 입장 유지
- 풍자적, 염세적 감정 전달

표현주의는 작가 개인의 강력한 주관을 통하여 사상의 내부 생명을 나타내려는 것이다.

건축적 특성

■ 바로크 건축

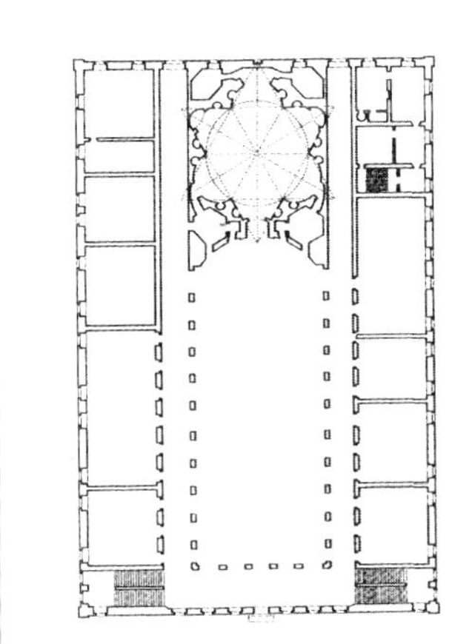

성 이보 알라 사피엔자 성당, 프란시스코 보로미니(Francesco Borromini)

보로미니는 사피엔자 대학에 별 모양의 6각형 평면의 중앙 집중형 교회를 설계했는데 이 건물은 독창적인 유기적 형태의 표현주의적 작품인 것이다.

성 로렌초 성당, 구아리노 구리아니(Guarino Guarini)

구리아니는 이 교회설계에서 근본적으로 논리적인 기하학적 평면, 성공적인 구조체계와 복잡하게 얽힌 연속적 공간을 조성하였다. 이 교회는 순수한 건축의 환상적 작품인 것이다.

■ 근대 건축

뉴튼 기념관 계획안,
엔티엔느 루이 블레(Etienne-louis Boullelee)

블레는 '건축의 결과는 빛에 의해 야기되는 것으로 건축의 제1기본 원칙은 정육면체, 정사면체(피라미드)와 구(球) 같은 단순하고 대칭적인 기하학적 입체' 라고 주장하였다. 그는 이러한 형태들을 유일하게 완전한 형태로 사고하였다. 그의 건축은 계몽주의 철학에 입각한 계몽주의 건축으로 불린다.

농장관리인 주택 계획안,
클로드 니콜라 르두(Claude-Nicolas Ledoux)

르두는 '빛에 드러난 단순한 기하학적 형태(정육면체, 원뿔, 구, 원통, 피라미드)의 가치' 를 추구하였다.

그는 항상 건물을 어떤 상징적인 것으로 보았고, 평면은 어떤 사상과 연관된 기능을 표현하는 것으로 사고하였다. 이와 같이 「말하는 건축」은 형태의 표현주의이다.

■ 현대 건축

◎ 자연적 형태

입맞춤, 브랑쿠시

존슨 왁스 공장 사무실, 프랭크 로이드 라이트

성장하는 식물적 형상을 채용한 형태

페트로나스 타워, 시저 펠리

땅에서 솟아남을 강조한 생장형 형태

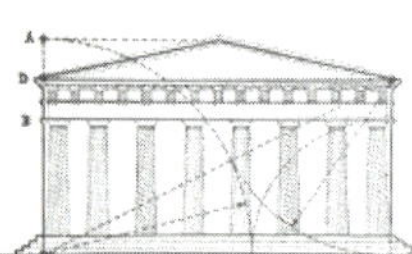

TWA 공항 터미널, 에로 사리넨
비상을 준비하는 동물적 형상을 채용한 조형

시드니 오페라 하우스, 요른 웃존
바람으로 만곡된 돛단배의 형상을 채용한 역동적 조형

◎ 기하학적 형태

MIT 채플, 에로 사리넨
역사적으로 존재해 온 듯한 원초적 형상의 형태

교세라호텔, 키쇼 구로카와
숙박 공간의 새로운 환경을 상징한 원통형 형태

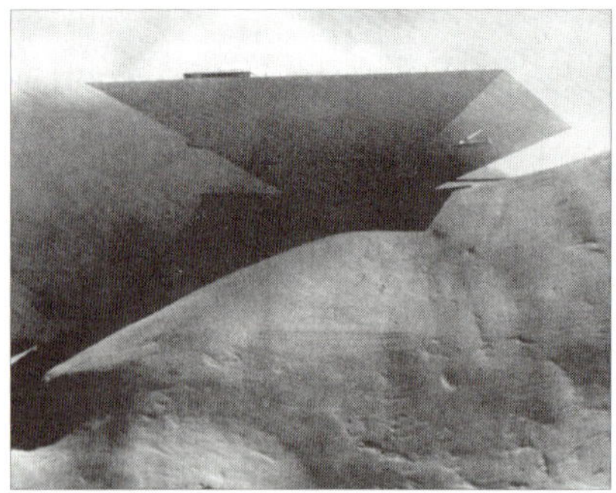

카라카스미술관 디자인, 오스카 니마이어
역 피라미드의 역동적 조형

루브르 피라미드, I. M. 페이
미술관 기능을 가진 신 유리 피라미드 조형

블루 크로스 블루 쉴드, 피터슨
정방형의 단순한 입체

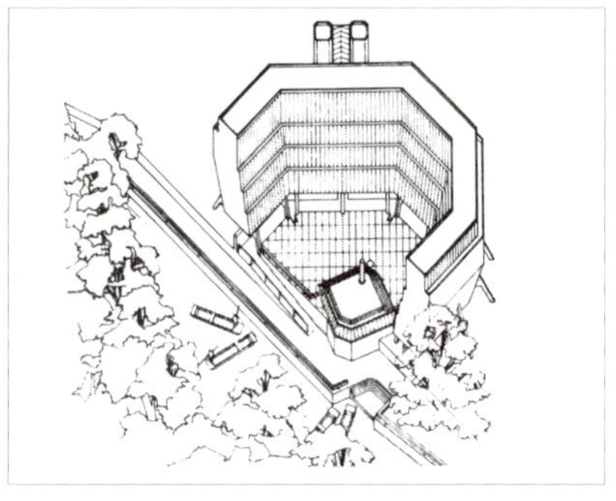

퀸즈칼리지, 제임스 스털링
대학의 내향성을 강조한 다각형 구성에 의한 조형

만국 박람회, 벅민스터 풀러
원형의 구성

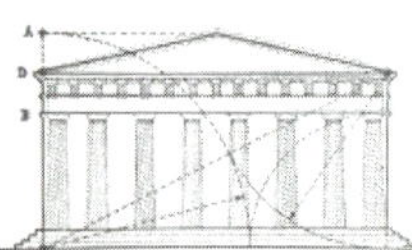

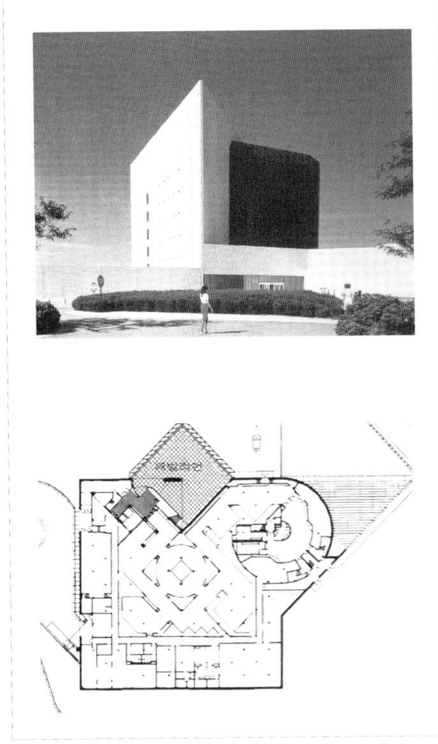

케네디 도서관, I. M. 페이
삼각형+원형+정방형 형태의 복합적인 평면구성

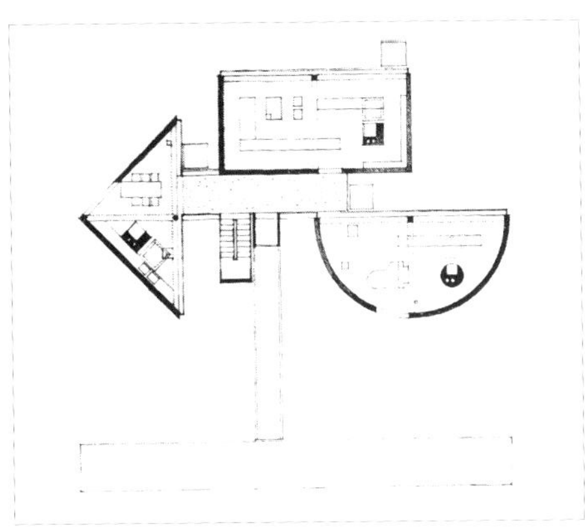

원 할프 하우스, 존 헤이덕
삼각형+반원형+사각형 형태의 복합적인 평면구성

■ 신 표현주의 건축

호텔, 윌 알솝
다양한 기능의 복합체적 형태

아사히 맥주 아즈마바시 홀, 필립 스탁
지붕 위에 비기능적 요소인 조각을 설치한 조소적 형태

프라이스 하우스, 바트 프린스
외부구성 재료의 조소적 조합에서 표출된 형태

중앙 은행, 군터 도메니크
입구의 강조

리용 TGV역, 칼라트라바
고속력의 이미지를 수용한 조형

다목적홀, 군터 도메니크
동물적 형태를 채용한 철학적 조형

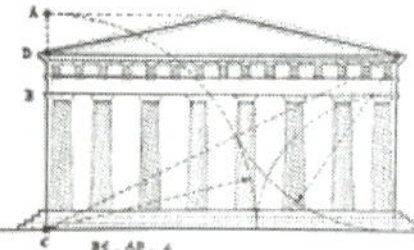

3 | 심리설(心理說)

심리설[49]은 정서적인 근대의 과학적, 심리학적 미에 관한 이론으로 「미를 감상하는 사람이 자기 자신을 대상물과 동일화시킨 결말의 느낌(=감정이입)」이라는 학설이다.

심리학적 미학은 경험주의의 범주에 속하는 과학적인 심리학 이론인데 실험미학의 기초에 의해 실현되었다. 심리학자들은 형태와 색깔 등 많은 현상을 대상으로 특히 시지각에 대하여 탐구하였다.

「감정이입」이라는 용어는 페히너, 립스 등에 의해 유명해진 것이다.

감정이입설은 형태원리에 입각한 아른하임(Rudolf Arnheim)[50]의 형태심리학과 프로이트(Sigmund Freud)의 정신분석 등의 심층심리학으로 나뉜다. 특히 시각예술에서 환상은 인간정신의 내면 작용을 강조하는 것이므로 심층심리학의 과제가 된 것이다. 예술가는 잠재의식의 세계, 꿈과 환상의 세계에 대한 직관적 관념을 나타내려고 노력한다. 주제는 인간의 가상된 꿈의 세계로서 예술가에 의해 해석된다. 우리의 시각세계는 단편들만이 인식될 수 있는 것이다.

이러한 환상의 표현경향은 1916년 다다이즘(Dadaism) 및 추상표현주의와 함께 시작되었다.

01

심리학적 미학

미를 하나의 경험적 사실로 보고 의식의 경험적 법칙성으로 설명하는 철학의 미 이론

19세기의 형이상학적 · 사변적 미학에 대해서 과학적 심리학의 입장에선 미학을 주장한 사람은 페히너(G. Th. Fechner)였다.

그는 재래의 철학적, 체계적 미학, 즉「위로부터의 미학」에 반항해서 과학적, 심리학적 미학, 즉「아래로부터의 미학」을 제창하고 주로 연상(聯想)심리

49 심리설
햄린(T. Hamlin)의「건축–모든 인간의 예술(Architecture, an art for all men)」에서
50 아른하임(Rudolf Arnheim)
「예술과 시지각(Art and Visual perception, 1954)」
51 연상심리학(聯想心理學)
정신을 관념 또는 기타 정신적 요소의 연합에 의해 설명하는 학설, 연합심리학

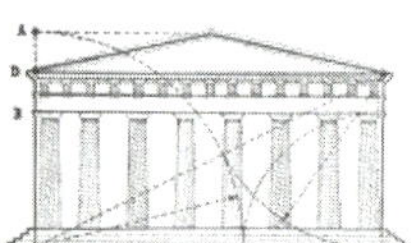

학[51]의 원리에 의해서 미와 예술의 현상을 설명하였다.

그는 예술 제작 및 관상(觀賞) 때에 자극과 감정 사이의 관계를 실험하고, 그것에 의해 주관적인 만족 · 불만족의 사실을 규정할 원리를 세웠다. 이 방법에 의해서 예술의 본질은 경험적 사실의 집적에 의해서 규정지어지는 것이 아니라는 비난, 즉 수많은 사람들에 대한 자극과 감정 사이의 관계를 실험해 보고서도 취미판단의 통계를 알려주지 못한다는 비난도 있었지만 페히너에 의해서 이제까지의 미학에서 등한시되고 있던 미적 만족의 직접적 근거들이 강하게 전면으로 떠올려졌다.

페히너에 의해서 미학사상의 한 시대를 계획하게 된 과학적 미학 방법론, 즉 심리학적 실험 미학의 시대가 시작된 것이다.

구스타프 페히너(Gustav Theodor Fechner)

페히너[52]는 저서 「미학입문(1876)」[53] 중에서 건축미와 관계를 갖는 미적 연상원리의 사상을 언급하였는데 그 연상심리학은 '마음은 본시 백지(白紙)인데 외부의 자극으로 감각이 그려지고 감각에서 관념이 만들어진다. 그리고 관념의 결과를 좌우하는 법칙은 연상(聯想)의 제 법칙이다.' 라고 설명하였다.

그는 미와 합목적성과의 관계는 주로 양자를 결합하는 연상 작용에 의해 규정되는 것으로 사고하였다. 그리고 지적 인상 속에서 직접적 요소와 연상적 요소를 구별하였다. 이 두 가지 요소의 구별은 형식과 내용과의 구별에 상응하는 것이며 직접적 · 감각적 요소와 간접적 요소는 필요한 요소라는 것을 증명하여 형식설과 내용설의 절충을 시도하였다.

페히너는 '건축의 합목적성이 연상 작용에 의해 미적 만족을 높이는 이유는 목적을 갖는 건축 본래의 과제이다. 그래서 주택건축은 그것이 좋은 주거로 만들어졌다고 인정될 때에 기쁨을 주는 것이고, 또 궁전 건축은 보다 높은 생활태도를 표현하였을 때 미적 만족을 주는 것이다. 즉 건축의 미는 합목적성과 연상적으로 결합되어 있다.' 라고 하였다.

52 페히너(G.Th.Fechner, 1801~1887)
독일 철학자, 실험심리학연구법 확립

53 「미학입문(Vorschule der sthetik,1876)」
페히너는 이 저서로 실험미학의 기초를 닦았다.
그는 다양한 미적현상에 대한 수많은 실험적 연구로 철학적 미학자가 활용할 수 있는 개념과 원리를 생산하였다. 예로 심리학자들은 형태와 색깔과 그림에 대한 선호현상, 음악적 적성의 기준, 음악의 비유적 묘사의 정당성, 시의 운율, 색채의 속성, 익살의 구조 등 많은 현상들을 탐구하였다.

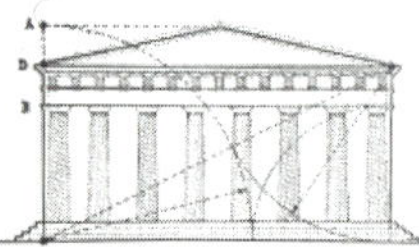

그 예로 기둥의 위치 및 크기, 보의 크기, 전체의 비례 — 이들은 각각의 목적을 보인다고 인정될 경우에만 아름답게 느껴진다는 것이다. 확실히 심리학적으로는 직접적 요소와 간접적 요소로 분류하는 것이 가능하고 감각기관에 주어진 형, 색, 음과 그들에 의해 전해진 관념을 구별하는 것은 옳은 것이다. 더욱이 건축의 미와 합목적성의 관계에 대한 고찰은 정당한 견해를 포함하고 있는 것이다.

페히너는 '미학의 반은 연상 작용에 기인한다.' 라고 하여 연상 작용을 강조하였는데 이것은 다른 생각에도 함몰될 수 있음을 부정할 수 없다는 것이다. 그 예로 정차장 건축에서는 여러 가야 할 곳의 연상 때문에 불안정하고 궁전이나 신전 등에서는 그 엄정성 때문에 아름다움을 못 느낀다는 것도 건축의 형식과 내용이 연상 작용에 의해 결부되기 때문이라는 생각을 나타내는 것이다. 물론 일반적으로 건축의 형식 자체는 단순히 연상적 요소로부터 구별되는 감각적 요소는 아니다. 그리고 그 형이나 색도 단순히 감각적 형식이 아니나. 그 형식은 이미 내용의 표현인 것이다. 그래서 형식과 내용과의 상즉(相卽)[54] 관계가 인정되었고 처음으로 건축형식도 예술적 형식이 되었다.

페히너의 이 연상작용설을 전환점으로 하여 심리학적 미학은 「감정이입 미학」으로 이전하였고 건축론에서도 뵐플린의 「건축심리학」적 입장이 성립되었다.

54 상즉(相卽)
만유(萬有)는 그 진여(眞如)에 있어서 융합일체(融合一體)라는 말(불교)

테오도르 립스(Theodor Lipps)

립스[55]는 저서 「미학(Esthetik, 1906)」에서 감정이입설의 정점을 이루었다.

근대 미학은 미적 객관주의로부터 미적 주관주의로 이행되었다. 즉 근대 미학은 미적 대상의 형식보다도 그들을 관조하는 주관적 태도를 문제로 하는 방향을 택한 것이다. 이 방향에 절정을 이룬 미학이 「감정이입설」[56]이다.

감정이입미학은 독일 미학에서 대립되고 있는 형식 미학과 내용 미학을 심리학적인 방향으로 화해, 통일시키려는 것이다. 감정이입미학에서는 미적 대상은 항상 어떤 정신내용의 「표출」이다. 내용이 없는 형식은 「표출」에 수반되지 않은 내용과 같이 미적 대상이 될 수 없기 때문이다. 이제까지는 형식과 내용이 연상 작용에 의해서 결합되고 있었지만 립스는 양자 간에 더욱 직접적인 정신작용을 고찰하여서 이것을 「감정이입」이라 이름 붙였다.

이 설(說)에 따르면 우리들은 하나의 곡선을 볼 때 그 선(線)의 방향 변화에 따라 긴장과 완화 또는 강조와 비강조라는 마음의 활동변화를 경험한다. 형식의 파악을 위해서 우리들은 필수적으로 이와 같은 내면적 활동을 행하지 않으면 안 된다. 그래서 그 형식은 '주관의 측면에서 내면적 활동에 따라 최초로 하나의 완성된 대상으로 성립하는 것이다.'

55 립스(Th. Lipps,1851~1914)
독일 심리학자, 미학자. 「미학(1903~1906)」

56 감정이입설
감정이입(Einfühlung)은 피셔(R. Vischer), 립스와 립스의 제자 랑펠트(H. S. Langfeld), 버너 리(Vernon Lee) 등에 의해 유명해진 용어

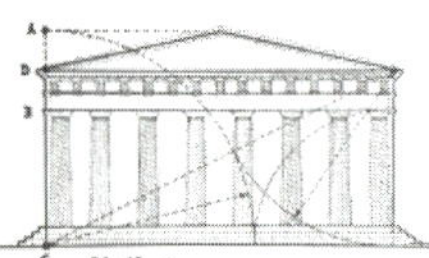

립스는 대상을 파악하여 대상에 생명을 주는 위의 작용을 「일반적인 통각적 감정이입」으로 불렀다. 그리고 '미적 쾌감은 대상 속에 숨겨진 「자아(自我)」의 쾌감에 지나지 않는다. 그러나 미적 쾌감은 감성적인 형식 속에 표출된 정신적 내용, 즉 자아 활동의 감정이고 「유쾌한 자아감정」이다.' 라고 하였다.

그의 '미적 감정은 객관화된 자아 가치의 감정이다.' 라는 사고는 미적 체험을 말로 표현한 가장 특징적인 것이다.

그는 감정이입작용의 전체가 되는 미적 관조의 특성으로 미적 격재성(隔在性), 미적 객관성, 실재성 그리고 소극적 감정이입의 대상인 미의 깊이 등을 들었다. 그의 미학은 향수 미학이며 그 내용은 「자기 가치관의 객관화」였다.

립스는 '건축에서도 건축형식에 관한 즐거움은 우리들이 그 형식을 보는 동안의 내면적인 운동, 즉 마음의 확장이나 집중에 관한 즐거움일 따름이다.' 라고 하였다. 이러한 고찰은 건축형식의 해석으로 채택되었고 근내에서는 고전적 건축론을 대표하게 되었다.

미술사가 뵐플린(H. Wölfflin)의 고찰도 다소 차이는 있지만 이와 같은 경향의 건축론을 채택한 것이다.

요하네스 폴켈트(Johannes Volkelt)

폴켈트[57]는 저서 「미학체계(1905~1914)」에서 미적 영역에는 독자적인 객관성, 즉 감정대상성이 있으며 「감정이입」 근저에는 「타아(他我)에 대한 확실성」이 있음을 상정하였다.

그는 '일반적으로 대상에 이입되는 감정은 현실감정이 아니라 감정의 표상이다. 이 표상에는 그 감정을 현실적으로 체험할 수 있는 「가능성의 확실감」이 함축성있게 내재되어 있다. 즉 대상적 감정의 체험 가능성을 잠재적으로 확신하는 자아(自我)에게만 표출로 충만된 대상이 존재한다.' 라고 하였다.

그리고 감정이입은 그 대상이 인간인가, 또는 비인간적인 형태나 운동인가에 따라서 「본래적 감정이입」과 「상징적 감정이입」으로 분류하였다.

그는 미적 감정 전체를 극중 인물의 희노애락과 같이 표정에 이입된 「대상적 감정」으로 보았고, 그 외에 인물의 운명에 대한 사랑, 미움, 동정, 반감으로서의 「관여감정」과 관객의 내적상태의 고양 및 진감(震撼)을 표시하는 「상태감정」으로 분류하였다.

폴켈트는 미적 근본 규범을 네 가지로 들었다.

첫째, 미는 주관적으로는 감정으로 충만된 직관이며 객관적으로는 형식과

57 폴켈트(Johannes Volkelt, 1848~1930)
감정이입설 미학자. 「미학체계(Das System der Asthetik Ⅰ, Ⅱ, Ⅲ(1905~1914)」 등 저술

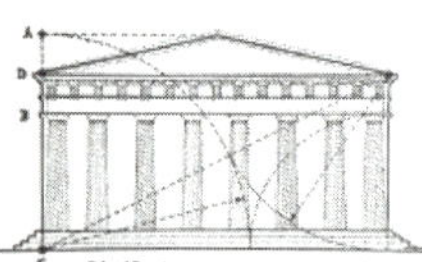

내용의 통일이다.

둘째, 미적 관조는 직관된 부분들을 하나의 전체가 분화된 것으로 파악하여 미적 대상을 완전한 유기적 전체로서 나타낸다.

셋째, 미적 체험에 있어서는 현실감정이 비실재화되며 대상은 이것에 따라서 가상으로서의 존재방식을 갖는다.

넷째, 미적 대상은 인간적으로 의미있는 내용을 포함하며 이것에 따라서 주관의 측면에서는 내용에로의 감정이입이 강조된 가치체험이 된다.

그는 미를 복수의 원리로 예상하였고 그의 미적 체험의 사실에 대한 충만한 관찰과 미에 대한 분석은 감정이입설에 중요한 방향이었다.

02

양식론

예술의 양식(예술작품, 건축 등을 특징짓는 통일적인 표현형식)이 변천해온 과정과 발달형태를 연구하는 미 이론

양식론은 건축미학의 중요 방법으로 19세기 이후 대두되었다. 딜타이(W. Dilthey)는 정신 과학의 철학적 기초로 양식론을 확립하였고, 뵐플린은 양식론을 예술 역사상에 응용하였다. 그리고 죄르겔은 '양식론은 각각의 역사 현상의 가치를 그 특이성으로 규명하는 것을 과제로 하는 발전학이다.' 라고 규정하였다.

미술사에서 최초로 양식개념을 도입한 학자는 빙켈만인데 그는 저서 「고대미술사」에서 조각 발견사에 관한 네 가지 양식을 구별하였으며 그것은 다음과 같다.

오랜 양식

높은 양식

아름다운 양식

모방자 양식

빌플린은 저서 「예술사의 기초 개념들(1917)」에서 각 시대의 미술사상의 변화를 보편적인 「예술적 시(視)의 큰 움직임으로 파악하였다. 그리고 이것의 구체적 현상을 「양식」으로 보았으며 그 이후 「양식」이 미학과 미술사의 중심개념으로 등장하였다.

빌플린의 양식개념은 뤼첼러(H. Lützeler) 등에 의해 확장되었고 현재 미학 및 미술사학상 정통적인 것으로 이해되고 있다.

그래서 양식론은 건축미학을 학문으로 체계화시킬 수 있는 근기(根基)가 되는 것이다.

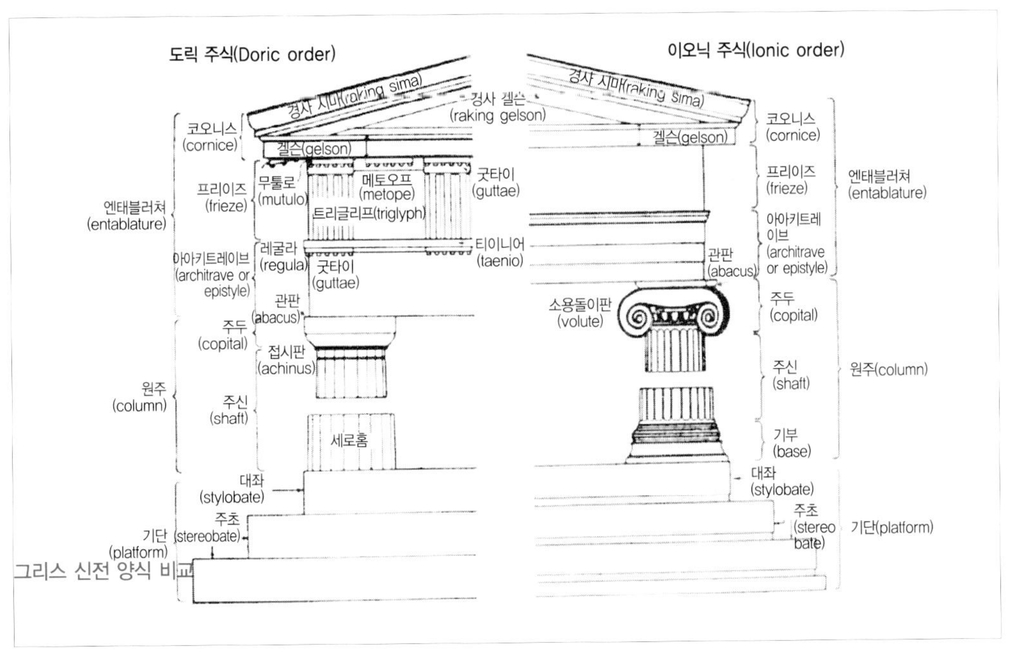

그리스 신전 양식 비교

하인리히 뵐플린(Heinrich Wölfflin)

뵐플린[58]은 건축형식의 문제에 대한 그의 구체적 소론을 초기의 저서 「르네상스와 바로크(1888)」 및 후기의 저서 「이태리와 독일의 형식 감정(1931)」에서 자주 거론하였다. 그러나 그의 건축사상의 기본은 일찍이 그의 저서 「건축심리학 서론(1886)」에 이미 표출되었다.

여기서 뵐플린은 일반적으로 건축형식에서 심리적인 것의 표현, 즉 「기분의 표출」에 대한 가능성을 물었다. 건축은 어떤 인상을 부여하고 여러 가지 기분을 일으키는 것이어서 미술사가는 건축 작품으로부터 그 시대와 민족의 특성을 추론할 수 있는 것이다. 그렇다면 그것은 얼마나 가능하며 거기에 어떠한 원리가 내재되어 있는가에 대한 답으로 그는 「건축심리학」을 시도하였다.

뵐플린은 건축심리학의 과제는 건축 작품이 부여하는 심리적 효과를 기술 설명하는 것이지만 우리들이 그 대상으로부터 받은 효과는 「인상」이고 우리들은 그 「인상」을 대상의 「표출」로서 이해하는 것이다. 그래서 문제는 '어떻게 해서 구축적 형식이 표출되는가' 라는 것이다.

뵐플린은 립스의 입장과 같이 '형식은 우리들이 그 속에 정신의 표출을 인정하는 것을 최초로 의미한다. 우리들은 무의식 속에 모든 것을 유정화(有情化)하는 경향을 갖고 있고, 그것은 인간이 갖고 있는 근본적인 본능이다. 그래서 건축의 기본요소는 소재와 형식이고, 무거움과 힘이며 그것은 인간적 · 유기적인 원리로 느껴지는 것이다. 그러므로 건축의 기본 테마는 소재

---

58 하인리히 뵐플린(Heinrich Wölfflin)
「예술사의 기초개념들(Kunstgeschtliche Grundbegriffe, 1917)」
그는 인명 없는 미술사를 주장하고 여타 사회적 요인과 무관하게 자체내적으로 발전해가는 미술양식의 역사를 다루었다.

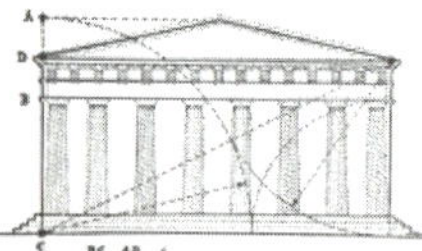

와 형식력의 투쟁인 것이다(뵐플린은 소재의 저항을 극복하려는 힘, 의지 혹은 생명으로 불려진 힘을 「폼크라프트(Formcraft)」라 불렀다).' 라고 하였다.

> 쇼펜하우어는 전체를 하나로, 건축 작품이 표현하는 이데아를 무거움과 견고함으로 보았던 대표적인 사람인데 그는 주로 소재 분석의 방향을 진행시킨 데 대해서 뵐플린은 똑같은 사고 방법으로부터 출발하여 건축형식의 심리적 효과 분석 방향을 택하였고 그것에 의해 형식 미학의 성격을 강조하였다.

뵐플린은 그리스 건축에서 돌 원주기둥의 굳건함을 관조의 입장이 아니라 생명에 찬 노력이라는 운동으로 대체시켰다. 이 경우 '무거움이라는 성질은 우리들의 경험에서 도출된 것이지만 경험 없이는 사고할 수 없는 것이고 그와 같이 무거움에 저항하는 힘도 인간적, 즉 유기적인 유비(類比)에 의해서 최초로 느껴지는 것이다. 그래서 형식 미학에서 미적 형식에 부여된 규정은 유기적인 생명의 조건이다.' 라고 하였다. 이 사고 방법은 그의 건축 형식에 관한 고찰의 기초가 된 것인데 이 형식에 관한 고찰은 피셔로부터 얻은 것이다.

> 피셔는 형식에 대해서 다음의 네 가지 계기만으로 그 고찰을 진행시켰다.
>
> • 규칙성
>
> • 균제
>
> • 비례
>
> • 조화

그러나 뵐플린은 다음의 네 가지에 의해서 건축형식에 부여되는 인상 효과를 검토하였다.

• 높이와 폭의 비율

• 수평방향의 분할 원리

• 수직방향의 분할 원리

• 장식

제 일의「높이와 폭의 비율」은 프로포션(Proportion)의 문제이다.

건축에서 결정적인 힘을 갖는 것은 척도이고 이것이 건축 작품의 본질적 성격을 결정한다. 그래서 프로포션의 표현 가치를 결정하는 것은 중요한 문제이다. 뵐플린은 '프로포션은 인간의 신체 및 호흡의 템포(tempo)와 밀접한 관계를 갖는 것이고, 역사상으로는 새로운 시대가 될 때마다 그 건축형식은 성급한 템포를 나타냈다.' 라고 하였다.

그 예로 도리아식 신전 형식으로부터 이오니아식 신전 형식으로의 진전은 안정 속에서도 성급한 템포로 중후한 프로포션으로부터 경쾌한 프로포션에로의 진전으로 이해되는 것이다. 그리고 민족성으로 보더라도 일정의 프로포션은 민족적 성격과 밀접한 관계가 있고 어떤 민족의 장식 형식이 타민족의 장식 형식에 강한 영향을 부여한 경우에도 기본적인 포로포션은 민족 고유의 것으로 변화되어 유지되는 경우가 많은 것이다.

성 미카엘 성당

제 이의「수평방향의 분할 원리」는 균제(Symmetry)의 문제이다.

건축의 경우 균제의 원리를 형식화하는 것은 기둥간격(柱間)이지만 입면에서 기둥간격의 수가 짝수(偶數)인가, 또는 홀수(奇數)인가라는 문제는 유기체와의 유비(類比)에 의해 설명되는 것이다.

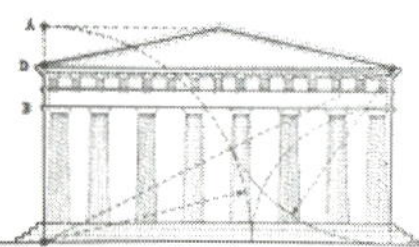

화염식 격자창(플랑부아양)

장미창, 노틀담 성당

그리스 신전에는 보통 정면의 기둥간격은 홀수이고 측면의 기둥간격은 짝수이지만 「개개의 기둥이 아니고 2개의 기둥이 하나의 단위로 묶여져 인체와의 유비(類比)가 인정된다.」 이것은 정면이 그 자체로 독립된 것을 의미하고 측면은 독립된 것이 아님을 의미하는 것이다.

왜냐하면 홀수 개의 분할은 중앙에 지배적인 단위를 설정하는 것에 비해 짝수 개의 분할은 그와 같은 단위를 갖는 것이 비유기적이기 때문이다. 그러나 위의 정적 안정감이 부여된 균제의 원리에 대해서 정적인 비균제의 형식이 고찰되고 리듬이 새로운 미의 원리가 되기도 한다.

제 삼의 「수직방향의 분할 원리」에서도 건축 형식은 인체와의 유비로서 고찰된다.

고딕 건축형식의 첨두아치는 높이 상승하려는 의지, 긴장의 표현으로 설명된다. 여기에 대해서 그리스 건축의 안정된 형식을 고찰하면 이 수직 방향의 형식력은 시대에 따라서 다른 성격을 표시함을 알 수 있다.

제 사의 「장식」은 형식력의 과잉 표출이다.

고딕 말기의 플랑부아양[59]의 창 모양이 그 예이다.

뵐플린은 '건축형식의 기본은 인간의 신체이고 더욱이 건축 양식은 그 시대 인간 상태의 표현이다. 그래서 선(線) 혹은 기하학적 형식은 운동 또는 힘의 결과이고, 이러한 형식의 이해는 우리들의 신체적 감각의 공명을 요구하고 있다.' 라고 하였다. 이것은 감정이입미학이 건축에 적용된 대표적인 예이다.

이것이 일반적으로 감정이입미학의 입장이라면 뵐플린의 건축 심리학은

---

59 플랑부아양(Flamboyant, 화염식 격자)
고딕건축의 창문장식으로 창문격자를 화염식으로 구성한 창 장식.

예술의 창작 측면보다는 감상의 입장에 선 것이다.

보링거(W. Worringer)60가 지적하였듯이 「감정이입」만으로도 넓은 예술의 영역을 설명할 수 있지만 '유기적인 것의 미 속에서 자기만족을 보려는 감정이입'에 대해서 '생명을 부정하는 무기적인 것 속에서, 즉 추상적인 합법칙성 속에서 미를 보려는 추상운동'으로부터 출발한 미학을 정 반대로 보아야 하는 뵐플린의 소론은 당연히 한계를 갖는 것이다.

더욱이 건축은 다른 비실용적 예술과는 다르게 그 형식이 목적, 재료, 구조와 밀접한 관계가 있는 예술이므로 형식에 부여된 심리적 효과의 설명만으로는 불충분한 것이다. 일반적으로 뵐플린의 양식론이 미술사와 미학의 교량역할을 한 것은 그 건축심리학이 기술(記述)적 건축사와 관념론적 건축론을 결부시키는 큰 성과를 갖는 것으로 인정된 때문이다.

심리설은 현대건축과 관련된다. 당시 예술은 이즘(ism)과 운동으로 이어졌으며 이에 따라 건축도 기능주의에 입각한 「합목적적 건축」이 중심을 이루었다.

60 보링거(W. Worringer)
「고딕예술 형식론(Formprobleme der Gotik, 1911)」

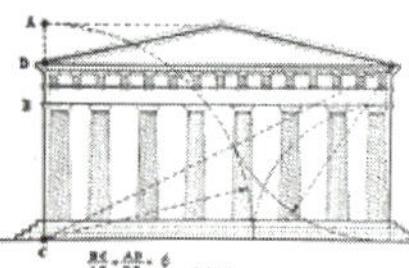

하인리히 뤼첼러(Heinrich Lützeler)

뤼첼러[61]는 현상학[62]적 입장에서 예술 양식의 문제를 해명하려 했는데 저서 「예술의 기본양식(1934)」에서 '공간성'을 실마리로 하여 다음과 같이 기술하였다.

그는 '건축 · 묘사 예술 · 공예 등에서 문제가 되는 것은 그들이 공간 형성적 예술에 관계되는 것이다. 그 예술들은 필수적으로 공간예술이고 공간적 예술이 아니더라도 항상 공간성이 있으며 공간에 관계되어진 예술이다.'라는 것을 문제로 하였다.

이 예술적 공간성은 다음의 세 가지이며 각각의 경우에 대응해서 조형예술의 종류로 성립시켰다.

첫째, 어떤 것을 위한 공간이 만들어지는 경우(=건축)

둘째, 형태에서 공간을 보여서 공간성이 있도록 만드는 경우(=조각)

셋째, 공간적인 것을 표현하여 공간성을 간접적으로 실현한 경우(=묘사예술)이다.

그래서 첫째는 「공간창조」

둘째는 「공간존재」

셋째는 「공간표현」으로 부른다.

---

61 뤼첼러(H. Lützeler)
「예술의 기본양식(Grundstile der Kunst Bonn, 1934)」

62 현상학(現象學)
의식의 본질을 지향적 작용으로 파악하여 그 본질적 구조를 분석하는 철학

이와 같은 고찰로 뤼첼러는 건축 · 조각 · 회화의 기본원리를 입체기하학적 · 유기적 · 다양적으로 규정하고 이들로부터 구축적 · 조소적 · 회화적의 세 가지 기본적 양식개념을 도출하였다.

뤼첼러는 「회화적 건축」이나 「조소적 건축」이라는 표현을 사용하였는데 쉬마르조나 뵐플린도 자주 사용하였지만 이 개념은 명료하지는 않은 것이다.

건축에 관해 보면 이 예술 개념은 당연히 구축적 · 입체기하학적인 것이지만 동시에 조소적 건축이나 회화적 건축도 미적인 것으로 고찰되는 것이다.

뤼첼러의 목표는 조형예술에서 제 예술상의 교류관계에 대한 추구였는데 하나의 예술이 다른 예술과 구별되는 것, 그리고 하나의 예술 속의 여러 가지 양식에 관한 고찰에는 소극적이었다.

마르그레테 헤르너(Margrete Hoerner)

헤르너는 양식의 성립기반은 「정신사적 미술사」와 관계가 깊고 광범한 인간 생활, 문화 전체에 대한 원리로 사고하였다.

그리고 양식에 대한 각종 용어들을 정리하고 체계화하여 현재까지 학술용어로 상용되는 양식개념을 정리하였다.

헤르너는 양식을 대별하여 규범적 양식과 서술적 양식으로 분류하였다.

규범적 양식은 예술작품의 가치에 관계되는 것이며(괴테, 헤겔, 쉐링), 서술적 양식은 예술적 사상(事象)의 객관적 서술을 위해 설정된 개념인 것이다.

그리고 서술적 양식은 두 가지로 분류하였는데, 하나는 미학적 양식이고 하나는 역사적 양식이다.

미학적 양식은 초시대적, 초지역적 보편타당성을 요구하는 학문의 입장에 선 것인데 양식표준으로는 예술작품의 제작재료, 사용목적, 제작기술이 택하여진다.

역시적 양식은 구체적인 역사상의 시대, 지역 등에 밀착된 양식개념으로 하나의 현상에 관하여 적용된 것을 원칙으로 하였다.

이 역사적 양식은 문화적 양식과 내재적 양식으로 분류하였다.

문화적 양식은 예술이 산출된 배경, 문화, 인종, 종교, 지리, 정치 등 역사적 인과관계에 의해 부여되는 양식 개념을 의미한다.

내재적 양식은 인간정신의 내부적 양상, 표현의 가능성들을 기본으로 하여 주어진 양식 개념을 의미한다(뵐플린의 선묘적과 회화적 이하의 5조의 대개념과 리꾀르(P. Ricoeur)의 감각적과 시각적).

그리고 이들 두 가지 역사적 양식은 항상 시대양식, 민족양식, 개인양식의 세 가지로 분류하였다. 이들은 예술발전의 장에 있는 시간, 공간 및 창조 단위로서 인간을 취급하였다.

헤르너의 양식 개념을 도해하면 다음과 같다.

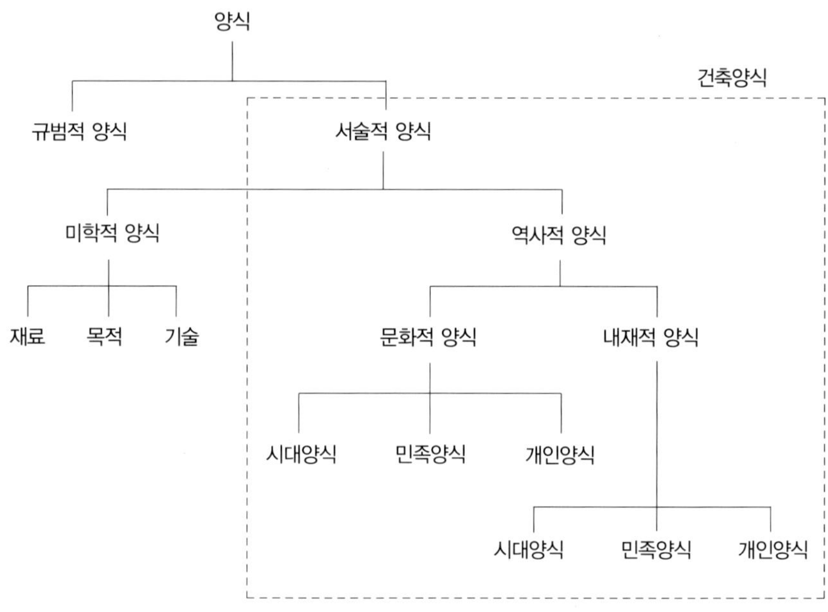

헤르너는 일반미학, 미술사에서 일반적 양식개념의 정통적인 의미 내용으로는 서술적 양식 중의 역사적 양식, 특히 시대양식과 민족양식(지역양식)을 들었다.

그래서 양식론은 건축미학을 역사적으로 체계화시키는 바탕이 될 수 있는 것이다.

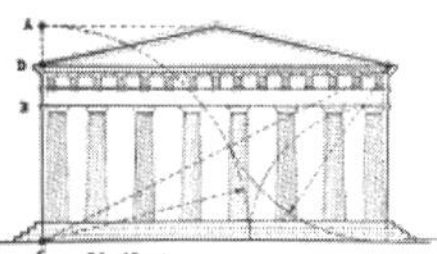

03
심리설 범주의 건축 작품

심리설은 다다이즘과 초현실주의 그리고 추상표현주의까지 널리 관계된다.

다다이즘(Dadaism)은 1915년 취리히에서 일어난 예술운동, 폭력에 가까울 정도의 반전통적, 반예술적, 반기성적 성격을 띠었던 이 운동은 우스꽝스러움을 강조함으로써 여론을 모독하는 데 목적을 두었다. 일상세계의 모든 것을 부정하기 때문에 결국 자기자신을 부정해야 하는 예술적인 자유사상이다.

초현실주의(Surrealism)는 1924년 앙드레 브르통[63]에 의해 시작되었다. 상

63 **앙드레 브르통(André Breton)**
초현실파 시인. 「초현실주의 선언」 작성

상력과 무의식으로부터의 해방과 합리주의로부터 미술가를 자유롭게 함을 목적으로 하여 꿈의 세계를 재구성하고 순수환상, 환각과 괴기적인 작품을 제작하였다.

그리고 추상표현주의(Abstract Expressionism)는 아실 고르키[64], 잭슨 폴록[65] 등의 작품과 같이 비묘사적이고 비기하학적인 추상예술로 화가의 신체적 행위를 강조하였다.

64 아실 고르키(Arshile Gorky, 1904~1948)
초현실주의와 추상표현주의를 연결하는 역할을 한 장본인

65 잭슨 폴록(Jackson Pollock, 1912~1956)
추상미술가. 가장 뛰어난 액션페인터

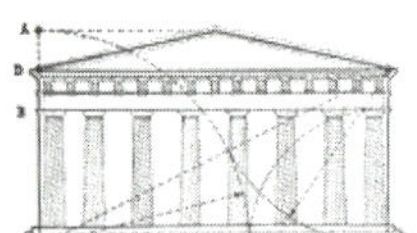

건축적 특성

■ 환상과 상상

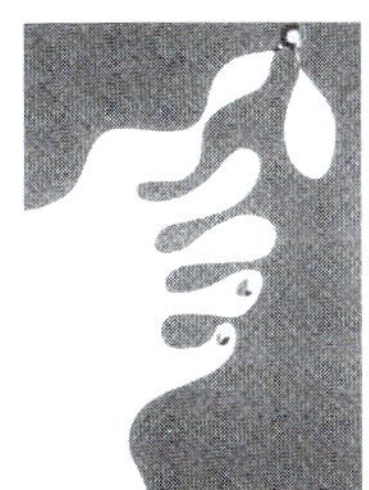

새를 잡는 손, 미로

카사 밀라, 안토니오 가우디
전면에 파도가 일렁이는 듯한 환상적 형태

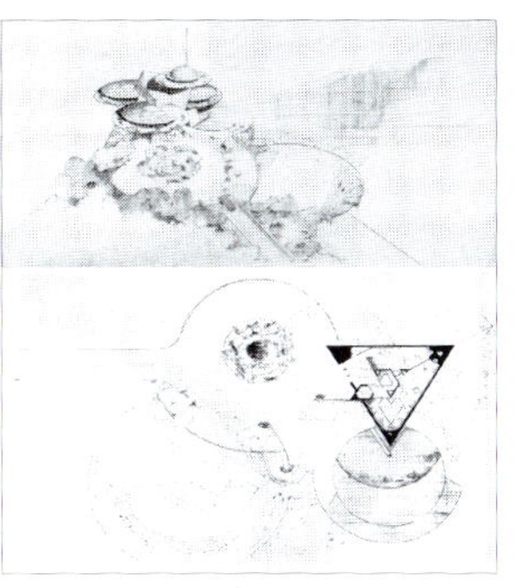

스포츠 클럽 계획안,
프랭크 로이드 라이트
삼각형 구조와 원형공간의 조합에 의한 환상적 조형

주택 계획안, 해르만 핀스털린
주택의 환상적 조각성이 강조된 형태

주택 계획안, 해르만 핀스털린
표현주의적 디자인

비엔나의 도시구조, 한스 홀라인
지상을 탈출한 도시 이미지의 형태

■ 무의식과 기괴

기억의 고집, 살바도르 달리

마돈나 델레 라크리메 성당, 엔리코 카스틸리오니
땅속으로 침잠하는 듯한 기괴한 형태

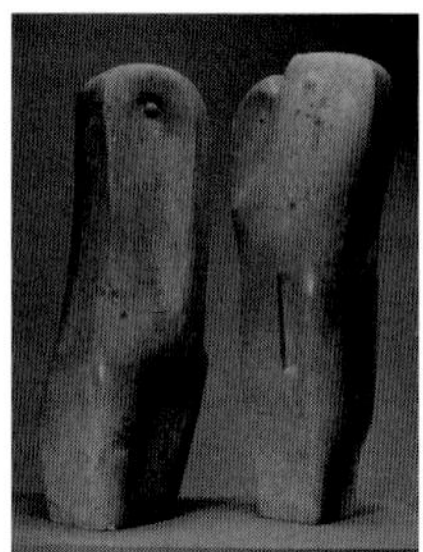
두 개의 형태, 헨리 무어

롱샹 교회, 르 꼬르뷔제
조소적인 매스 구성에 의해 희열을 표출하는 형태

오후 4시의 궁전,
알베르토 자코메티

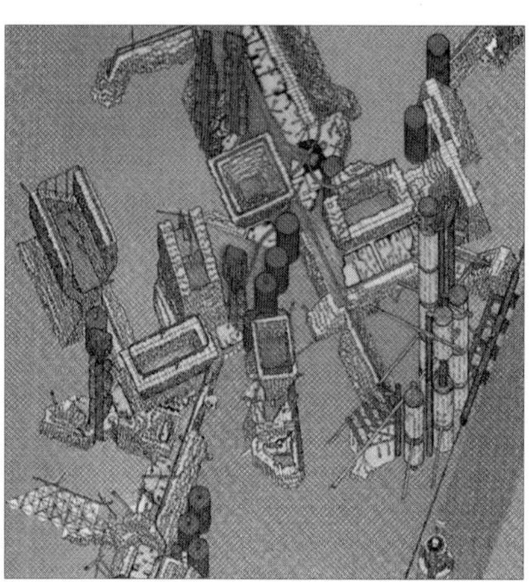
플러그 인 시티, 피터 쿡

플러그 인 시티, 아키그램
기계적인 도시 이미지를 표출한 신시대 도시의 해학적 조형

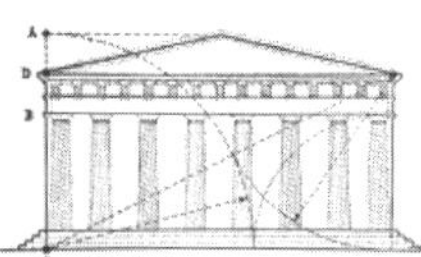

■ 비묘사적 · 비기하학적

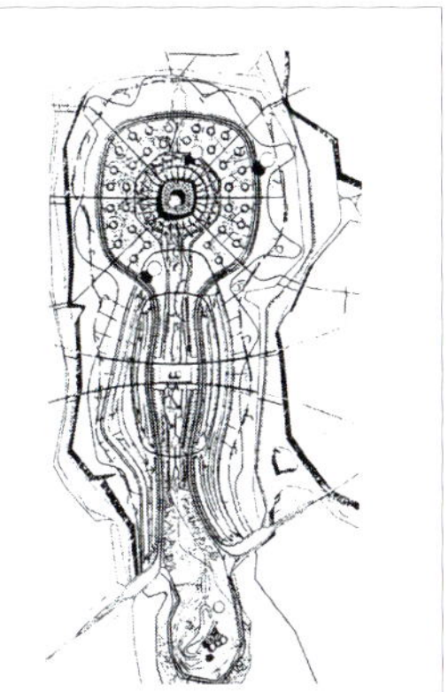

비 온 뒤의 유럽, 막스 에른스트

메사시티, 파올로 솔레리
생장하는 도시 이미지를 표출한 형태

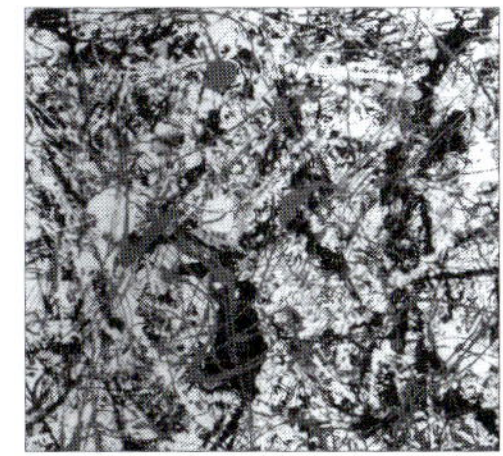

회화, 잭슨 폴록

'67 해비타트, 모세 세프디
주거단위의 무의식적 집적에 의해 비건축성이 표출된 조형

거리의 우수와 신비,
지오르지오 데 키리코

베이커 하우스, 알바 알토
전 · 후면의 상이한 처리로 비기하학성을 강조한 형태

4 | 합목적설(合目的說)

합목적설[66]은 '목적에 답하는 가장 완전한 형식은 바로 그 만큼 아름답다.' 라는 학설, 즉 '기능·구조·보편성으로 요약되는 기계적 특징을 구비한 효용의 미' 를 추구한 학설이다.

합목적설은 어떤 목적의 실현에 가장 적합한 구조나 행위라는 기능에 의한 합목적성뿐 아니라 생산이라는 경제적 의도를 바탕으로 하여서 실제적으로 세계의 균질화 방향을 진전시켰으므로 국제적으로 확대된 이론이다.

01

기능주의

존재를 어떤 실체로 생각하지 않고 그것을 단지 그 기능에 있어서만 있는 것이라고 보는 인식론, 방법론적 입장

기능주의67 이론은 미적 가치를 명확화하기 위해 사용되었다. 미적경험은 기능의 경험이며 형태는 기능을 표현하는 것이다. 이 이론에는 하나의 건전한 원리가 있다. 즉 「형태에서 용도는 본질적 성격의 하나이다.」라는 것이다.

현대에서 기능주의는 효용의 총화라는 의미에서 「기계」라는 모델과 깊이

66 합목적설(Fitness, Finaliy)

[철학] 자연에 있어서는 생물의 자기유지의 견지에서 보아 그 목적에 적합한 유기적 형태 또는 구조, 예를 들면 생물의 환경과의 조화 등이다.

67 기능주의(Functionalism)

[철학] 건축, 공예 등의 형태, 재료 등은 모름지기 그것들이 갖는 기능에 따라 설계되어야 한다고 하는 주장

[건축] 건축의 모든 부분은 그 목적과 기능에 따라 설계되어야 한다는 근대건축의 대표적인 사조. 구조, 재료의 경제성과 역학적 합리성, 건물의 합목적성, 부속물의 배제 등이 특징임

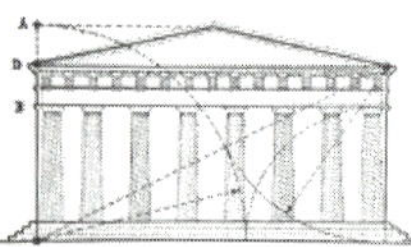

관계를 갖고 있다. 기계는 기능수행을 위한 장치이므로 그 모델은 단순한 기능에 대한 합목적성뿐 아니라 생산이라는 경제적 의도가 잠재되어 있는 것이다. 기계를 모델로 하는 사고는 기하학적 형태에 그치지 않고 절대적 믿음을 갖게 된 모델과 깊이 관계를 갖고 있다. 기계를 모델로 하는 사고는 절대적 믿음을 갖게 된 「공업화 사회」를 주도하였으며 세계를 균질하게 덮어 국제적 확대를 이루었다.

기계모델은 현대의 실용주의 철학 등의 사고에 기본이 된 것으로 이해할 수 있다. 특히 기능주의 현대 건축은 '우리시대의 지성 및 기술적 여건들의 당연한 논리적 산물' 이라는 믿음을 기본 원리로 하여 채택된 것이다.

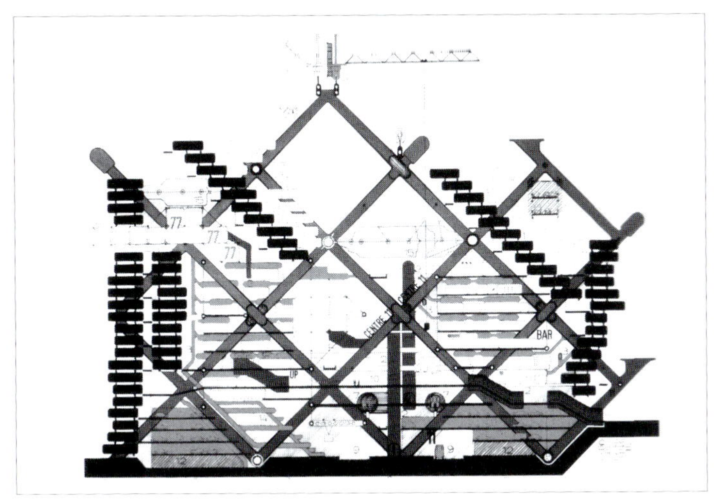

플러그 인 씨티, 아키그램

호레이셔 그리노(Horatio Greenough)

그리노[68]는 저서 「미국의 건축(1843)」[69]에서 신학적 이념을 기반으로 '미는 기능의 약속' 이라고 정의하여서 기능주의 미학을 간결하고 결정적으로 천명하였다.

그는 「미국의 건축(1852)」 제9장에서 이전의 건축양식의 모방을 거부하면서 건축가에게 '동물의 골격과 피부를 관찰하여 효용과 필요의 「적응 법칙」이 어떻게 표현성과 미를 나타내는지 주목해 보라' 고 설파하였다.

이것은 형태는 기능에 따른다는 라마르크(J. B. Lamark)[70]의 정리를 진전시킨 것이다. 즉 기능이 변하면 형태도 변한다. 그리고 낡은 형태는 새로운 기능을 표현할 수 없다는 것이다.

그는 이것이 모든 유기적 형태와 인간이 만든 것에까지 적용될 수 있다는 것을 알았다.

그리노는 미는 기능에서 나온다는 원리에서 '침대틀로부터 대성당에 이르는 모든 구조에 적용될 수 있는 하나의 이론을 발견하였다.'

---

68 그리노(Greenough)
조각가, 해부학자. 「미국의 건축(American Architecture)」. 이 글은 1843년 8월 초에 「The United States Magazine and Democralic Review」에 실렸다가 그의 책 「The Travels Observations and Experiences of a yankee Staneculter(1852)」의 제9장에 실렸다.

69 「현대 미국 건축의 근원(Roots of Contemporary American Architecture(1952)」 New York V. W. Brooks에 의해 재간행

70 라마르크(Jean-Baptiste Lamarck, 1744~1829)
식물학자

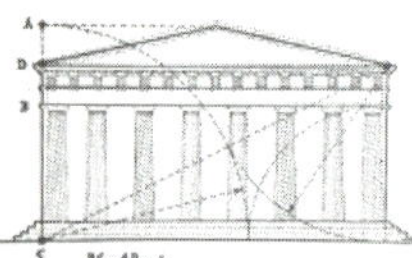

그것은 기계의 기능이었다. 그는 '배는 어떤 종류의 장식물이나 장식도 없다. 나체처럼 조화있게 발달할 경우 이것은 미를 성취하기 위해 더 이상의 장식이나 의상을 필요로 하지 않는다.

이것이 「기능의 약속」이고 미이다.' 라고 하였다.

식물 잎사귀

곤충 날개

랄프 왈도 에머슨(Rhlph Waldo Emerson)

에머슨[71]은 저서 「예술에 관한 사상들(1841)」에서 자연의 과정 속에서 예술을 위한 쉘링(Schelling)적 기초를 제안하면서 효용과 미를 제휴시켰다.

그는 '미의 가장 즐거운 매력은 사물들의 구성 속에 그 뿌리를 가진 것이다. 그리고 목적에 답하는 가장 완전한 형식은 바로 그 만큼 아름답다.' 라고 정의하였다.

에머슨은 저서 「인생영위(1860)」[72]에서 미에 관한 수필을 썼다.

'미는 필요성에 근거한다. 아름다운 선(線)은 완전한 경제의 결과이다. 꿀벌의 밀방은 최소량의 밀랍으로 가장 큰 강도를 부여하는 각도에서 만들어진다.

새의 뼈와 깃은 최소한의 중량으로 가장 큰 날개 힘을 준다.

미켈란젤로는 「그것은 군더더기의 정화다」.' 라고 하였다.

그리고 에머슨은 단순한 장식과 수식은 기형(deformity)으로 취급하였다. (에세이 제1집 중 'Art' 참조)

71 에머슨(R. W. Emerson, 1803~1882)
「예술에 관한 사상들(Thoughts of Art, 1841)」
72 「인생 영위」
에머슨의 저서 「인생영위(Conduct of Life, 1860)」에 수록된 '미' 에 관한 수필

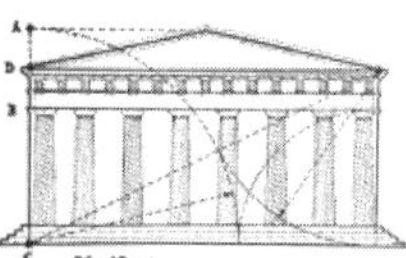

루이스 설리반(Louis Sullivan)

설리반[73]은 '자연 속의 모든 사물은 모두 하나의 형상, 즉 「형태(Form)」를 지니고 있다. … 이 모든 형태는 기능에 따르고 있으며 이것은 하나의 법칙으로 존재하고 있다.' 라고 하여 기능주의 건축 분야에서 선구자가 되었다.

특히 '형태는 기능을 따른다.' 라는 그의 주장은 기능주의 건축의 창시자로 그를 인정받게 하였다.

그는 저서 「예술적으로 고려된 고층 사무소 건물계획(1896)」에서는 '메마른 건축물이 갖고 있는 단순하고 강건한 형태에다 시적 표현이라는 옷을 입혀야 한다.' 라고 하여 마천루의 구조와 기능적인 문제에 관심을 갖고 그 기술과 기능적 해결을 하나의 의미 있는 형태로 통합하려 하였다.

그리고 '건물은 생명력이 구체화되어 작용하도록 만들어진 유기체이다.' 라고 정의하여 기능주의와 대치되는 유기적 건축[74] 분야에서도 선구자가 되었다.

설리반은 '건물의 건축적 형태는 인간의 형상에서 이끌어내어 추상화시킨 유기적 형태로서 인간의 삶과 성장의 의미를 나타내고 있는 것이다.' 라고 사고하였다.

---

73 설리반(Louis H. Sullivan, 1856~1924)
미국 건축가로 건축에서 기능의 중요성을 일찍부터 중시한 선각자

74 유기적 건축
생활기능을 갖추고 생활력을 갖고 있도록 만든 유기체적 건축

설리반의 기능주의적 건축 작품은 다음과 같다.

개런티 빌딩, 루이스 설리반

이 건물은 단순한 직육면체의 형태와 직사각형의 평면으로 비례는 인체에서 이끌어낸 것과 같고, 리듬감 있는 움직임은 인간의 발걸음과 같이 느껴져서 '다리 형상의 기둥 위에 서 있다(Scully, 1961).' 라고 평가된 유기적 건축이다.

카슨 피이리 스코트 백화점, 루이스 설리반

이 건물은 시카고학파 건축가들이 시도한 「시카고 창」을 입면 디자인에 도입하였다.

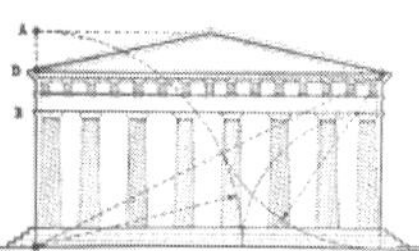

오토 바그너(Otto Wagner)

바그너[75]는 저서 「현대건축(1895)」에서 '건축은 현대의 요구에 적합한 데까지 진전시킬 건축사상의 근복적 혁신이 필요하다.' 라고 강조하였다. 그리고 당시 지배적이던 역사적 양식건축을 비판, 공격하였다.

그는 건축의 네 가지 원칙을 제시하였다.

첫째, 목적

둘째, 재료

셋째, 구조

넷째, 위의 세 가지 요소에서 얻어지는 필연의 형식, 즉 필요양식

바그너는 '예술의 유일한 지배자는 필요이며, 이때 필요라는 의미는 글자 그대로 필요 이외의 다른 것일 수가 없다.'

그리고 '유일한 가능성을 가진 예술창조의 출발점은 현대 생활 그 자체이다. 근대적인 형태의 모든 것은 현대의 새로운 요구에 조화되어야 한다. 실제적이 아닌 것은 미가 될 수 없다.' 라고 하였다.

즉 '실용적인 것은 아름다울 수밖에 없다' 라는 정의이다.

그는 기능, 재료, 새로운 시대의 구조형태에서 그 표현적 인상을 유도해낸 순수화된 양식을 옹호하여 새로운 예술의 탄생을 예언하였다.

---

75 오토 바그너(Otto Wagner, 1841~1918)
그 시대의 필요양식을 주장함

바그너의 합목적적 순수주의 작품은 다음과 같다.

칼스플라츠역(1894~1897), 오토 바그너

전형적인 절충주의 방식 내지는 아르느보적 경향의 건물

비엔나의 대학 도서관(1910)

'형태, 기능, 기술 사이에는 새로운 균형이 이루어져야 한다.
즉 새로운 형태로 창조되어 인간의 요구와 조화되어야 한다.' 라는 주장에 합치되는 디자인

비엔나의 주거 블록(1914)

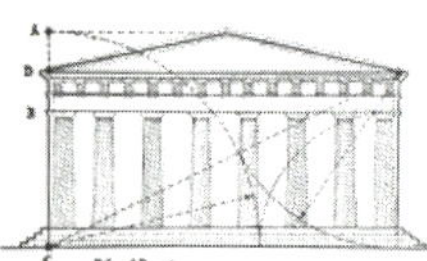

우편저금국

이 건물은 새로운 재료의 적극 사용으로 디자인의 순수성이 잘 표현된 신 건축이다.

우편저금국 외관의 접착물 효과(1905), 오토 바그너
외장용 석판이 핀으로 고정되어 두꺼운 벽이 「자유로운 표층」으로 의식된다. 이것은 외벽이 「자유롭고 얇은 피막」으로 분절되어 대량생산되는 근대 양식으로의 결정적인 비약을 예언적으로 나타내고 있다.

우편저금국 로비 내부의 반투명 양감, 오토 바그너
중저의 2중 유리지붕과 바닥의 유리블럭은 반투명 피막으로 변하여 실내공간이 부유하는 효과를 나타낸다.
명암의 대비가 극소화되어 균질하고 추상적인 넓이를 가지므로 인상파 화가들의 눈을 연상시킨다.
즉 「공중에서 완결하는 균질한 양감」이라는 근대 양식의 전체상이 구체적 · 직접적으로 나타나있다.

02

합목적적 미

그 목적에 적합한 유기적 형태 또는 구조의 미

그리노에 의해 시작된 기능주의는 로스(A. Loos)의 주장인 「무장식」을 통해서 단순성을 확보하는 결정적 계기를 갖게 되었다.

기존 건축의 양식적 요소인 장식을 건물의 표면에서 배제시킨 것은 그 표면의 소재성과 구조를 드러나게 하였고 그들을 건축 조형 표현의 미적 요소로 치환시킨 것을 의미하는 것이다.

이러한 표현 방식의 변화는 과거와 결별하고 건축에서 합리주의를 강하게 전면으로 부각시켰으며 결론적으로 「합목적적 미」의 길을 개척하게 한 원리가 된 것이다.

아돌프 로스(Adolf Loos)

로스[76]는 논문 「장식과 죄악(1908)」에서 '장식은 야만적 관습의 유물이므로 건축이나 응용예술에서는 어떠한 장식도 배제되어야 한다.' 라고 주장하였다.

그의 주장이 잘 요약된 이 평론은 계몽주의의 이상에 뿌리를 두고 있으며 미국의 설리반의 기능주의 사상이나 오토 바그너의 합목적적 순수주의 이론에 바탕을 두고 있다.

로스는 '미는 합목적성이다.' 라고 주장하였다.

그리고 '보라, 우리 시대의 위대함은 바로 이것이다. 즉 새로운 장식을 만들어 내지 않는다는 것이다. 우리들은 장식을 극복하였다. 우리들은 싸워서 장식에서 해방되었다.' 라고 주장하였다.

여기서 로스는 '형태가 오로지 그 기능을 반영할 경우에만, 그리고 그 구성요소가 전체를 형성할 수 있을 경우에만 아름다우며 장식은 현대문화와 관련이 없으며, 또한 현대문화에 전혀 가치가 없는 것이다.' 라고 사고하였다.

그는 '목적을 충족시키기 위해서 건축은 예술의 영역에서 벗어나야 한다.' 라고도 하였다.

합리주의자인 로스는 건축 공간을 지적이고 기하학적 및 직감적이고 유기적으로 해석하였다.

76 아돌프 로스(Adolf Loos, 1870~1933)
오스트리아 건축가. 「장식과 죄악(1908)」에서 건축의 장식배제 주장

로스의 합리주의적 순수주의 작품은 다음과 같다.

로스하우스, 아돌프 로스

주택 계획안, 아돌프 로스

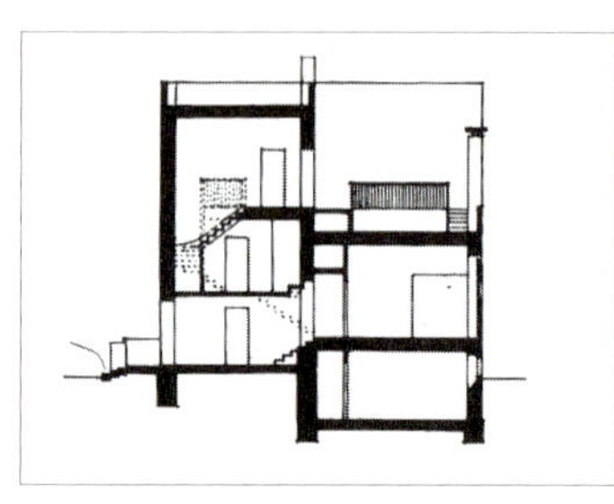
단면도

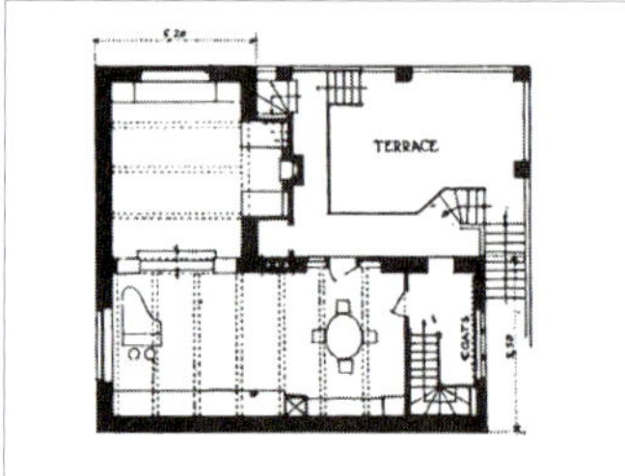

2층 평면도

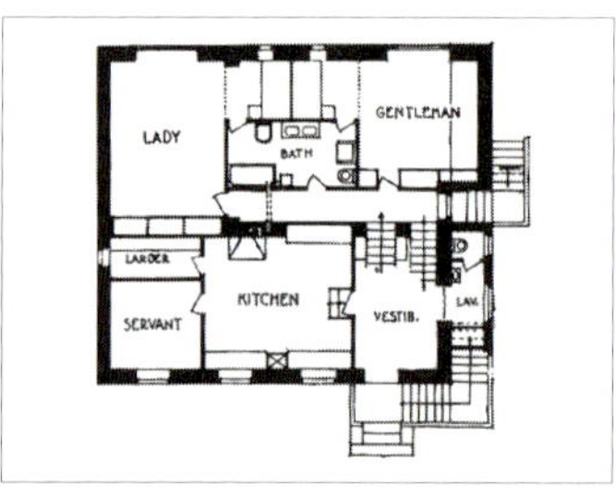

1층 평면도

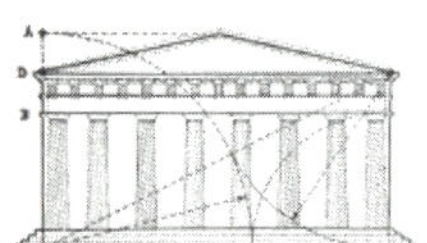

정면

슈타이너 저택, 아돌프 로스

이 주택은 합리주의 건축의 가장 전형적인 작품으로 장식이 없는 단순한 입체적인 블록형상이 그대로 나타나 있는 순수주의적 형태인 것이다.

이 주택의 정원 측 정면은 엄격성을 띤 구형의 입체이고 측면은 곡선 지붕인데, 이것은 내부공간의 「공간 플랜」에 의한 것이며 가로 측 전면은 지붕의 곡면과 벽면이 리듬감 있게 구성되어서 전체적으로는 신고전주의적 경향을 띤 주택이다.

측면

후면

03

합목적설 범주의 건축 작품

합목적설은 어떤 목적의 실현에 가장 적합한 행위나 구조를 말한다. 합목적성과 관계된 기능주의 건축은 기능제일, 소재성, 단순성을 추구하였고 그 형태는 입체주의적 경향으로 다면성, 동시시각성 그리고 상호 침투성을 추구하였다.

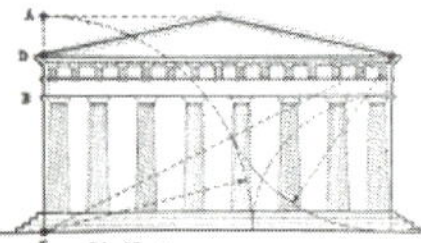

건축적 특성

(1) 현대 건축

■ 기능제일주의

「형태는 기능에 의해 결정된다.」는 사고를 제일로 한 기능주의 건축

게런티 빌딩, 루이스 설리반
인간형상에서 추출한 유기적 형태

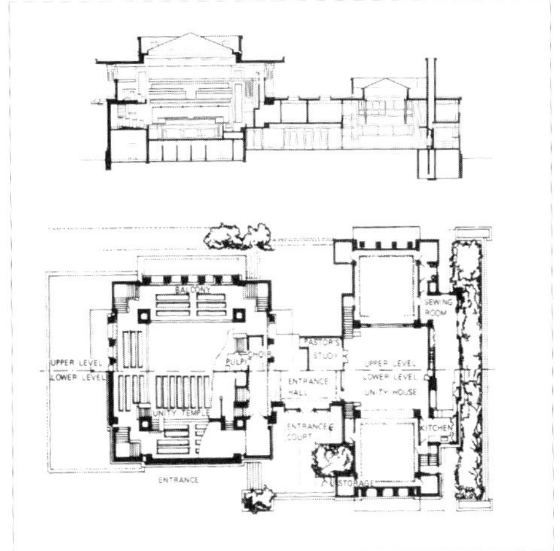

유니티 교회, 프랑크 로이드 라이트
다기능의 건축을 위한 기본 평면형과 입체주의적 입면형태

마조리카 하우스, 오토 바그너
새로운 기능주의적 입면형태

■ 소재성

사용재료의 소재성 특성을 강조하는 조형 방법 채택

프랭크린 가의 아파트, 오귀스트 페레
철근 콘크리트 소재성을 강조한 입면형태

우편저금국, 오토 바그너
외벽의 재료인 돌의 소재성이 강조된 형태

AEG 터빈공장, 베렌스
유리 커튼월을 채용한 고전적 형태

■ 단순성

단순한 기하학적 형태의 구성으로 추상성 강조

고층빌딩 계획안, 미스 반데 로에
유리로 된 단순성이 강조된 기하학적 조형

레버 하우스, SOM
기하학적인 매스의 단순한 조형

펜죠일 플레이스, 필립 존슨
기하학적인 단순한 매스의 조소적 구성 형태

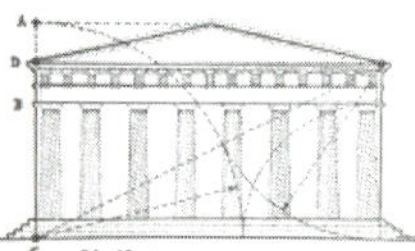

■ 조형성

◎ 정형

판즈워스 주택, 미스 반데 로에
직사각형의 개방적 평면

사보이주택, 르 꼬르뷔제
사각형 평면 입체주의적 특징을 수용한 조형

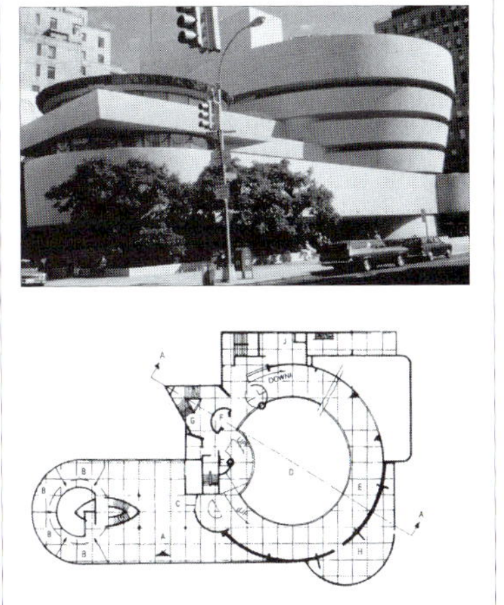

구겐하임 미술관,
프랭크 로이드 라이트
원형

◎ 부정형

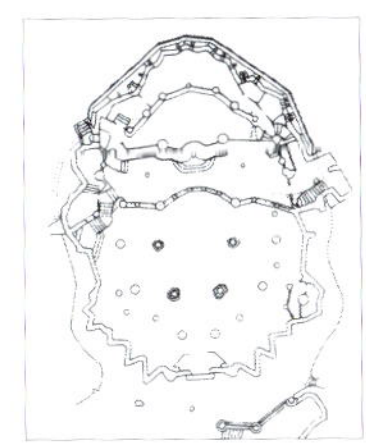

콜로니아 구엘 교회, 안토니오 가우디
부정형의 평면에 의한 실내공간

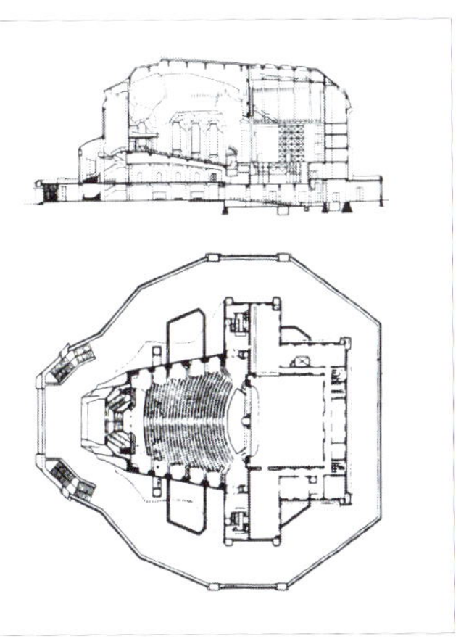

제2게테아눔, 루돌프 슈타이너
부정형적 외부구성에 의한 조형

(2) 신예술 운동

합목적설에 의한 현대건축의 신예술 운동은 영국의 수공예 운동, 프랑스의 아르느보 운동, 그리고 오스트리아 시세션 운동이었다.

■ **수공예 운동(Art and Crafts)**[77]

싸롱 · 데 · 산, 알폰스 뮤사

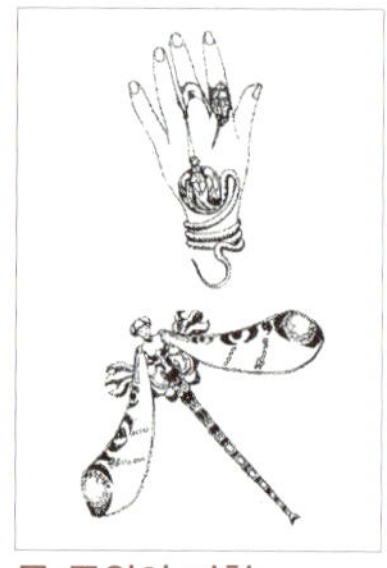

물 주위의 미학

스테인드 글라스, 윌리엄 모리스

벽지 무늬, 윌리엄 모리스

책상과 의자, 윌리엄 모리스

카페트 무늬, 윌리엄 모리스

붉은 집, 윌리엄 모리스, 웹
새로운 기능주의적 주택형태

77 수공예 운동(Art and Crafts Movement)
윌리암 모리스에 의해 촉진된 운동. 중세 장인(匠人)들의 사상과 기술로 되돌아가 디자인 본령을 재생시키는 데 목적을 두었다. 가구, 벽지 등 손으로 직접 작업하였다.

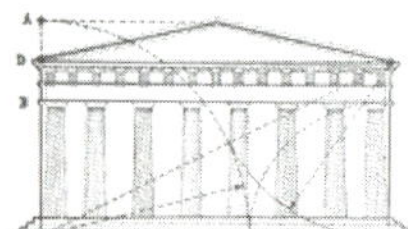

■ 아르느보 운동(Art Nouveau)78

바로크 양식의 장식
아르느보의 원천

책 표지, 맥무르도

글레스고 미술 학교, 맥킨 토시
유려한 곡선을 채용한 파사드 조형

폴크 방크 미술관, 반 데 벨데
기둥과 계단난간에 생장곡선을 채용한 공간

타셀주택 계단, 오르타
자연 수목형태의 철재로 된 곡선 형태

지하철 입구, 기마르

카사 밀라, 안토니오 가우디
파도의 곡선과 같은 입면

파밀리아 성당, 안토니오 가우디
외부 전체를 생동적 곡선으로 구성한 형태

78 아르느보(Art Nouveau)
장식적인 양식으로 삽화, 실내장식, 건축분야에서 1900년 전후 유럽을 풍미했던 양식. 생장형 곡선과 식물의 형태를 지녔으며 본질적으로 장식적인 성격을 띠었다.

■ 시세션 운동(Secession)[79]

유겐트슈틸(Jugendstil)[80]과 동일 운동

뱀처럼 몸을 구부린 여인, 앙리 바티스

시세션관, 요제프 마리아 올브리히
월계수 돔을 갖는 단순한 형태

아인슈타인 타워, 에리히 멘델존
기능과 어울린 환상적 곡선의 형태

결혼 기념탑, 요제프 마리아 올브리히
환희 표현의 지붕형태

■ 데 스틸 운동(De Stijl)[81]

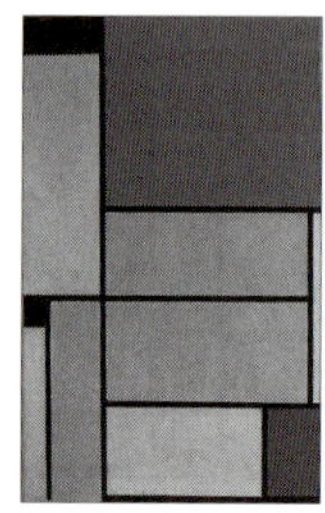
구성, 몬드리안

실내 장식, 반되스부르크
실내의 면과 선적요소를 회화적으로 처리한 공간형태

슈뢰더 주택, 리트벨트
건물의 면과 선을 회화적으로 이용한 조형

의자, 리트벨트

79 시세션(Secession)
오스트리아와 독일의 일단의 미술가들이 관학파적 미술원으로부터 이탈하여 '근대운동'을 시작하기 위해 결성한 전시(展示)동인

80 유겐트슈틸(Jugendstil)
아르느보의 동일어. 시세션과 동일 운동

81 데 스틸(De stijl)
1917~1928년에 네덜란드의 미술정기간행물 이름으로 몬드리안과 신조형주의 운동의 출현을 도왔다. 이 정기간행물과 연계된 일단의 미술가들에게 주어진 이름이다.

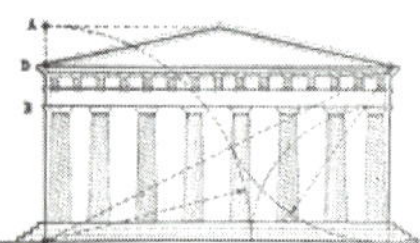

■ 현대건축

브라질리아 국회의사당, 오스카 니마이어
단순한 기하학적 형태의 조형

토론토 시청사, 레비엘
도시 중심인 눈을 표현한 곡선 형태

브라질리아 대통령 궁 교회,
오스가 니마이어
구조와 의장이 일치된 단순한 형태

동경 국립실내경기장, 당게 겐죠
서스펜션 구조를 이용한 조소적 형태

(3) 현대건축의 거장

■ **프랭크 로이드 라이트(Frank Lloyd Wright)**

라이트의 건축미학은 「건축은 대지의 유기체」였고, 그 디자인 귀결은 「수평선」이었다.

〈작품〉

○ 특성 : 수평선

로비 주택
지붕의 수평선

낙수장
발코니의 수평선

존슨 왁스 공장 타워
벽돌벽의 수평선

○ 재료 : 자연재료

탈리아신 웨스트
풍토주의적 재료

○ 공간 : 유기적

존슨 왁스 공장 사무실 내부
생장식물형 기둥

○ 형태 : 자연 융화적

구겐하임 미술관
수평선과 생장선인 나선과의 조화

〈그의 영향〉

○ 특성 : 수평선

문명 미술관, 더글라스 카디날
건물요소들의 수평선적 구성

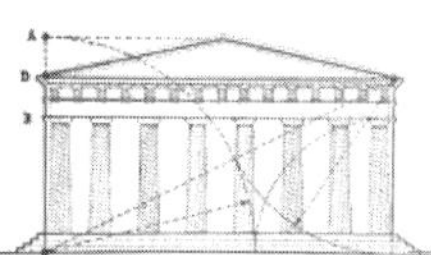

오류부분	오류내용	정정내용
137p 그림 -그리스 신전 양식 비교	〈오류내용〉 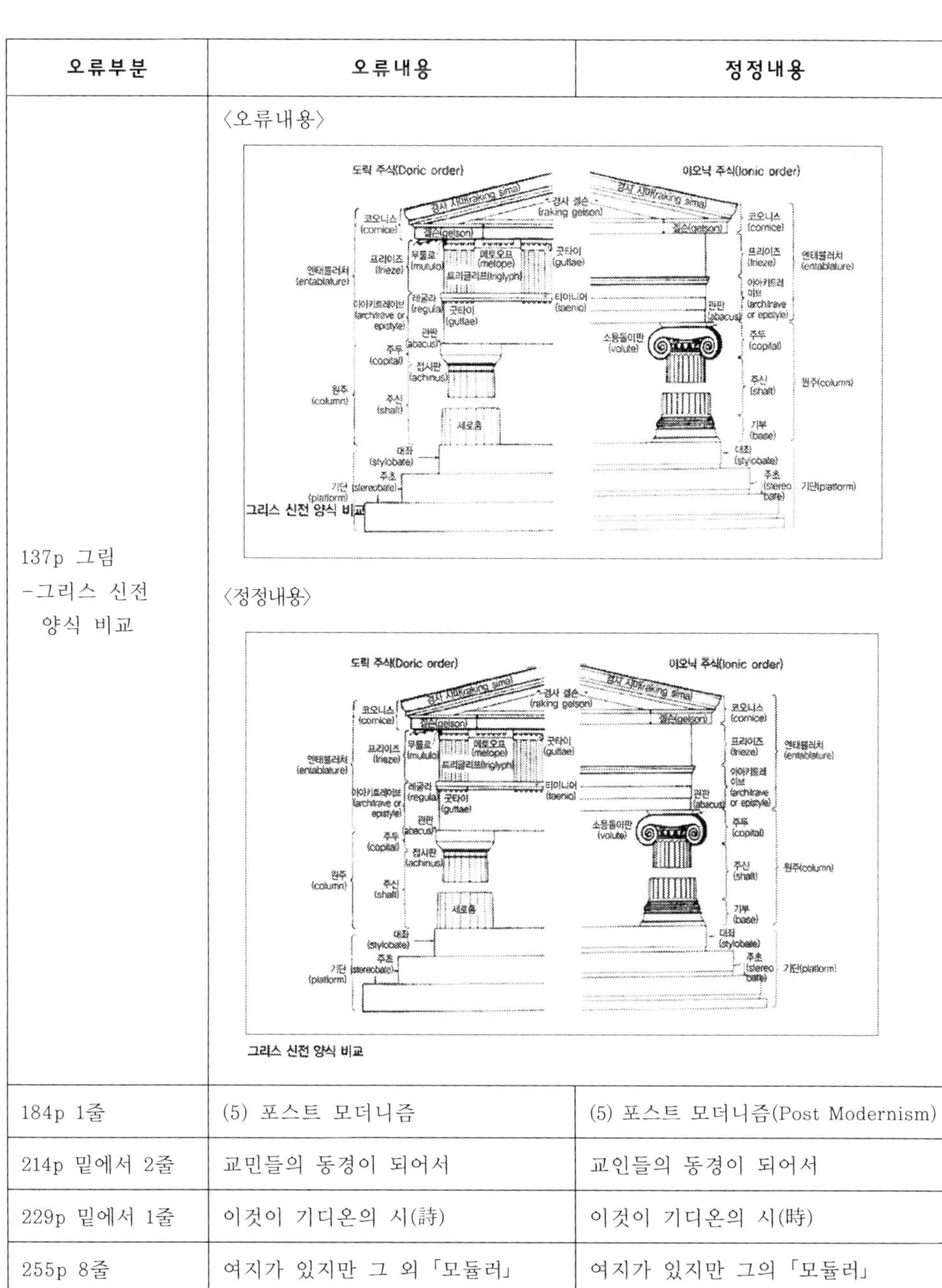 〈정정내용〉 그리스 신전 양식 비교	
184p 1줄	(5) 포스트 모더니즘	(5) 포스트 모더니즘(Post Modernism)
214p 밑에서 2줄	교민들의 동경이 되어서	교인들의 동경이 되어서
229p 밑에서 1줄	이것이 기디온의 시(詩)	이것이 기디온의 시(時)
255p 8줄	여지가 있지만 그 외 「모듈러」	여지가 있지만 그의 「모듈러」
291p 13줄	현대 건축미학은 형식미학과 내용미학은	현대 건축미학은 형식미학과 내용미학의
306p 11줄	제들마이어 Hans Sedlmayr 1896-?	제들마이어 Hans Sedlmayr 1896-1984

〈건축미학을 찾아서〉 정정표

오류부분	오류내용	정정내용
53p 그림 -황금분할과 나선	〈오류내용〉 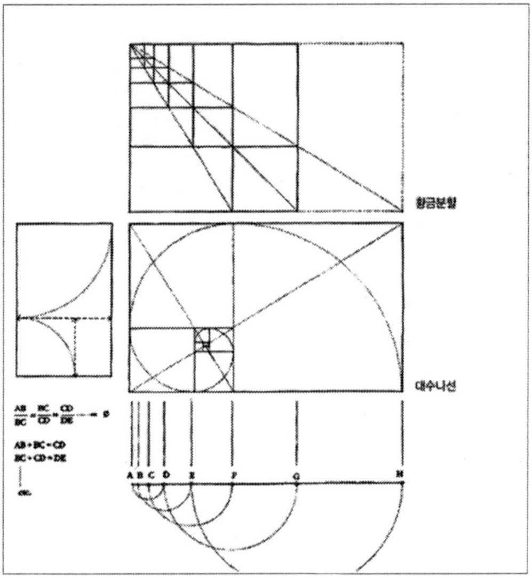	〈정정내용〉 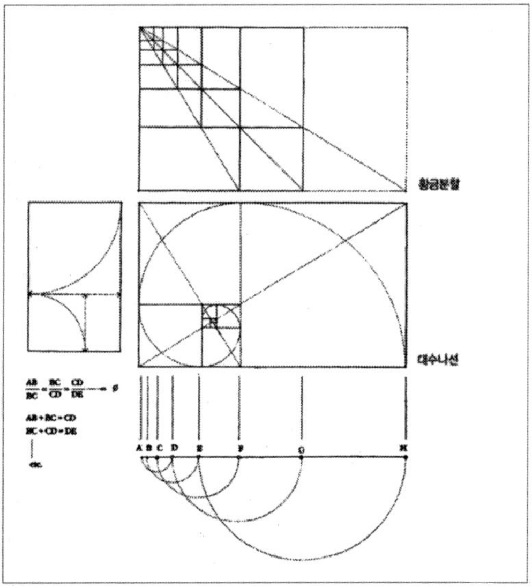
86p 2줄	「건축 4서(Quattro	「건축 사서(Quattro

○ 재료 : 자연재료

탈리아신 웨스트
지역에서 생산된 재료에 의한 특성을 강조한 형태

템펠리 아루키오 교회, 티이마
자연석인 내부 벽면

예일대학 기숙사, 에로 사리넨
외벽자연재와 주변환경과의 조화

○ 공간 : 유기적

구겐하임 미술관
빛을 수용한 아트리움 기능적 내부 공간

일리노이주 센타 내부, 머피 헴므트얀
아트리움형의 유기적 공간

도쿄 포럼, 라파엘 비뇰리
공간의 연결통로가 유기성 표출

○ 형태 : 자연 융화적

프라이스 타워

다카 국회의사당, 루이스 칸
지역환경과 조화를 이루는 형태

패트로나스 타워, 시저 펠리
생장지향형의 형태

■ 미스 반 데르 로에(Mies van der Rohe)

미스의 건축 미학은 「건축은 대지와의 상호 관입체」였고, 그 디자인의 귀결은 「단순성(Less is More)」이었다.

〈작품〉

○ 특성 : 단순성

판스워스 주택
유리벽면의 단순한 육면체

IIT 크라운 홀
구조와 유리벽면의 단순한 육면체 형태

○ 재료 : 유리

유리의 마천루 계획안
외부전면에 유리 사용

○ 공간 : 투시성

IIT 크라운 홀 내부
주변 자연과의 상호관입에 의한 공간

○ 형태 : 기하학적

시그램 빌딩
단순한 입체와 투시성 유리벽면의 형태

〈그의 영향〉

○ 특성 : 단순성

글라스 하우스, 필립 존슨
유리 벽면의 단순한 육면체

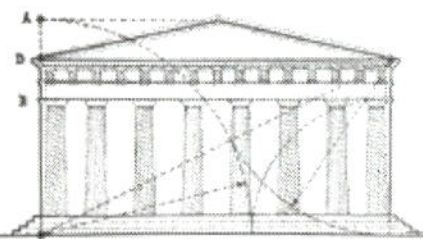

○ 재료 : 유리

유리의 마천루 계획안

레버 하우스, SOM
전면에 유리 커튼월을 채용

센츄리 센터 빌딩, 3D/인터네셔널
전면 유리의 전형적 입면

○ 공간 : 투시성

바르셀로나 독일관

글라스 하우스 내부, 필립 존슨
자연과 상호 관입된 실내공간

○ 형태 : 기하학적

레이크쇼어 드라이브 아파트

시티코어 센터, 휴 스투빈스
단순한 입체와 구조의 형태

중국은행 홍콩지점, I. M. 페이
삼각형을 이용한 단순한 기하학적 형태

■ 르 꼬르뷔제(Le Corbusier)

르 꼬르뷔제의 건축미학은「건축은 대지와 분리된 독립체」였고, 그 디자인의 귀결은「독립성」이었다.

〈작품〉

○ 특성 : 독립성

사보이 주택
입체와 대지의 분리를 위한 최소 접점으로 기둥(piloties) 사용

마르세이유 아파트
피어식 사면화 기둥으로 대지와 최소접점 사용

라 투레트 수도원
벽기둥 위에 세워진 교회

○ 재료 : 콘크리트

샨디갈 국회의사당
콘크리트와 그 연성을 이용한 입체

○ 공간 : 조소적

사보이 주택 내부
큐비즘(입체주의)적 내외부 구성

○ 형태 : 조각적

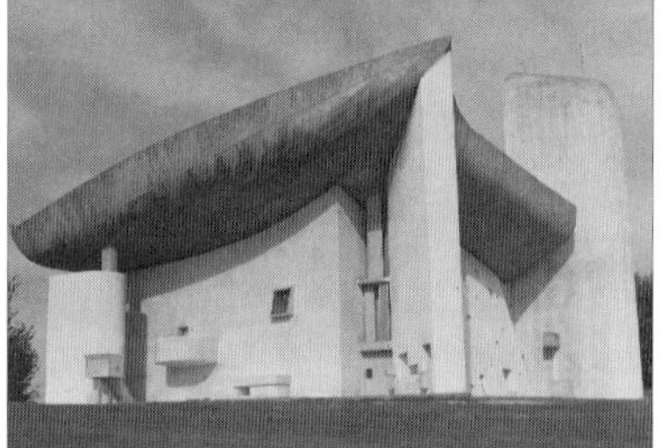

롱샹교회
지붕에 벽과의 분리성이 강조된 서정적 조형

〈그의 영향〉

○ 특성 : 독립성

카라카스 미술관, 오스카 니마이어
입체와 대지의 완전 분리

달라스 시청사, I. M. 페이
setback형으로 대지와의 분리강조

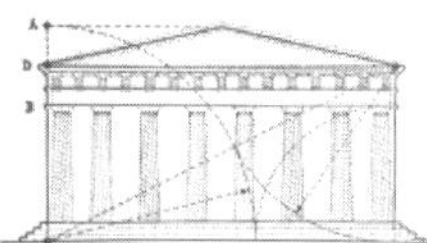

○ 재료 : 콘크리트

인도 샨디갈 대법원

국립실내경기장, 당게 겐죠
노출콘크리트의 서스펜션 구조와 조소성

유네스코 본부, 마르셀 브로이어
노출콘크리트로 구성한 미적 입면

○ 공간 : 조소적

동경 서양미술관 내부

하이 미술관 내부, 리차드 마이어
유동적 입체 요소들이 조성한 내부공간

이스트 갤러리 내부, I. M. 페이
아트리움적 열린 내부공간

○ 형태 : 조각적

하버드대학교 시각 예술센터

브라질 교육청,
오스카 니마이어
필로티와 전면 루버(Louver)
를 채용한 조형

하이 미술관, 리차드 마이어
각 매스들의 조소적 구성

(4) 비형식적 건축

비형식적 건축은 건축자체의 개념의 외적, 내적 한계에까지 이르는데 외적 한계의 경우는 조각적 형태로 강조되고 내적 한계의 경우는 형태가 무시된 것이다.

■ **외적 한계(조각적 형태)**

마릴린 먼로, 앤디 워홀

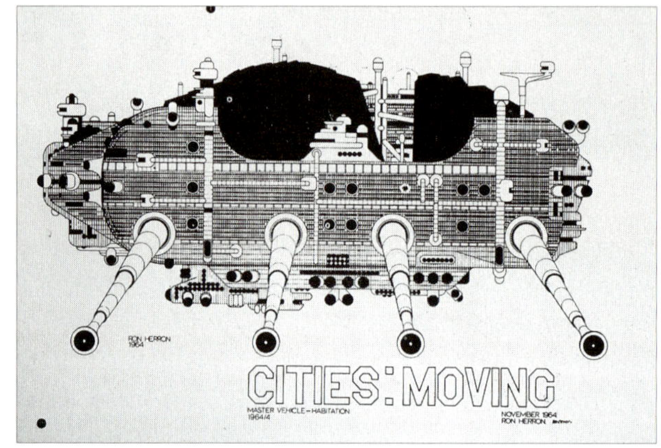

워킹 시티, 아키그램

인간 주거공간의 기계화를 지향한 기능적, 해학적 형태

크레이지 대학, 찰스 무어

대학 내부공간과 외부공간의 연계성을 강조한 형태

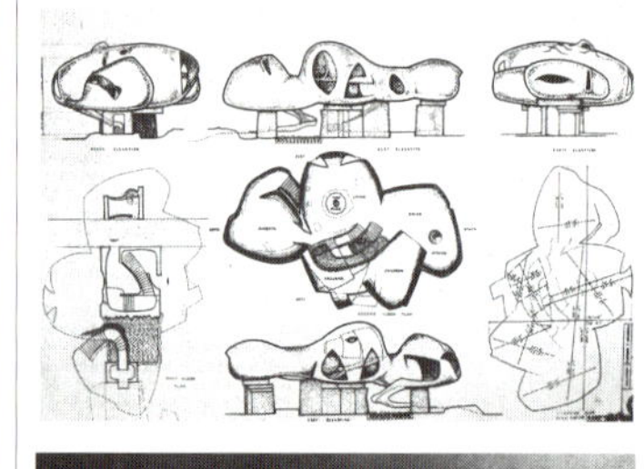

엔드레스 하우스, 키슬러

철학적 사고에 의한 비형식적 형태

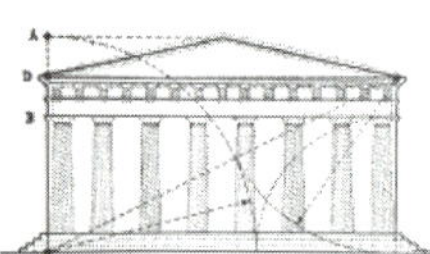

■ 내적 한계(형태가 무시됨)

오클랜드 뮤지엄, 케빈 로시
옥상 전체를 공원화한 비건축적 조형

맨해튼 지오데식 돔, 벅민스터 풀러
도시화로 확대된 비가시적 거대 건축의 조형

베스트사 쇼룸, 사이트
건축의 입체성을 파괴한 형태

(5) 포스트 모더니즘

포스트 모더니즘을 특징짓는 3가지 법칙(R. Stern, 1977)은,

- 개개의 건축을 항상 보다 큰 전체의 부분으로 보는 **맥락주의(contextualism)**
- 건축이 역사적, 문화적 선례에 대응하는 방식에 대하여 생각하는 **인유주의(allusionism)**
- 장식을 좋아하는 인간의 본성에 맞는 **장식주의(onamentalism)**이다.

그러나 이들은 새로운 것이 아니라 건축만큼이나 오래된 것이다.

■ 맥락주의

AT & T 본사, 필립 존슨
고전 건축요소를 현대화한 조형

모던 아트 뮤지엄, 마리오 보타
현대 건축의 역사주의적 재료에 의한 맥락성을 강조한 조형

후지TV 빌딩, 당게 겐죠
현대 도시의 grid적 맥락성을 강조한 조형

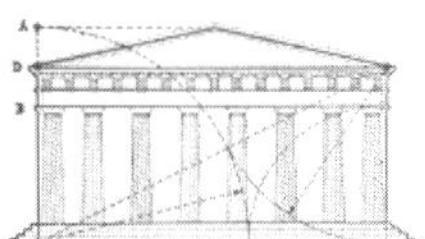

■ 인유주의

빌라 로렌티움, 레온 크리에
그리스적 건축 문화유산에 대응하는 고전주의적 형태

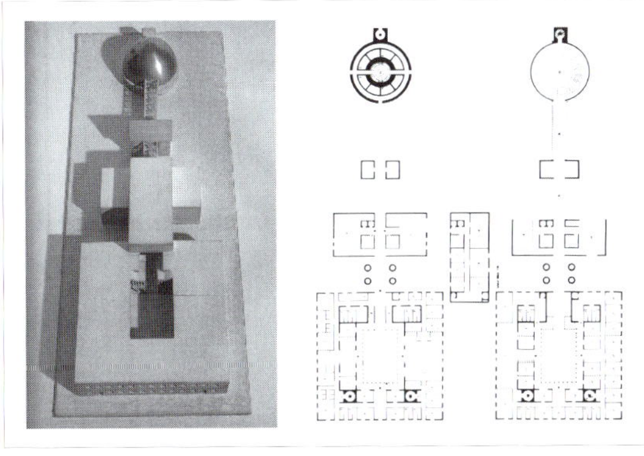

스긴디시 시청사, 일도 토시
고전적 형식주의에 대응하는 기하학적 평면 형태

■ 장식주의

피아자 드 이탈리아, 찰스 무어
로마 건축적 장식에 키네틱 아트(움직이는 예술)적 요소를 채용한 형태

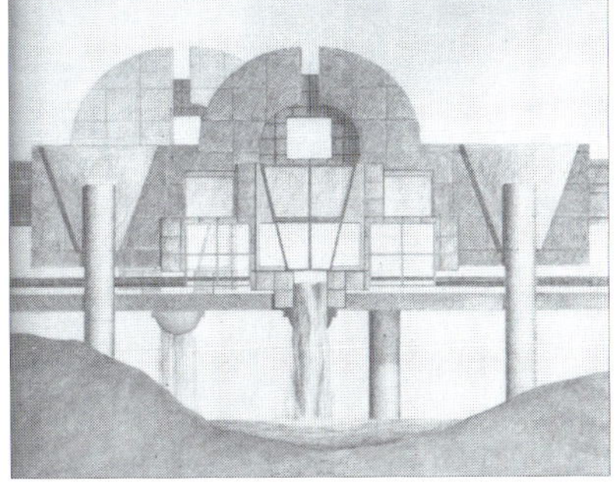

파르고 무어 헤드 문화센터, 마이클 그레이브스
건축 외부형태에 강조된 장식적 요소

(6) 신 현대 건축

■ 기하학적 건축

루브르 피라미드, I. M. 페이
기능을 갖은 신 유리피라미드 조형

도쿄 인터내셔널 포럼, 라파엘 비뇰리
신건축의 유희적인 내부 공간 형태

기하, 모르레

음악도시, 크리스티앙 드 포잠박
공간 간격을 외부에 표출한 조형

그랑 파레스, 렘 쿨하스
디테일 요소를 상징성에 도입한 조형

에브리 성당, 마리오 보타
역사성이 표출된 신조형

하이테크널리지 타워, 양
사이버네틱스한 신조형

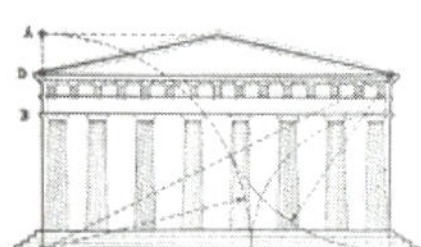

■ 비기하학적 건축

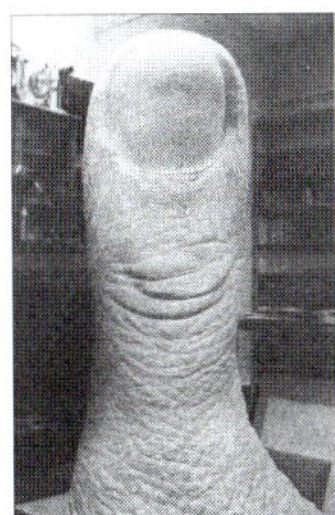
엄지 손가락, 세자르

엔드리스 하우스 모델, 프레데릭 키슬러
철학적 사유의 조소적 형태

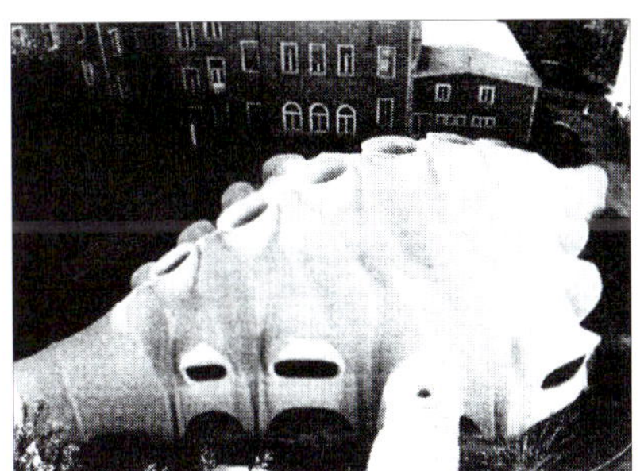
다목적 홀, 균터 도미니
생물적 형태의 조형

프레드리 아이슨만 미술관, 프랭크 게리
구상적인 조소적 형태

트러스 월 하우스, 우시다 핀들레이
건축의 매스적 요소를 재해석한 형태

Ⅲ 건축미학

체계적 과학으로 성립된 건축미학은 건축 공간론을 건축 본질의 계기로 하여 공간미학이론을 전개시켰다.

1 | 건축의 본질

미학이 학문으로 성립된 것은 근대이며, 특히 건축미학이 체계적 과학으로 성립된 것은 20세기가 되어서이다. 근대 미학자들은 건축예술의 본질을 해명하는 데 관심을 기울였다. 건축의 고유성을 규정하는 제 일 요인은 「기능」이고, 제 이 요인은 「형태」였다.

기능이 없이는 건축공간이 성립될 수 없다는 의미로 「기능」은 건축의 본질계기였고, 건축에서 형태 없이는 건축공간이 성립되지 않고 더욱이 지각체험도 불가능하다는 의미로 「형태」는 기능과는 다른 건축의 본질계기였다.

그러나 「공간」은 건축이 갖는 그 최초로부터의 내적인 본질이었고 공간조형이라는 정의를 기초로 하여서 건축공간이 건축 본질의 중심적 계기가 되었다. 이와 같이 건축의 본질규정에 대한 연구는 공간을 중심으로 하여 기능, 형태의 세 방향에서 진행되었다.

01

기능

목적에 따라 분화(分化)한 작용, 활동의 실체로서 어떤 기관이 그 권한 안에서 활동할 수 있는 능력

• 젬퍼(Gottfried Semper)[82]는 저서 「점정적 각서(1834)」에서 '예술은 유일한 주인을 알고 있는데 그것은 필요인 것이다.' 라고 하였다. — 예술의 형성은 필요, 즉 기능 · 목표에 의한 것이다.

• 쉬마르조(August Schmarsow)는 저서 「예술학의 기초개념(1905)」에서 '건축의 목적은 최초부터 어떠한 속박도 부자유도 아니고 건축미의 내

82 **고트프리드 젬퍼(Gottfried Semper)**
「점정적 각서(Vorloufige Bemerkungen, 1834)」
「Wissenschaft, Industrie und Kunst(1966)」

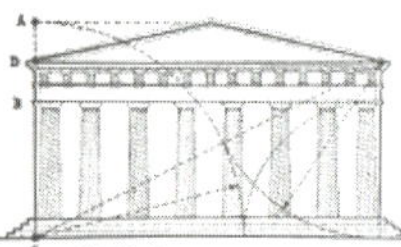

재요인이다.' 라고 하였다. — 기능은 자립적으로 존재하는 것이며 건축미의 내용인 것이다.

• 쥬르코(Edward Robert De Zurko)[83]는 저서 「기능주의 미학의 계보(1957)」에서 '건축형태가 기능에만 충실하고 철저히 기능적일 때 미는 그 결과로 생겨난 경우이다.' 라고 하였다. — 미는 자립적으로 존재하는 것이 아니라 항상 기능에 제약을 받는 것이다.

83 쥬르코(Edward Robert De Zurko)
「Origins of Functionalist Theory(1957)」
「機能主義理論の系譜, 山本學治外譯(1972)」

요한 볼프강 폰 괴테 (Johann Wolfgang Von Goethe)

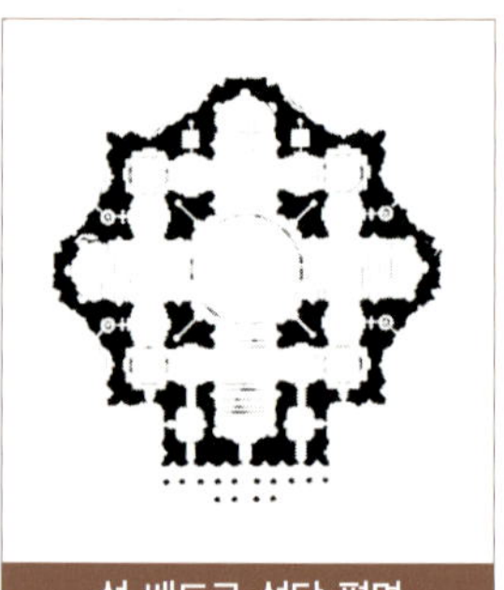
성 베드로 성당 평면

괴테[84]는 저서 「건축예술(BauKunst, 1775)」[85] 중에서 건축에서는 처음으로 높고 낮은 삼단계의 「목적」을 인정하였다. 그 세 가지 목적은 다음과 같다.

첫째, 가장 가까운 목적

둘째, 그 이상의 목적

셋째, 가장 높은 목적

그는 '가장 가까운 목적은 오직 필요를 만족시키는 건축이고,

그 이상의 목적은 유용한 건축이며,

가장 높은 목적은 시(詩)적 건축을 의미한다.' 라고 하였다.

괴테는 '건축의 조영이 예술의 이름으로 가치를 가지려면 필연과 유용을 병행해서 감각적, 조화적인 것을 만들어내야 한다.' 라고 하였다. 이것은 필연과 유용, 즉 「기능」이 미적인 것을 만들어내는 근본으로 보고 있는 것이다.

그는 '건축의 목적은 처음부터 「부여되는 것」이고 더욱이 그 목적은 위계성을 갖고 있는 것이다.' 라고 사고하였다.

84 괴테(Johann Wolfgang Von Goethe, 1749~1832)
독일 시인, 작가. 「파우스트」 등

85 「건축예술(Baukunst, 1775)」, 「Schriften zur bildenden Kunst(1973)」

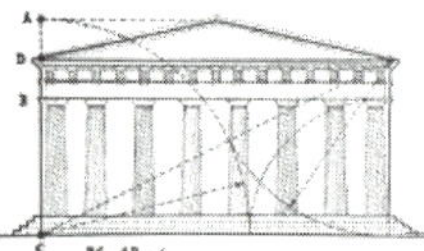

게오르크 빌헬름 프리드리히 헤겔 (Georg Wilhelm Friedrich Hegel)

헤겔[86]은 저서 「미학(Asthetik, 1823~1826)」[87] 중에서 건축은 항상 두 가지 형태로 분리되어 있는데 그 상태가 건축미학의 출발점이라고 고찰하였다.

그 분리란 첫째 인간 혹은 신(神)의 상이 본질적인 「목적」으로 존재하고 있는 것이며,

둘째 건축은 그 「목적」을 둘러싸고 피복하는 수단을 제공하고 있는 것이다.

헤겔의 목적과 수단을 계기로 한 건축론은 다음과 같다.

제1단계는 건축의 기원을 추구하는 것이지만 그 목적과 수단을 구별할 수 없는 것으로 「자립적 · 상징적 건축」이다.

제2단계는 목적과 수단이 분명히 구별되는 것으로 건축은 최초로 자립성을 잃고 목적에 봉사하는 「고전건축」이다.

제3단계는 목적과 수단이 분리되고 통합되는 것으로 새로운 차원의 자립성을 회복하는 「낭만주의 건축」이다.

제1단계인 「자립적 · 상징적 건축」은 그 존재의 의미를 그 자체 속에 갖고 있는 것, 즉 조각이 그 자체로 존립되어 있는 것과 같은 「자립적 건축」이다. 그 건축은 사용목적은 없으며 「민족의 통합을 위한 건축」, 즉 모뉴멘트적으

86 헤겔(Georg Wilhelm Friedrich Hegel 1770~1831)
독일 관념론 시대 철학자, 「정신 현상학」 등

87 「미학(Asthetik, 1823~1826)」

자립적 · 상징적 건축

봉사적 · 고전적 건축

낭만주의 건축

로 건축된 것이다.

그 실례로는 첫째로 바빌로니아성탑, 바벨탑이고 둘째로 오벨리스크, 스핑크스, 이집트 신전 등 이미 건축적 구성을 갖는 조각으로 「건축과 조각 사이를 오가는 건축」이고 셋째로는 인도, 이집트 지하 동굴 건축, 피라미드 등인데 이것은 이미 다른 목적에 종사하는 「고전건축」으로 전환됨을 나타내고 있는 것이다.

제1단계인 「자립적 · 상징적 건축」은 바벨탑뿐이라고 하였는데 그것은 신전이 아니라 신역(神域)이기 때문이다.

제2단계인 「봉사적 · 고전적 건축」은 「원래의 건축」이라고 하였다. '그 합목적성의 개념인 「건축의 미」는 합목적성 속에 존재하고, 그 합목적성이 다른 목적으로 봉사적이기 때문에 그들 자신이 완결된 전체를 조립하는 것이다. 그리고 여러 관계의 음악과 같이 오직 합목적성에 의해서 미로 높여 진다.' 라고 사고하고 「미적이면서 한층 유용한 건축」에 관해 고찰하였다. 이것은 근대 기능주의 미학이 무의식적으로 포괄하고 있는 것이다.

제3단계인 「낭만주의 건축」은 「자립적 · 상징적 건축」과 「봉사적 · 고전적 건축」을 통합하는 것이다. 그러나 이 단계는 봉사성이나 합목적성은 지양되고 건축은 다시 자립성을 회복한 것 같이 보이는 것이다. 그는 「낭만주의 건축」으로 기독교 건축, 특히 고딕 건축을 지적하였다.

헤겔의 목적과 수단에 관한 건축의 삼단계론은 「자립적 · 상징적 건축」이 사실상 존재할 수 없는 것일지라도

목적에 종속하는 형태,

목적에 일치하는 형태,

목적을 넘어서는 형태라는 이론의 전개는 건축미와 기능의 합목적성에 관한 중요한 이론인 것이다.

02

형태

사물의 생김새, 즉 형상과 태도

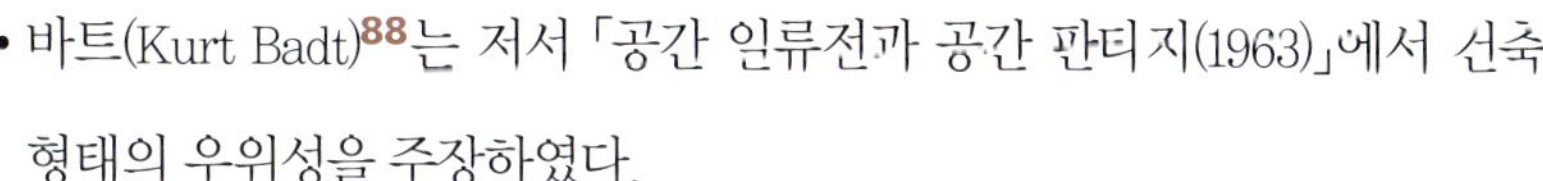

• 바트(Kurt Badt)[88]는 저서 「공간 일류전과 공간 판타지(1963)」에서 건축 형태의 우위성을 주장하였다.

• 바우흐(Kurt Bauch)[89]는 저서 「형태로서의 예술(1962)」에서 '형태란 공간에 관계되고 내용을 가지며 소재에 의해 조형된 예술적 형태' 라고 하였다. — 건축 형태에는 소재와 구조, 조형의 개념이 포함되는 것이다.

88 쿠르트 바트(Kurt Badt)
「공간 일류전과 공간 판타지(Raumphantasien und Raumillusionen, 1963)」

89 쿠르트 바우흐(Kurt Bauch)
「형태로서의 예술(Kunst als Form, 1962)」

• 괼러(Adolf Göller)[90]는 저서 「건축미학(1887)」에서 '건축이란 진실로 가시적인 순수한 형태의 예술이다.' 라고 정의하였다. — 건축형태의 질은 기존의 형식 미학으로부터 이어져야 풍부한 것이 되는 것이다.

• 쇼펜하우어(Artur Schopenhauer)는 저서 「의지와 표상으로의 세계(1819)」에서 '중력과 강성의 투쟁이 건축의 유일한 미적 요소이다.' 라고 정의하였다. — 중력이 대지를 압박하는 의지의 표현이라면 강성은 중력에 저항하는 의지를 표현하는데 이 양자의 투쟁 중에서 건축의 순수미를 구할 수 있는 것이다.

90 **아돌프 괼러(Adolf Göller)**
「건축미학(zur Asthetik der Architektur, 1887)」

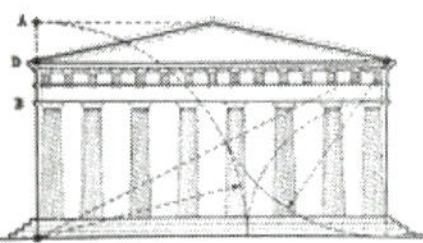

야코브 부르크하르트(Jacob Burckhardt)

부르크하르트(J. Burckhardt)[91]는 저서 「이탈리아·르네상스 역사(1868)」에서 「여러 관계의 하모니」에 대하여 기술하였는데 이것은 르네상스가 구사해 온 비밀의 법칙이고 그가 좋아한 알베르티(Alberti)[92]로 환원하려는 특성을 보인 것이다.

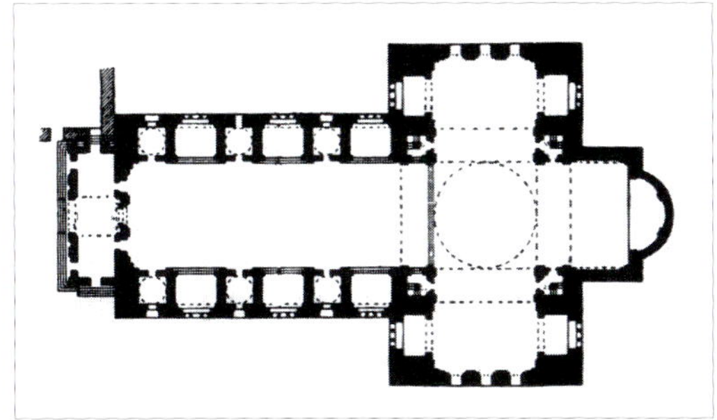

성 안드레아 성당

안드레아 성당은 바지리카 평면에 사용되었던 내부 기둥들을 두꺼운 벽으로 대체하여 중앙 네이브의 천정 구조인 배럴 볼트(Barrel Vault)를 지지하게 하였다. 그리고 중앙 네이브 양측의 연속적인 아일이 열주랑에 의해 종교 의식을 볼 수 없는 결점을 보완하여 크고 작은 체플들을 배치하였다.

알베르티의 「음악적 프로포션」은 르네상스 건축의 생명이었다. 조화(concinnitas)라고 부르는 전체와 부분의 모든 조화에 대한 것이 부르크하르트에게 오직 이론만이 아니라 그 풍부한 감성까지도 이어졌다.

---

91 부르크하르트(Jacob Burckhardt)
「이탈리아 · 르네상스 역사(Geschichte der Renaissance in Italien, 1868)」

92 알베르티(Leon Battista Alberti)
「건축에 관하여(De re Aedificatoria, 1485)」

부르크하르트는 르네상스의 집중식 건축에 대해서 '완성된 이 건축 방법은 르네상스의 여러 이상(理想)을 실현시키고 있다. 절대적인 통일과 심메트리가 공간의 아름다운 분절과 상승을 완성시켜 무의미한 파사드를 없에고 내부와 외부의 조화적인 형성과 빛의 푸르름의 배포를 완성시키고 있다.' 라고 하였다.

부르크하르트가 즐겨 사용한 표현인 「공간의 아름다운 분절」이란 형식미와 공간미의 융합을 표현한 것이다.

그는 예로 피렌체의 몬테 교회에 대하여 '바지리카의 형태가 리드미컬한 공간의 분할과 프로포션에 의해서 로마네스크 최후의, 최고의 성별(聖別)[93]로 받아들여졌다.' 라고 하였다.

그는 형태는 이와 같이 심메트리와 프로포션, 리듬과 하모니가 일체화되는 것으로 받아들였다.

93 성별(聖別)
신성한 일에 쓰기 위해 보통의 것과 구별하는 일

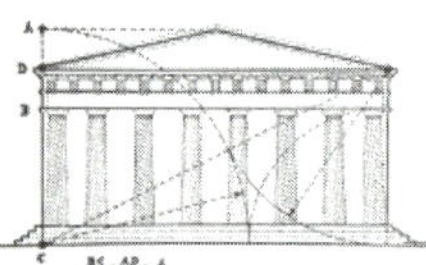

아우구스트 티어쉬(August Thiersch)

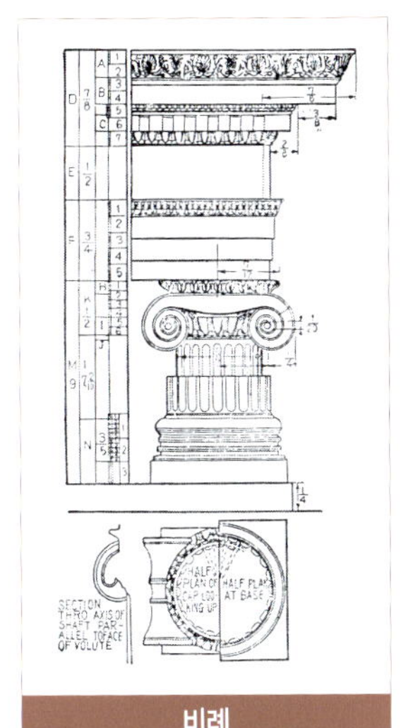
비례

티어쉬[94]는 저서 「건축에 있어서 프로포션(1883)」 중에서 '건축에서 프로포션을 고려하면 건축 작품의 미가 조건지어지고, 그것을 무시하면 그 미는 끝이 보이지 않는다는 것이 법칙이 되었다. 이 법칙을 도출하여 서술하는 것은 학문의 피할 수 없는 과제이다. 우리는 미적 감정을 선천적으로 갖고 있기 때문에 오성에 의해서 파악되고 정당화될 수 있는 판단을 탐구하는 것이다.' 라고 하며 미학의 근본 문제를 지적하였다.

그리고 '미가 감각에 의해서 파악되지 않는다면 미는 영구히 미로에 남겨질 것이고, 미가 오성에 의해 파악된다면 그 법칙을 명확히 함으로써 미의 신비를 해명할 수 있을 것이다.' 라고 하였다.

팔라디오(Andre Palladio)[95]가 저서 「건축 4서」 중에서 '미는 전체의, 부분의, 부분상호 간의, 또는 부분이 전체와 대응한 형태로부터 생기는 것이다.' 라고 강조한 것은 건축 작품의 제 부분은 항상 상호 간에 올바르게 관계되어 있다는 것이다.

티어쉬는 그리스 건축으로부터 고전주의 건축에 이르는 여러 건축의 정면(파사드)를 분석하였고 그중 가장 밀도가 높은 아르카익한 도리스식 신전의 예를 열거하였다.

그것은 '제 일은 게라의 폭과 높이는 프로나오스의 폭과 높이에 대응하고

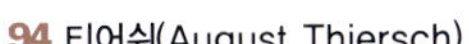

94 티어쉬(August Thiersch)
「건축에 있어서 프로포션(Proportionen inder Architektur, 1883)」
95 팔라디오(Andre Palladio)
「건축 4서(I Quattro Libridell' Architettura, 1570)」, 「The Four Books of Architecture(1965)」

제 이는 기둥의 높이는 기둥간격의 2배로 등분하고,

제 삼은 아키트레브의 높이는 기둥간격의 1/3로 등분한다.' 라는 기본법칙을 명시하였다.

전체와 부분의 관계에 있어서 평면과 입체의 전체로부터 기둥, 아키트레브, 메토프, 트리그리프, 레규라에 이르기까지 1 : 6의 비례 관계가 관철되었다. 그는 '이러한 규칙이 무의식적이고 본능적으로 사유 없는 반복에 의해서 유지되는 것으로는 생각할 수 없다. 이것은 그리스의 공방과 건축조합의 비전으로 전하여진 것이다. 그 최초의 정립은 이전 역사의 우둔함으로 소멸되었더라도 …' 라고 하였다.

해링(Hugo Häring)[96]은 저서 「프로포션(1934)」 중에서 '이들 기본법칙은 미학적 의미를 갖고 있다기보다는 오히려 건축의 구성적 의미를 갖는 것이다.' 라고 하였다.

티어쉬는 건축의 형식 분석을 대개 파사드에 의하였는데 다양한 각 시대의 형식 분석을 끝낸 후에 '여기서 추상적인 법칙으로 알고 있는 그 지식은 누구보다 건축예술가에게는 완벽한 것이 아닌 것이다. 오성으로 미의 의혹에 대한 해명을 시도한 것은 이것이 필요조건일 뿐 충분조건이 아니라는 것이다.' 라고 고백하였다.

그리고 '오성에 의해서 파악되는 것은 전체와 부분 사이의 합법칙성뿐이고 그것이 「미」라고 하는 보증은 어디에도 없는 것이다. 그것을 「미」라고 생각하는 것은 「기능」의 분석을 「미」라고 생각하는 것과 같은 잘못을 의미하고 있다.' 라고 하였다.

96 해링(Hugo Häring)
「프로포션(Proportionen, 1934)」

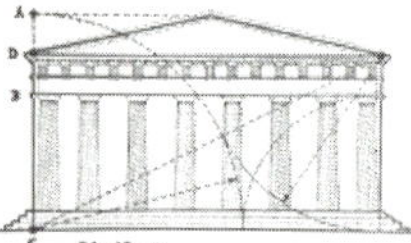

심슨(Otto Von Simson)[97]은 저서 「고딕성당(1956)」 중에서 '미를 완전한 수학적 합법칙성으로 파악하였다. 그리고 수학적 합법칙성을 갖는 형태가 아름답다는 것보다는 그 형태 자체가 아름답기 때문이고 합법칙성이 아름답다는 것은 아니다.' 라고 하였다.

그라프(Hermann Graf)[98]는 '프로포션은 그 자체가 아름답다는 것이 아니라 그것이 형태로 나타날 경우에 그 형태가 아름답다는 것이다. 우리의 「감각」에 의해서만 이해되는 「미」와 「오성」에 의해서만 이해되는 「합법칙성」 사이에는 「감각」과 「개념」 사이에 있는 것 같은 심연이 놓여 있다.' 라고 하였다.

티어쉬는 '파르테논의 형식 분석에 의해서 만족된 우리의 「오성」과 파르테논 앞에 섰을 때에 우리가 맛보는 「미적 감각」과의 사이에는 무한한 간격이 있을 수 있다.' 라고 사고하였다.

티어쉬의 이론은 「형식 분석」에 관한 주요 이론이다.

97 **심슨(Otto Von Simson)**
「고딕성당(The Gothic cathedral, 1956)」
98 **헤르만 그라프(Hermann Graf)**
「프로포션 과제의 입문서(Bibliographie zum Ploblem der Proportionen, 1958)」

03

공간

모든 방향으로 끝없이 널리 퍼져 있는 빈 곳. 그리고 실재성(實在性)을 갖게 할 수 있는 공간

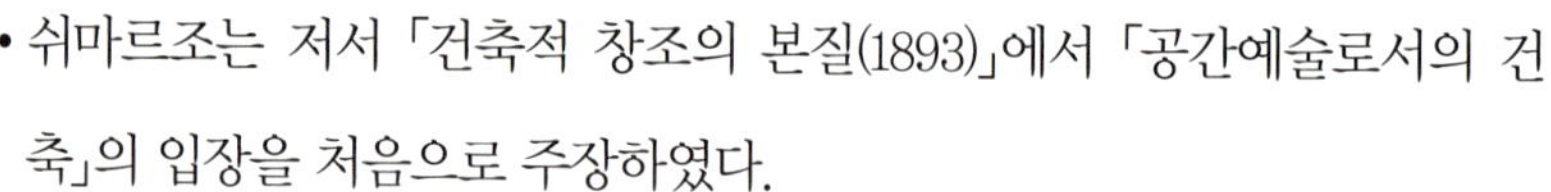

- 쉬마르조는 저서 「건축적 창조의 본질(1893)」에서 「공간예술로서의 건축」의 입장을 처음으로 주장하였다.

- 스코트(G. Scott)는 저서 「휴머니즘 건축(1914)」에서 '제 예술 중 건축만이 공간에 그 전체의 가치를 부여하고 있다.' 고 지적하였다.

- 죄르겔(H. Sörgel)은 저서 「건축미학(1921)」에서 '건축은 凹면의 공간예술이다.' 라고 규정하였다.

프레드리히 빌헤름 죠셉 쉘링 (Friedrich Willhelm Joseph Schelling)

쉘링[99]은 저서 「예술철학(1802~1805)」에서 「건축은 응고된 음악이다.」라고 정의하였다.

그리고 '건축은 음악에 직결된다. 아름다운 건축이란 실제로 눈에 지각되는 음악, 시간이 아니고 공간의 계기에 의해서 파악되는 하모니에 의한 동시적인 협주곡이기 때문이다. 그래서 **건축은 공간의 음악이다.**' 라고 사고하였다.

쉘링은 '음악에 있어서 인터벌(interval)은 시간의 간격이지만 건축에서의 인터벌은 공간의 간격이다.' 라고 지적하였다.

그래서 건축체험에 있어서 중요한 것은 형태 그것의 지각이 아니라 형태에 의해서 이끌어진 인터벌로서의 「**공간 체험**」인 것을 암시하였다.

이와 같이 쉘링은 건축공간론에 대한 미학적 관점을 분명히 제시하였다.

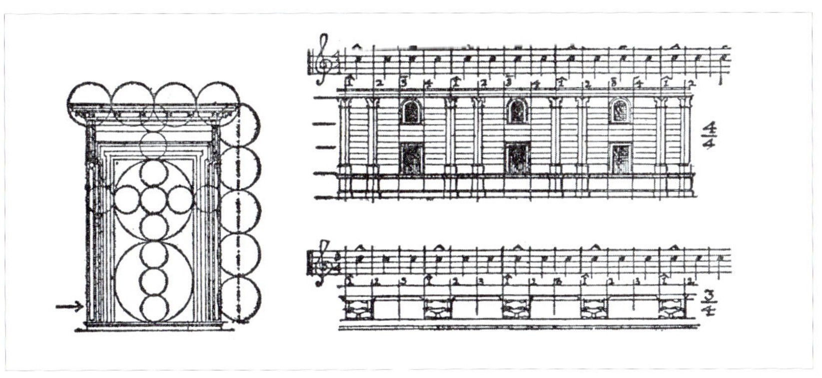

음악과 건축 구성

99 쉘링(F. W. Schelling, 1775~1854)
「예술철학(Philosophie der Kunst, 1802~1805)」

아돌프 폰 힐데브란트 (Adolf von Hildebrand)

힐데브란트[100]는 저서 「조형예술에 있어서 형식의 문제(1893)」에서 '중요한 것은 「시각표상」과 「운동표상」의 대비, 즉 원상(遠像)과 근상(近像)의 대비이다.' 라고 하였다.

'작품을 볼 때 그 전체상을 통일적으로 파악하는 것은 시각의 원상에 의한 것이다. 여기서는 작품이 이차원의 면적인 것으로 나타난다. 그러나 작품을 가까이 할 때 우리들은 그 전체상을 파악할 수 없게 된다. 시각은 운동을 수반한 촉각에 의해 원상을 획득하고 작품은 삼차원의 「공간적인 것」으로 나타나진다.' 라고 하였다.

그는 '공간이란 삼차원의 확장이고 삼차원을 향해서 운동하는 것을 포함한다. 즉 일차원과 이차원에 의해서 구성된 평면은 「깊이」로서의 삼차원이 가해질 때 처음으로 통일된 공간으로 파악된다.'

'「공간표상의 표출로서의 형태」와 「기능 표출로서의 형태」에 대해서 진정한 예술작품은 전자의 「공간가치」와 후자의 「기능가치」를 동시에 조형한 것이어야 한다.'

'우리들의 공간에 대한 관계는 건축에서 그 직접적 표현을 볼 수 있다. 우리들은 그 속에서 움직이는 것만이 아니라 특정의 공간 형성적 작업으로 거기서 기능표상으로부터 독립되고 기능표상은 역으로 특정의 공간가치로서

---

100 힐데브란트(Adolf von Hildebrand)
「조형 예술에 있어서 형식의 문제(Das Problem der Form inder bildenden Kunst, 1893)」

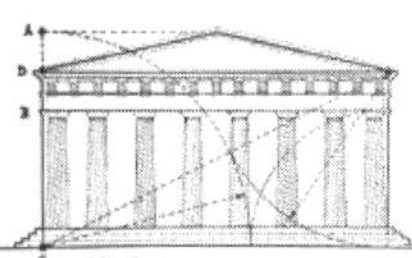

전체작용 중에서 처음으로 특정의 기둥이나 장식이라는 건축형태로 발전하는 것이다.' 라고 하였다.

힐데브란트는 건축에 내재하는 기능가치를 공간가치의 통일 내에서 아래로 파악하고 있음을 잘 표현하였다.

건축공간과 기능 및 형태에 관한 그의 지적은 근대 건축론, 예술론 중에도 시종일관한 이론의 하나다.

부르크하르트에게서 직관적으로 구사되었을 뿐인 공간의 미적가치가 힐데브란트에서 처음으로 「공간가치」로 인정되었다.

얀첸(Hans Jentzen)[101]은 저서 「예술적 공간개념에 관하여(1938)」에서 힐데브란트에게만 「공간미학」의 이름을 부여하였다.

산 미니아토 성당

101 얀첸(Hans Jentzen)
「예술적 공간개념에 관하여(uber den Kunstgeschichtlichen Raumbegriff, 1938)」

2 | 건축미학의 전개 : 공간론

공간론은 시간과 더불어 물체계(物體界)를 성립시키는 기초 형식에 관한 이론이다.

근대 건축론·예술론이 건축의 본질 규정을 연구하는 과정에서 「공간예술로서의 건축」이라는 명제를 해명한 성과로 생겨난 「건축 공간론」은 근대 건축미학의 중심적 과제였다.

조형예술에서 「공간」[102]의 문제는 인가르덴(Roman Ingarden)의 지적과 같이 건축작품의 미적 형성에 관계되는 테마이다. 그래서 건축미학에서는 근원적 탐구로서 「공간의 기초」 규명이 중요한 과제인 것이다.

01

태동기

건축 공간론의 태동기(1860~1900)는 공간개념을 제시한 쉘링에서 시도되었고, 「공간예술[103]로서의 건축」 이념은 부르크하르트에서 발생하였다.

그리고 부르크하르트의 「공간미」[104], 뵐프린의 소박하고 순수한 「공간개념」, 쉬마르조의 「공간형성」 등이 전개되었다.

102 공간(空間, space)
상하, 전후, 좌우로 무한하게 퍼져있는 빈 곳. 감각의 질 또는 감도로부터 분리하여 고찰된 위치, 방향, 대소가 동시에 이루는 연관

103 공간예술
물질적 소재를 써서 일정한 공간을 구성함으로써 형상화되는 예술

104 공간미
공간적으로 나타난 예술품으로 건축, 조각 등의 미

야코브 부르크하르트(Jacob Burckhardt)

부르크하르트는 저서 「치체로네(1855)」에서 '이탈리아 건축의 아름다움을 생기게 한 원동력은 「공간감정과 형식감정」이다' 라고 하였다. 이것은 건축의 생명은 그 공간감정과 형식감정 속에 있다는 것을 잘 표현한 것이다.

그는 건축의 형식미, 양괘미, 기능미 등과는 다르게 순수한 「공간 자체가 갖는 미」, 즉 「공간미」의 이념을 최초로 정의하였다.

'「공간미」의 개념은 형식미, 구조미, 장식미 등의 최상위 개념과 같은 것으로 형태, 구조, 장식 등에 지지되는 「건축 공간」 그 자체의 아름다움을 의미하는 것이다.'

부르크하르트는 저서 「이탈리아 · 르네상스 역사(1868)」에서 '「공간양식」 개념은 명확히 정의할 수는 없으나 르네상스에서 처음으로 가능하게 된 「공간과 형태의 제 관계 양식」을 말한다.' 라고 하였다.

이것은 알베르티가 말한 내부 공간의 입체적 제 관계를 미학적으로 확립한 것에 유래된 것이다.

부르크하르트가 설명한 「공간감정」, 「공간미」, 「공간양식」 등에 대한 미학이론은 건축 공간론을 구성하는데 「아름다운 공간」에 대하여 제한 없는 동경과 찬미의 의미인 것이다.

하인리히 뵐프린(Heinrich Wölfflin)

뵐프린은 저서 「르네상스와 바로크(1888)」에서 '물체적 양괴(mass)의 예술인 건축은 육체존재로서 인간에게만 연계되는 것이다. 건축은 어떤 시대의 생명감정으로 그 모뉴멘탈한 물체의 제 관계로서 현상되고 한정되는 어떤 시대의 표출인 것이다. 그래서 양괴로서의 건축이란 인정할 수 없다.' 라고 하였다.

그는 르네상스로부터 바로크로, 즉 면적인 것으로부터 깊이로의 일련의 발전을 문제로 하였고 거기서 그의 「공간개념」이 정립되었다. 그는 '바로크에 있어서는 인간이 공간에 의해 합쳐지며 그 거대함 속에 침식되었다.' 라고 사고하였다.

뵐프린은 저서 「미술사의 기초개념(1915)」에서 '르네상스 건축이 「존재」중에서 미를 구했다면 바로크 건축은 「운동」 중에서 미를 구하였다. 「공간 개념」은 바로크의 고유한 것으로 보이며 바로크에서는 벽이 진동하고 공간 속의 모든 부분들이 전율하고 있다.' 라고 하였다.

뵐프린은 저서 「이탈리아와 독일의 형식감정(1931)」에서 이탈리아와 독일의 공간형성을 비교하여 이탈리아의 「부동의 공간」과 독일의 「동적인 공간」을 대비하였다.

그는 '독일이 갖는 공간은 이탈리아의 공간과 같이 특정의 한계로 고정된 것이 아니라 공간의 짜임새(경영)를 느끼게 하는 본질적인 것이다.' 라고 사고하였다.

뵐프린은 「공간으로서의 건축」을 인정하였다.

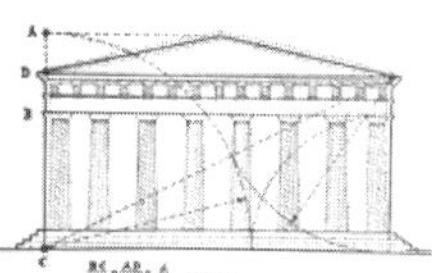

아우구스트 쉬마르조(August Schumarsow)

쉬마르조[105]는 저서 「건축적 창조의 본질(1894)」에서 그 동안에 있었던 「매스(mass)로서의 건축」, 「피복예술로서의 건축」, 「응용예술로서의 건축」 등의 주장을 넘어서 「공간예술로서의 건축」을 처음으로 주장하였다.

팬 보울트, 킹즈 대학 채플

독일 관념론의 미학에서는 「건축은 가장 외면적 예술」 — 헤겔, 「의지의 객관화의 최저단계」 — 쇼펜하우어 등과 같이 건축은 예술의 체계 중에서 가장 낮은데 위치하는 것이 일반적이었다.

쉬마르조는 「위로부터의 미학」이나 「아래로부터의 미학」이 아니라 「내부(속)로부터의 미학」을 추구하였고 그것에 의해서 건축의 기원과 내부적 본질에 관해서 질문을 던졌다.

그는 '건축에서도 중요한 것은 작가의 혼으로부터 출발점을 구하고 관객의 혼으로 그 최종 목표를 보는 것이 건축 본래의 과제' 라고 사고하였다.

그리고 '「공간 감정」과 「공간 판타지」로 공간 주형을 구축하여 예술로서 그 충족을 구하였다. 이러한 예술을 건축이라 부르고 공간 형성자(Reumgestalterin)라 이름하는 것이다.' 라고 하였다.

이것이 그에 의한 「공간 형성으로의 건축」의 최초의 정의였다.

즉 「공간 형성」이란 창작하고 향유하는 주체적인 인간으로부터 출발하고 회귀하는 것이라는 사고였다.

그 후 저서 「예술학의 기초개념(1905)」에서는 '건축이란 그 최초로부터 내

105 쉬마르조(August Schumarsow)
「건축창조의 본질(Das Wesen der architektonischen Schopfung, 1894)」
「Zeitschrift fur Asthetik und allgemeine kunstwissenschaft(1914)」

적인 본질로 해서 공간조형이다.' 라고 간결하게 정의하였다.

쉬마르조는 공간의 삼차원을 주체인 인간의 신체조직으로부터 전개하였다.

그는 '인간은 위로 서 있기 때문에 「높이」가 인간의 제 일 디멘죤으로 체험되고,

팔을 좌우로 벌리기 때문에 「폭」이 인간의 제 이 디멘죤으로 체험되며,

앞으로 걷기 때문에 「깊이」가 인간의 제 삼 디멘죤으로 체험된다.' 라고 사고하였다.

그리고 「높이」에는 프로포션 법칙을,

「폭」에는 심메트리 법칙을,

「깊이」에는 리듬의 법칙을 전개하여

형식미학의 카테고리를 인체의 법칙에서 도입하였다.

그의 「공간」이 「인간」과 한 몸으로 구성된 것은 처음이며 그의 「공간」은 그 당시 이미 실존적 신체공간을 의미하는 중요한 이론이었다.

쉬마르조의 「예술 공간으로서의 건축」의 개념은 그가 기술한 「초기 기독교 바지리카의 고찰」에 잘 나타나 있다.

'교회 입구로부터 아피스를 향하는 율동적인 공간의 높이는 교인들에게 결정적인 「공간체험」을 느끼게 하였다. 그리고 「운동 공간」 중 고창의 역할은 다음과 같다.

이 순수한 시각적 영역은 사상이, 원망(願望)이, 구제(求濟)에 대한 희구가 교민들의 동경이 되어서 이곳은 정신적 의미가 최고의 표현으로 펼쳐진 이상 공간이다.' 라고 기술하였다.

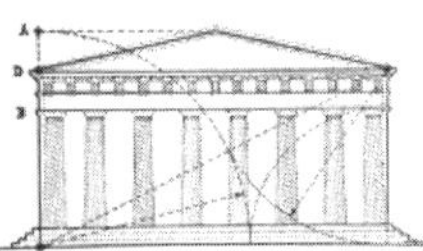

바지리카 교회 내부

그의 「건축 공간」 개념 중에는 이미 그 정신적 의미까지 포함되었다. 그에 의해서 '건축의 역사란 공간 감정의 역사이고… 세계관적 역사의 기본 구성 요소' 가 되었다.

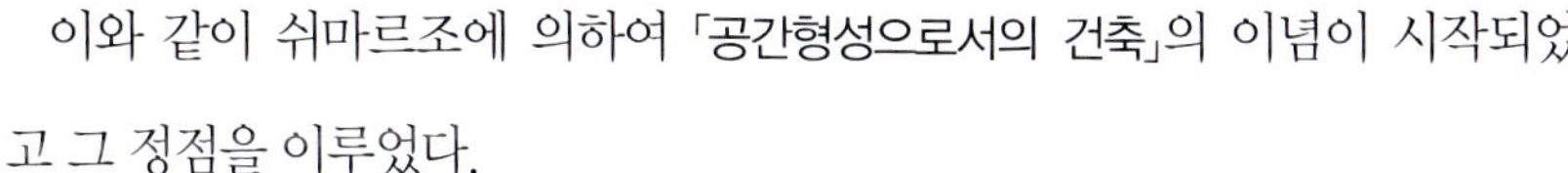
이와 같이 쉬마르조에 의하여 「공간형성으로서의 건축」의 이념이 시작되었고 그 정점을 이루었다.

쉬마르조 이후 핀더(Wilhelm Pinder)[106]가 「확대된 신체로서의 내부공간」이라는 개념을 도입하였고, 메를로퐁티(Maurice Merleau-Ponty)[107]와 스트뢰커(Elisabeth Ströker)[108]는 신체 존재의 공간성으로부터 출발해서 그것을 예술학의 기초에 위치시켰다.

106 빌헬름 핀더(Wilhelm Pinder)
「과거 독일의 내부공간(Imnenroume deutscher Vergangenheit, 1930)」
107 메를로 퐁티(Maurice Merleau-Ponty)
「지각으로의 현상학(La Phonomonologie de la Perception, 1945)」
108 엘리자베스 스트뢰커(Elisabeth Ströker)
「공간을 위한 철학적 조사(Philosophische Untersuchung um Raum, 1965)」

02

발전기

건축 공간론의 발전기(1900~1940)는 「공간감정」을 제시한 뷀프린에서 시작되었고, 「공간미학」 등의 이념은 힐데브란트에서 발전하였다.

그리고 리글의 「공간경계」, 스코트의 「공간가치」, 프랑클의 「건축체험」, 죄르겔의 「공간예술」, 브링크만의 「공간체」, 프라이의 「공간표현」, 크롭퍼의 「공간구성」 등이 전개되었다.

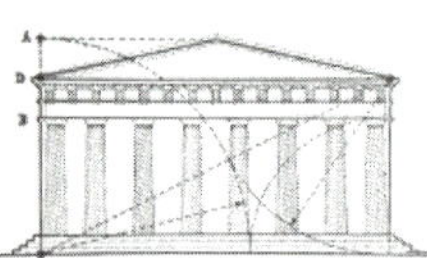

■일원론적 공간개념

일원론적 공간개념은 「공간예술로서의 건축」 이념이 소박하게 승계되고 있는 경우이다.

알로이스 리글(Alois Riegl)

리글[109]은 저서 「로마 제국 후기의 산업예술(1901)」에서 로마 후기의 건축, 회화, 조각, 공예의 「면(面) 또는 공간에 있어서 형태와 색채」를 문제로 하고, 특히 건축과 공예는 예술의욕의 법칙을 가장 순수하게 표출하는 중요한 위치를 차지는 것으로 보았다.

그는 건축의 주요 테마를 「공간 형성」과 「매스 구성」과의 상호관계로 고찰하였다. 여기서 「공간 형성」의 특징은 주로 건축의 내부를 나타내고 「매스 구성」의 특징은 주로 외부를 나타내는 것이다. 그리고 「매스 구성」을 「공간 경계의 창조」라고 하였다.

공간 경계란 이전의 건축의 「매스」 또는 「형태」에 대한 새로운 표현이고 이것은 공간을 경계 짓는 것이라고 하여 「공간개념」의 중요성을 강조한 것이다.

리글의 「공간개념」은 「양식개념」으로까지 상향되었다. 고대 조형예술은 외계의 사물을 그대로 재현하려고 했으므로 그 공허한 공간은 예술창조의

109 리글(Alois Riegl)
「로마제국 후기의 산업예술(Spotrumische Kunstindustrie, 1901)」

대상이 되지 않았다. 그래서 그는 '고대의 조형예술은 공간 존재를 고의로 부정하려 하였다.' 라고 고찰하였다.

리글은 고대예술의 세 가지 발전 단계를 고찰하였다.

제 일 단계는 이집트 예술이다.

여기에는 사물의 엄격한 파악과 「면(面)」에 의한 작품에로의 현상이 주요 테마가 되었다. 이 예술의욕의 제 일 단계에는 사물의 파악과 표현이 공간적 · 시간적인 것이 아니고 「면적, 촉각적, 근시적」인 것이다.

제 이 단계는 그리스 예술이다.

표면에는 음영을 수반한 깊이의 변화가 새겨져 있다. 사물의 파악과 표현은 「공간적, 촉각적, 정상시(視)적」인 것이다.

제 삼 단계는 로마 후기 예술이다.

예술 작품에 있어서 표현은 완전한 삼차원을 획득하였다. 여기서 처음으로 「공간의 존재」가 인정되었고, 사물의 파악과 표현은 「공간적, 시각적, 원시(遠視)적」인 것이 되었다.

리글에 있어서 「촉각적-시각적」, 「근시적-원시적」인 대개념은 이러한 고대 조형예술의 세 가지 발전단계를 규정한 「양식개념」에까지 도달한 것이다.

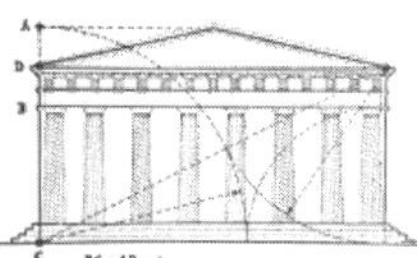

제프리 스코트(Geoffrey Scott)

스코트[110]는 저서 「휴머니즘 건축(1914)」에서 르네상스 건축의 공간에 대하여 미학적으로 명확한 평가를 내렸다.

그는 '제 예술 중 건축만이 공간에 그 전체의 가치를 부여하고 있다. 그리고 공간은 오직 물체의 공허(nega)가 아니라 우리들의 움직임으로 우리들의 정신을 지배하는 것이다.' 라고 지적하였다.

스코트는 「공간 가치」를 제일 중요성을 갖는 것으로 사고하였다.

그리고 교회 건축과 같은 장축 건축의 공간 체험에 대해서 '우리들이 신랑의 끝에 서서 열주를 조망할 때 앞을 향해서 걷게 되는 것은 공간의 성격이 그것을 요구하고 있기 때문이다.' 라고 지적하였다.

로마 제수성당 실내·외

펩스너(Nikolaus Pevsner)는 저서 「유럽건축 서설(1948)」에서 「건축이라는 용어는 미적 감동을 목표로 설계된 건축에서만 사용된다.」라고 하였다. 그는 미적감동은 벽면, 외부, 내부를 취급하는 것에서 생겨나고 벽면은 화가의 수단, 외부는 조각가의 수단이며 내부는 공간에 관계된 것으로 건축가의 고유수단이라고 지적하였다.

그리고 '건축의 역사는 원래 공간을 창조한 인간의 역사이고 역사가는 항상 공간의 문제를 먼저 사고해야 한다.' 고 지적하였다.

110 스코트(Geoffreg Scott)
「휴머니즘 건축(The Architecture of Humanism, 1914)」

■ **이원론적 공간개념**

건축공간개념이 「공간과 형태」의 이원론으로 환원한 경우이다.

파울 프랑클(Paul Frankl)

프랑클[111]는 저서 「근대 건축의 발전 단계(1914)」 중에서 「시각상과 물체, 공간과 목적」을 건축의 네 가지 요소라고 하였다. 이 네 가지 요소는 전체적으로 「건축체험」, 「공동공간(空洞空間)」의 필연적인 구성요소이고 다양한 건축 작품을 구별하는 「최상위 개념」이었다.

그는 이 네 가지 요소에 기초해서 근대건축의 네 가지 발전 단계를 분석하였다.

제 일 단계는 1420년부터 1550년까지로 그 「공간형식」은 「공간 부가의 원리」에 지배되었다. 이것은 각기 독립되어 있는 것을 집합시키고 부가하는 원리인 것이다.

제 이 단계는 1550년부터 1700년까지로 「건축 공간 분할의 원리」에 지배되었다. 여기서 「공간 부가」와 「공간 분할」은 내용적으로는 뵐프린의 「르네상스와 바로크」에 대응되는 것이다.

제 삼 단계는 1700년부터 1760년까지로 건축은 원리적으로 「공간 분할」의 특수한 연장으로 고찰되는 것이다.

제 사 단계는 1870년 이후로 고전주의 건축에는 「부가」와 「분할」의 양 원리가 힘을 잃고 병존하는 것이다.

이 발전 단계는 건축 전체를 네 가지 요소로 분해한 것이 아니고 「건축 공간」 개념이 처음으로 다각적, 종합적으로 파악되어가는 것, 즉 다원론적 개념이 된 것을 지적한 것이다.

111 프랑클(Paul Frankl)
「근대 건축의 발전 단계(Die Entwickelungsphasen der neueren Baukunst, 1914)」

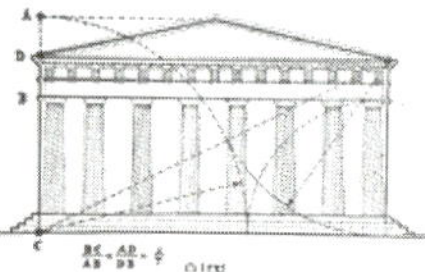

헬만 죄르겔(Herman Sörgel)

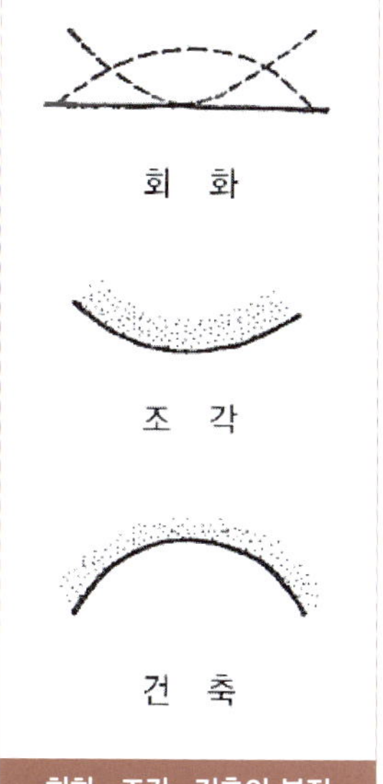

회화 · 조각 · 건축의 본질
점 부분은 실제의 현상을 표시하고 점선은 가상을 표시한다.

죄르겔[112]은 건축예술의 역사와 양식론으로 체계적인 미학을 확립하였다.

그는 저서 「건축미학(1921)」에서 '일반적으로 미학의 문제에는 항상 세 가지 요소가 고찰된다. 이것은 주체와 객체 그리고 주 · 객체의 작용관계이다. 객체 또는 주체만으로는 미적 의미를 가질 수 없고 미적이란 오직 주체와 객체와의 작용관계, 즉 지각내용에 의하여 구해지는 것이다.' 라고 사고하였다.

그리고 '미학의 제 일 방법은 지각내용(知覺內容)을 그 현상적 성격에 따라서 연구하는 것이다. 지각내용의 검토는 더욱 그 속에 있는 합법칙성의 연구에로 진전하는데 거기에서 제 이의 규범적 방법이 생긴다. 즉 예술 작품의 가치평가문제는 형이상학적 연구로 진전시킬 수 있는 것이다.

그래서 미학적 연구는 '경험적 사실 → 지각내용의 현상적 분석 → 규범적 원리의 확립 및 본질의 탐구 → 본질적 인식에 기인한 형이상학적 가치평가' 라는 순환운동을 나타내는 것이다.' 라고 제시하였다.

건축미학의 방법은 기성의 체계로부터 출발한 것이 아니고 대상의 직접적인 지각 또는 대상에 의해 움직여지는 사람과 대상의 작용관계의 고찰로부터 출발하는 것이다.

그래서 건축예술에서는 미적 성격이 문제가 되는데 죄르겔은 그것을 정신적, 오성적, 지각적의 세 가지 내용으로 들고 이 세 가지 방향의 연구를 하나의 공통목표인 건축 본질연구로 종합하였다.

제 일의 방향은 정신적 내용의 분석을 과제로 하여 주로 미의 문제를 취급하고

112 죄르겔(Herman. Sörgel)
「건축미학(Architectur=Aesthetik, 1921)」에서 체계적 건축미학 확립

제 이의 방향은 오성적 내용의 분석을 과제로 하여 주로 목적, 재료, 구조의 문제를 취급하며

제 삼의 방향은 지각적 내용의 분석을 과제로 하여 주로 공간지각의 문제를 취급한다.

죄르겔은 '우리들은 「정신적 내용」·「오성적 내용」·「지각적 내용」이라 표현한 세 개의 길을 동시에 같은 템포로 걷지 않으면 안 되는데 이들의 길을 한 모양으로 진전시켜갈 것을 만들 수도 없으며 순차적으로 걷게 할 작업도 아닌 것이다. 그러나 최종적으로는 공통의 목표로 통하는 것이고 이 종합에 의해서 처음으로 건축예술의 특성이 파악되는 것이다.' 라고 하였다.

그는 건축예술의 미학적 · 체계적 연구가 진행되는 것을 지적하여 이 세 가지의 길 속에 가장 특징적인 「시각적 내용」과 관련해서 「공간형성」으로서의 건축의 문제를 접근하였다.

죄르겔은 '건축은 입체적인 괴(mass)의 예술이다.' 라고 한 뵐플린의 정의와 '건축은 공간형성이다.' 라고 한 쉬마르조의 정의를 대립시켜 다음과 같이 말하였다.

'건축이 「입체적인 괴의 예술」이라고 하면 그 때의 의미는 외면적인 매스, 즉 외부로부터 보여진 건축체이고 내면적인 공간의 볼륨이 아니다. 그런데 건축은 그 본질상 凸면체로서가 아니라 凹면체상의 공간으로서 파악되어야 한다. 건축이 입체형식에 의한 공간 형성이라고 할 때 그 목적은 「공간 형성」이고 입체형식은 그것의 수단에 지나지 않는다.'

'평면이나 입체나 공간이라는 말은 회화 · 조각 · 건축에 자주 사용되는 언

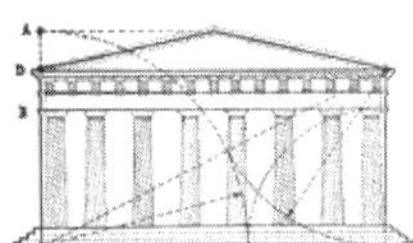

어이지만 회화의 입체가치나 공간가치 혹은 조각의 평면가치나 공간가치에 관해서 말할 때에는 비유적인 의미로도 사용된다. 그래서 평면 · 입체 · 공간은 회화 · 조각 · 건축의 형성법칙으로 이해되어야만 한다.'

죄르겔은 이 세 가지 예술의 본질상의 차이를 도식화하였다(그림 회화 · 조각 · 건축의 본질).

그리고 '건축은 매스(mass)의 예술인 삼차원 조각도 아니고 빛과 색의 예술인 이차원 회화도 아닌 사차원의 예술, 즉 「공간예술」을 본질로 한다.' 라고 정의하였다.

그러므로 본질적으로 건축은 회화나 조각이 없이도 독자의 예술로서 성립될 수 있는 것이다.

죄르겔의 「건축미학」과 같이 프리츠 쉬마헤르(F. Schmacher)[113]가 건축의 미학적 연구를 시험하였지만 여기서도 죄르겔류의 「공간 형성」이라는 건축의 입장이 반복 강조되었다.

113 쉬마헤르(F. Schmacher, 1869~1947)
「건축 예술의 정신(Der Geist der Baukunst, 1938)」

알버트 에리히 브링크만 (Albert Erich Brinkmann)

사도조상

브링크만[114]은 저서 「조소와 공간(1922)」에서 조소와 공간이라는 두 가지 기본형식이 시대와 어느 정도 관련이 있다는 것을 건축사의 주요 테마로 논하였다.

그는 '고딕에 있어서는 조소적 물체가 공간 표상에 우선되고 르네상스에 있어서는 공간형식과 조소형식이 조화를 이룬다.

이탈리아 초기 바로크는 공간부분과 조소체와의 「율동화」가 문제가 되고, 이탈리아 성기 바로크는 조소체와 공간체와의 상호관입이 문제된다.

독일 로코코에는 양자의 관계가 이미 고양되어서 고전주의에는 공간과 조소가 단순화되고 근대에는 양자가 모두 그 내실을 잃어 버렸다.' 라고 하였다.

그는 '공간, 공간표상, 공간형식, 공간부분, 공간체가 조소, 조소적 물체, 조소형식, 조소부분, 조소체에 대응하고 있다. 이것들의 제 개념 중에 가장 문제가 되는 것은 「공간체」라는 개념이다.

공간과 조소의 대비가 여기서는 공간체와 조소체의 대비가 되고 조소의 정반대로의 공간이 그 정반대로서의 물체와 결합하여 「공간체」라는 개념을 구성하고 있기 때문이다.' 라고 하였다.

그리고 '고딕에서는 공간과 「공간이념」이 엄연히 존재하고 그것을 가능하게 한 것이 조소적 형태이다.

---

114 브링크만(A. E. Brinkmann, 1881~1958)
「조소와 공간(Plastik und Raum als Grundformen Kunstlerischer Gestaltung, 1922)」

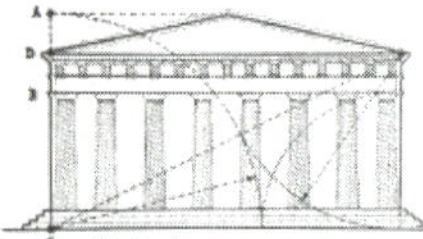

조소와 공간은 동시대에 생겨나고 양자는 상호의존의 관계에 있는 것이다. 즉 다른 공간 이념이 다른 형태를 생기게 하고 역으로 다른 형태로부터 다른 공간이 체험된다.' 라고 하였다.

이와 같이 브링크만에 의해서 「공간과 조소」의 이원론이 확립되었다.

주커(Paul Zucker)[115]는 저서 「건축미학(1919)」에서 '건축은 공간예술로 파악하지 않으면 피라미드나 탑상 건축을 이해할 수 없을 것이다.' 라고 하였다. 건축이 「공간예술」인 것은 명확한 것이더라도 동시에 「매스의 예술」인 것은 인정할 수밖에 없다. 그는 여기서 '물체와 공간의 이원론을 인정하고 그 방향에 삼차원적인 것을 미적 상관개념으로 해명한 것 같이 기초 개념을 보아야 한다.' 라고 하였다.

주커는 저서 「건축에 있어서의 시간개념(1924)」에서 공간과 형태의 이원론을 주장하고 동시에 극복을 의도하였다.

115 폴 주커(Paul Zucker)
「건축미학(Architektur = Asthetik, 1919)」

다고베르트 프라이(Dagobert Frey)

프라이[116]는 저서 「건축의 본질 규정(1925)」에서 '건축의 본질 규정은 물질에서 구해 왔는데, 공간성에서 구하게 되었으므로 이제까지의 건축론인 「매스 형성으로의 건축」이 「공간 형성으로의 건축」으로 이전되었다.

건축이 물체적 형태라면 그것은 조각과는 구별되지만 건축이 공간표현이라면 같은 공간을 표현하는 회화와는 어떻게 구별되는가, 여기서 중요한 것은 각 예술작품의 현실성의 문제이고 그것만이 「공간과 형태」의 이원론을 극복하는 제 삼의 요인인 것이다.' 라고 하였다.

그는 '회화와 조각은 「현실」과는 다른 이념적 세계를 표현하는데 대해서 건축은 「현실」 속의 미적 대상으로 확고하게 존재하는 것이다.' 라고 사고하였다. 이 현실 중에는 건축의 기능이라는 모티브를 포함하고 있다. 그리고 '건축은 단순한 현실이 아니고 「미적 현실」이어야만 한다.

그런데 단순한 「현실」이 「미적 현실」이 되는 것은 나의 존재가 미적 현실 중에 받아들여 저서 스스로 미적 현실이 되어 갈 때를 말한다. 다른 조형예술에서는 우리들이 「관조자」에 지나지 않지만 건축 중에는 우리들이 「공연자」가 된다.' 라고 하였다.

프라이는 처음으로 「미적 공간과 자아공간의 동일화」를 문제로 대두시켰는데 이것은 결정적인 중요성을 갖는 이원론적 이론인 것이다.

---

116 프라이(Dagobert Frey)
「건축의 본질 규정(Die Wesensbestimmung der Architktur, 1925)」
「예술학적인 본질적 문제(Kunstwissinschaftliche Grundfragen, 1972)」

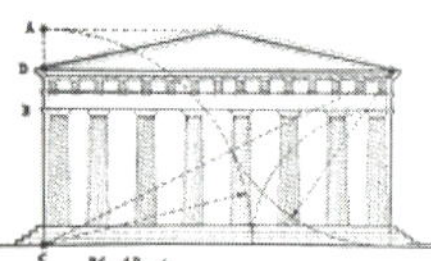

파울 크롭퍼(Paul Kropfer)

크롭퍼[117]는 저서 「건축적 공간의 미학에 관하여(1940)」에서 건축의 본질을 「텍토니쉬(Tektonisch)」와 「스테레오톰(Stereotom)」의 이중성으로 인정하였다.

「텍토니쉬」는 기본적으로 벽체와 지붕에 의해서 조립되는 방법, 즉 공허한 공간을 서서히 채워가는 방법이고 「스테레오톰」은 반대로 궤(mass)로부터 공허한 공간을 잘라가는 방법이다.

그는 이 서로 대립한 특성에 의해서 건축양식을 두 가지 방향으로 고찰하였고 「텍토니쉬」한 건축의 예로서는 그리스 신전을, 「스테레오톰」한 건축의 예로서는 고딕 교회당을 들었다.

「텍토니쉬」한 건축에는 내부공간이 외면적 형식의 결과인데 대해서 「스테레오톰」한 건축에서는 외면적 형식은 내부공간의 부수적 요구에 지나지 않는다. 「텍토니쉬」한 건축에서는 형식이 지배적인 것으로 내부의 가치가 억압받는 것에 대해시 「스테레오톰」한 건축에서는 무엇보다도 내부공간의 구성이 건축구성의 목표가 된다는 것이다.

크롭퍼는 「텍토니쉬」한 건축의 미가 이데아의 명료한 표현이고, 즉 하중과 지지 사이의 투쟁 표현인 것에 대해서 「스테로오톰」한 건축의 공통적 특성은 인간적인 척도를 넘어서는 것, 즉 숭고의 개념으로 설명하고 있다.

공간 예술 중 건축예술에서 「공간구성」 작업에 의한 두 가지 상이한 유형을 인정한 것은 이원론적 의미인 것이다.

포세이돈 신전

퀼른 성당

---

117 크롭퍼 (Paul Kropfer)
「건축적 공간의 미학에 관하여(Zur Frage der Aesthetik der Architektonichen Raumes, 1940)」

03

성숙기

건축 공간론의 성숙기(1940년 이후)는 공간 개념에 시간 개념을 포함시킨 프라이에서 발아되었고, 「공간 · 시간」의 개념은 기디온에 의해서 보급되었다.

그리고 기디온의 「공간감정」, 에서의 「소여성공간」, 바인베르크의 「절대공간」, 괴닐의 「공간체험」, 지오딕케의 「지각공간」 등이 전개되었는데, 이 시기에는 「건축공간 개념」에 대한 비판적 검토도 진행되었다.

이후 「공간예술로서의 건축」 이념은 제비(B. Zevi), 노르버그 슐츠(C. Norberg Schulz)로 이어졌으며 그 후 「공간 개념」은 침잠되었다.

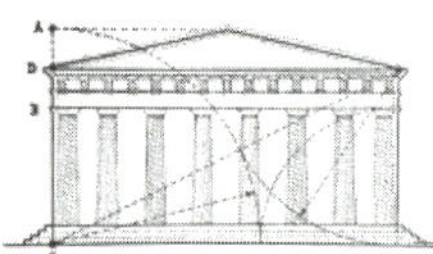

지그프리드 기디온(Sigfried Giedion)

기디온은 저서 「공간 · 시간 · 건축(1941)」 중에서 '사회적, 경제적 및 기능적인 영향은 과학으로부터 예술에 이르는 모든 인간의 활동에 대단히 중요한 역할을 연출하였다. 그러나 이외로 우리들이 동시에 고려해야 할 것은 바로 특별한 요소인데—이것은 우리들의 「감정」이고 「정서」이다' 라고 하였다.

그는 우리들의 공간, 그것이 우리들의 감정을 해방시키는 바로 그것이고 과거에는 없었던 우리들의 생활공간에 풍요함을 보증하는 것임을 밝혔다. 이것은 새로운 공간 개념으로 「**공간의 감정**」을 지적한 것이다.

기디온은 새로운 공간지각에 대해서 '근대 미술에서는 르네상스 이래로 시작된 새로운 공간개념에 의해서 우리들의 공간지각 방법을 스스로 의식하고 확대해 나가게 되었다. 이 가장 완전한 성취는 입체파(Cubism)로 보인다' 라고 하였다.

그리고 '입체파는 그 대상의 주위를 돌아보고 대상의 내부로 들어간다. 그래서 수 세기에 걸쳐서 구성적 사실로 우위를 점하고 있던 르네상스의 삼차원에 사차원, 즉 「시간」이 가해진 것이다' 라고 주장하였다.

이것이 기디온의 시(詩) – 공간(空間)에 관한 「사차원의 공간 개념」이다.

칼 하인츠 에서(Karl Heinz Esser)

에서[118]는 논문 「체험공간으로서의 건축 공간(1940)」에서 「예술학적 본질 및 개념 규정」, 즉 건축 공간의 개념형성에 관한 난해한 서술 중 「체험 공간」으로 불리어진 「내부 공간」의 본질을 개념적으로 명확히하려 하였다.

그는 '공간은 감각적으로 지각된다.' 라는 문제에 대해서 '공간은 사물적인 것도 아니고 감각적으로 지각될 수도 없는 것이지만 비교적 비소재적 확대를 갖는 소여성(所與性)이다.' 라고 사고하였다.

소여성[119]이란 「부여된 것」, 즉 이것은 무엇인가에 의해서 부여된 것을 말한다. 여기서 무엇인가란 명확히 사물적이고 소재적이며 감각적으로도 지각되는 것이다.

에서는 감각적으로 지각되어진 건축형태와 형태 사이의 비소재적인 소여성 공간, 즉 프랑클(P. Frankl)의 「공동공간」과 같은 의미의 「체험공간」을 명확히 하였다.

그의 「체험 공간」은 오직 동일하게 놓인 다른 형상의 관찰에 의해서 순수하게 오성적으로 확인되지만 관념적으로는 파악되지 않는 인간의 직접적인 자체 지각에 의한 소여성 공간인 것이다.

그의 「건축 공간」은 건축 형태의 공허(nega)로서 추상적으로 체험되어지는 것이 아니고 형태에 의존하지 않으면서 그 자체로서 생생하게 체험되어지는 「체험공간」인 것이다.

에서의 이론은 공간론에 대한 비판적 음미인 것이다.

---

118 에서(Karl Heinz Esser)
「체험공간으로의 건축 공간(Der Architectur = Raum als Erlebnisraum, 1940)」
119 소여(所與)
사유에 의하여 가공되지 아니한 직접적인 의식 내용

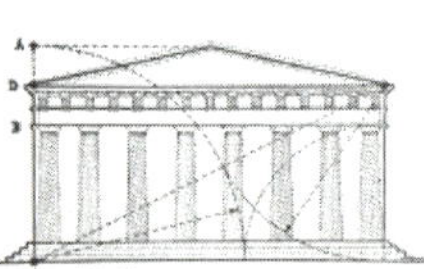

귀도 카쉬니츠 폰 바인베르크 (Guido Kaschnitz von Weinberg)

바인베르크[120]는 저서 「고대 이탈리아 = 로마 구조를 위한 비교연구 - 건축(1944)」에서 「건축은 물체와 공간과의 관계가 절대적, 직접적 현상 형태로 표출된 것」이라고 사고하였다.

판테온

그는 '그리스 건축에서 「절대 공간」은 그것이 직접 인간과 관계된 것이 아니다. 공간은 물체적, 조소적 요소의 조합된 결과로 생겨나는 것에 지나지 않는다.' 라고 하였다.

판테온 내부

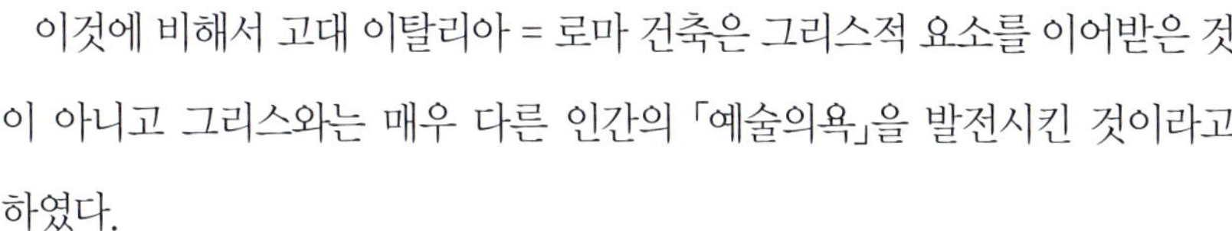

이것에 비해서 고대 이탈리아 = 로마 건축은 그리스적 요소를 이어받은 것이 아니고 그리스와는 매우 다른 인간의 「예술의욕」을 발전시킨 것이라고 하였다.

그 예로 판테온에는 벽이나 매스(mass)가 있더라도 그 조형 본래의 목적은 「물체」가 아니다. 그것은 「물체」로 둘러진 「공간」이었고 거기에 처음으로 오직 넓음으로의 공간이 조형의 절대적 매개자로서 창조적 프로세스의 중심으로 등장한 것이다.

바인베르크는 이 문제를 「공간체험」의 질(質)의 문제까지 발전시켰다. 이러한 변화는 관자(觀者)의 공간체험의 질에도 결정적인 영향을 준 것이다.

그리스에서는 「자기와 물체와의 동일화」가 문제였다면 로마에서는 「자기와 공간과의 동일화」가 되어야 하는 것이다.

120 바인베르크(Guido Kaschnitz von Weinberg)
「고대 이탈리아=로마 구조를 위하 비교적 연구-건축(Vergleichende Studien zur italisch-romischen Struktur Baukunst, 1944)」 「Kleine Schriften zur Struktur(1965)」

이와 같이 그에 의해서 「건축 공간과 실존 공간의 동일화」로까지 발전되었다.

바인베르크의 이론은 양식론적 공간 개념에 관한 것이다.

쉔(Wolfgang Schone)[121]은 저서 「고대 서구의 교회 건축에 있어서 빛과 색채와 공간조형에로의 기여(1961)」에서 공간을 「물체 사이의 공간」으로 제한하였다.

그는 「물체 사이의 공간」을 내부공간과 자유공간, 중정공간의 세 가지 타입으로 분류하였다. 내부공간과 자유공간이란 그림자와 빛과 같은 정반대적인 것이 아니고 중정공간은 양자를 매개하는 것이라고 하였다.

그리고 '그리스 신전은 물체로서 오직 외부로 방사하기 때문에 인간의 물체감각에는 호소하지만 공간감각에는 호소하지 않았다.' 라고 하였다.

---

121 볼프강 쉔(Wolfgang Schone)
「고대 서구의 교회 건축에 있어서 빛과 색채와 공간조형에로의 기여(uber den Beitrag von Licht und Farbe zur Raumgestaltung im Kirchenbau des alten Abendlandes, 1961)」

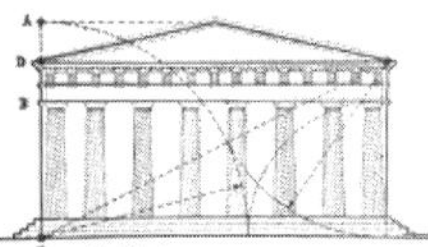

율라 보그트 괴닐(Ulya Vogt-Göknil)

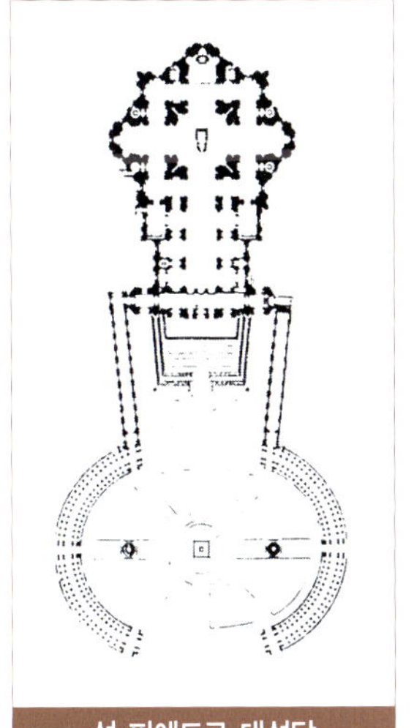
성 피에트로 대성당

괴닐[122]은 저서 「건축의 기초이념과 주위의 공간체험(1951)」에서 '건축 공간은 종합체험이고 전체체험이다.' 라고 사고하였다.

그는 '우리가 공간을 둘러싸인 공간으로 체험하고 그 체험을 선입관으로 갖고 표현하는 종합체험에 관해서 우리들의 표현은 공간경계와 그 내적 운동 및 그 집합상태에 관한 표현을 포함하고 있는 것이다.' 라고 하였다.

괴닐은 「건축 공간」의 전체 체험을 분석하였는데 이것은 이제까지의 형식 분석을 포괄한 것이다.

그 예로 비잔틴 건축으로 대표된 「광대한 공간」의 체험은 가벼운 분위기를 창출하였고 그런 이유로 벽은 물질성을 잃었고 여러 방향으로 확산되었다.

로마네스크 건축으로 대표된 「협소 공간」은 「광대 공간」과 정반대인데 이와 같은 공간의 경계는 측정하기 어려운 물체의 매스(mass)이지만 인간은 그 속에서 여러 방향으로부터의 「압박」을 감지할 수는 없었다.

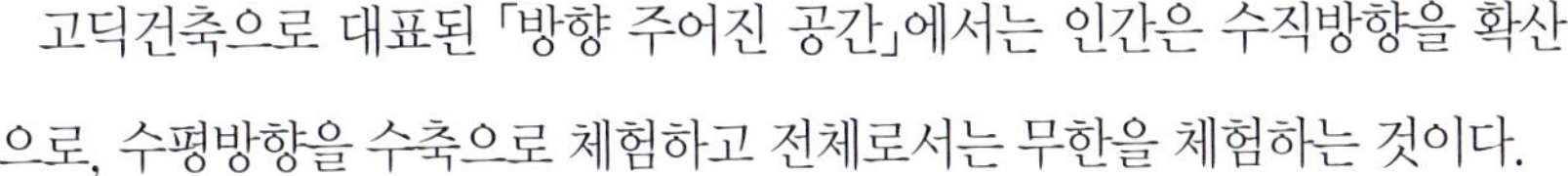

고딕건축으로 대표된 「방향 주어진 공간」에서는 인간은 수직방향을 확산으로, 수평방향을 수축으로 체험하고 전체로서는 무한을 체험하는 것이다.

괴닐은 '「둘러싸인 공간체험」이란 「넓음」, 「좁음」, 「방향 주어짐」 공간의 세 가지 전형에 의해 분석된 것을 말한다.' 라고 하였다.

「넓음」, 「좁음」, 「방향 주어짐」에 의해서만 건축공간의 전체 체험을 규정

122 괴닐(Ulya Vogt-Göknil)
「건축의 기초이념과 주위의 공간체험(Architektonishe Grundbegriffe und Umraumerlebnis, 1951)」

하는 것은 무리한 것이지만 공간체험의 종합성을 강조한 것은 공간 개념상 새로운 것이다.

괴닐의 이론은 일원론적 공간개념에 관한 것이다.

아벨(Adolf Abel)[123]은 저서 「건축에 있어서 공간의 본질(1952)」에서 '「공간의 기원」은 내적인 것이고 그 깊음은 「공간의 심포니」' 라고 하였다. 그는 「공간」도 각각의 음악을 갖고 있고 공간의 신비는 바다와 같이 끝이 없는 것이며 공간의 신비만이 건축의 가장 본질적인 것이라고 보았다.

포실론(Henri Focillon)[124]은 저서 「형태의 생명(1955)」에서 '건축하는 사람은 공허하지 않으며 형태의 거처를 정하는 일을 내포하고 있다. 그리고 공간으로 돌려주는 작업을 진행시키므로 그는 확실하게 조각가와 같이 공간을 외부에서나 내부에서나 똑같이 살 붙임을 하는 것이다.' 라고 사고하였다.
이것은 「공간과 형태」를 통일로 파악한 것이고 「공간과 살 붙임」은 형태를 매개로 한 것이며 「형태의 생명」은 곧 「공간의 생명」이라는 사고였다.

123 아돌프 아벨(Adolf Abel)
「건축에 있어서의 공간의 본질(Vom Wesen des Raumes inder Baukuns, 1952)」
124 헨리 포실론(Henri Focillon)
「Viedes Formes(1955)」, 「形の生命, 杉本季太郎, 岩波書店(1969)」

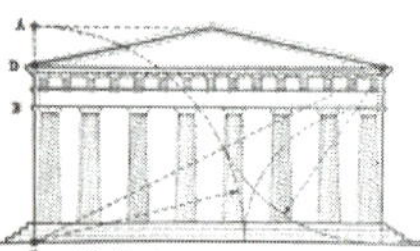

유르겐 지오딕케(Jurgen Jeodicke)

지오딕케[125]는 논문 「건축 공간론을 위한 예비적 각서(1968)」에서 공간을 「지각하는 공간(주관적 공간)」과 「측정하는 공간(객관적 공간)」으로 구별하고 '공간이란 장과 장 사이 관계의 총체이다.' 라고 정의하였다.

구겐하임 미술관 내부, 프랑크 로이드 라이트

그는 「건축 공간」을 「지각 공간」으로 도입하였으며 장과 장 사이 관계가 무한히 커져서 「지각 공간」이 존재하지 않는 상태를 「물체」라고 사고하였다.

그리고 양자의 관계에 관해서 「물체」는 농밀한 공간이고 「공허」는 희박한 공간이라고 정의하면서 물체와 공간, 공허와 공간의 이원론을 포기하고 '물체와 공허를 통일적인 공간개념의 극한상황으로 이해할 수 있다.' 라고 지적하였다.

이것은 물체와 공간의 이원론을 의식적으로 극복하려는 것으로 중요한 것이다.

아른하임(Rudolf Arnheim)[126]은 저서 「건축 형태의 다이나믹(1977)」에서 「공간이란 무엇인가」라는 의문에 대해 두 가지로 답하였다.

첫째는 「공간이라는 용기로서의 공허」이고 둘째는 「공간이란 사물 사이의 관계」이다.

---

125 지오딕케(Jurgen Jeodicke)
「건축공간론을 위한 예비적 각서(Vorbemerkungen zu einer Theorie des Architektonischen Raumes, 1968)」
126 루돌프 아른하임(Rudolf Arnheim)
「건축 형태의 다이나믹(The Dynamics of Architectural form, 1977)」

그래서 「사물 사이의 관계」가 적어지게 되면 두 사물은 하나로 합체가 되고 사물 사이의 관계가 커지면 두 사물 사이의 관계는 소멸한다.' 라고 하였다.

그는 공간이란 「사물에 의해서 만들어지는 공간」을 의미하지만 「용기로서의 공간」도 그 배경을 구성하는 의미를 갖는다고 하였다.

마이젠하이머(Wolfgang Meisenheimer)**127**는 저서 「건축에 있어서의 공간(1964)」 중에서 건축 공간은 오직 형식적으로 존재하는 것으로 '물질에 결합되고 예술적으로 조형된 공간' 이라고 하였다.

그는 내부 공간과 조소적 건축체 그리고 외부 공간이라는 「삼중의 공간현상」을 사고하였는데 창조된 「건축 공간」은 공허한 여백이 아니고 「내용에 만족되는 공간현상」을 의미한다고 하였다.

하이데거(M. Heidegger)는 저서 「건축한다, 거주한다, 사유한다(1951)」 중에서 「공간형성으로서의 건축」을 직접적으로도 간접적으로도 부정하였다.

127 볼프강 마이젠하이머(Wolfgang Meisenheimer)
「건축에 있어서의 공간(Der Raum inder Architektur, 1964)」

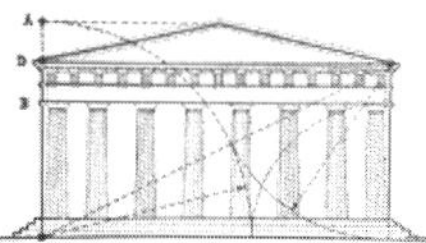

3 | 건축미학의 방향

근대 건축미학의 방향은 고대 이후 건축사상의 발전을 규정하는 것과 근대 건축양식의 발전을 규정하는 것이었다.

쉬마르조, 죄르겔 등에 의해서 고전주의적 건축관은 근대적 건축관으로 대체되었다. 이 새로운 건축관의 요구는 근대 건축양식의 형성에 실제적으로 수반되었다.

일반적으로 19세기 이후에는 건축에서도 회화운동과 같이 여러 가지 이즘(ism)이 보였다. 이 여러 가지 주의주장의 공통된 성격은 「현실성」과 「공간성」의 문제였다.

이 두 가지 문제는 건축의 본질적 성격에 관한 특유한 문제였으며 동시에 회화나 조각의 문제도 되었다.

01

공간, 시간, 건축

상대성이론에 의한 사차원의 시공세계(時空世界)와 건축

기디온은 공간표상의 물리학적 구조형태와 공간 예술적 구조형태의 근원적 상관관계를 새롭게 모색하고, 「공간 개념」에 공간 속에서 체험되는 분위기, 즉 공간감정을 시간으로 대치시켜서 「공간 · 시간 개념」에 이르게 하였다.

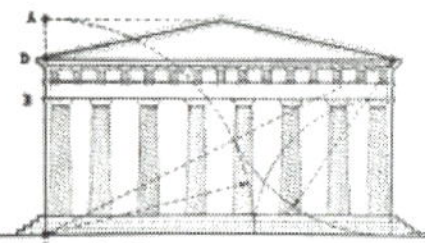

레지날드 하워드 윌렌스키 (Reginald Howard Wilenski)

윌렌스키[128]는 저서 「예술의 현대 운동(1935)」에서 근대건축의 중요한 방향을 **건축적 예술**(Architecture Art)로 인정하였다. 이것은 건축예술이 어느 분야보다 종합예술인 것을 확인시키는 중요한 계기를 제공한 것이다. 그리고 근대 작가의 공통적 경향으로 화가나 조각가의 제작 태도가 건축가의 태도에 접근하고 있다는 것을 지적하였다. 이것은 건축가에 의한 자연의 재현 문제는 화가나 조각가에 의한 재현 문제보다는 중요한 것이 아니라는 것이었다.

구성적 회화, 세잔

인상파 모네(Claude Monet)가 빛의 관계를 건축적 색채로 표현한 것 같이 세잔(Paul Cezanne)은 빛에서 나타난 형태의 관계를 상징화하기 위해서 건축적 구성 방법을 도입하였다. 건축적 예술 또는 건축적 구성이라는 말은 비유적인 것이 아니라 근대에서 예술표현의 문제가 공간개념을 계기로 하여 전개된 것을 나타내는 것이다.

예술의 표현 방법은 회화도 세잔을 전환의 시점으로 하였는데 그 과제도 자연 묘사보다는 건축적 구성으로 향한 것이다.

128 윌렌스키(R. H. Wilenski)
「예술의 현대 운동(The Modern Movement in Art, 1935)」에서 순수예술과 건축예술의 종합방향을 지시하였다.

지그프리드 기디온(Sigfried Giedion)

기디온[129]은 예술표현의 변혁은 자연과학 또는 철학적 공간개념, 시간개념의 변혁과 관계있는 것으로 보았다.

당시 아인슈타인은 저서 「운동 물체의 전기역학에 관해서(1905)」에서 상대성 원리를 주장하고, 또 민코프스키가 1908년 공간과 시간의 종합체로서 사차원의 세계를 사고하였다.

이 시기에 입체파 및 미래파의 화가들은 르네상스 이후의 원근법적 표현을 거부하고 새로운 공간, 새로운 시간에 부응하는 표현수단을 탐구하였다.

그래서 입체파 초기의 특징인 「동시시각성」, 「투시성」 및 「상호관련성」이라는 성격은 현대 건축의 특징이 되었다.

기디온은 스승 뵐플린의 사관을 받아들여 회화 표현과 건축구성 표현을 규정하는 근거를 추구하여 공간 · 시간의 개념에까지 이르렀다.

그의 저서 「공간 · 시간 · 건축(1941)」이 그것이다.

그리고 공간 표상의 물리학적 구조형태와 공간 예술적 구조형태의 근원적 상관관계를 모색하는 방향의 새로운 건축미학을 성립시켰다.

기디온은 저서 「후기 바로크적 · 낭만적 고전주의(1922)」에서,

「공간은 둘러 쌓임에 의해서 만들어지지만 그 속에는 분위기라는 측정할

129 기디온(S. Giedion)

「공간 · 시간 · 건축(Space, Time and Architecture, 1941)」은 미국 하버드대학 객원교수(1938~1939) 시의 강의록이다.

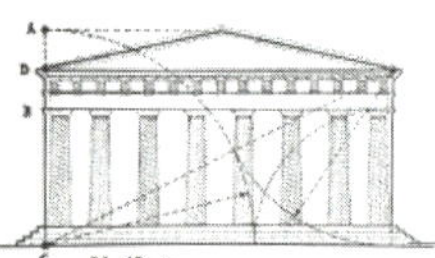

것이 생성되었다. 벽으로부터 공간으로의 비약은 반드시 체험될 수 있는 것이다.」라고 하여 공간감정을 대두시켰다. 그래서 기디온의 「공간 개념」은 이러한 「**공간감정**」과 동의어라 할 수 있다.

기디온은 유고인 「건축과 그 변천 현상(1969)」에서 「세 가지 공간 개념」을 전개하였는데 이 이론은 그의 저서 「영원의 현재(1962)」에서 이미 발표된 것으로 다음과 같다.

제 일의 공간 개념은 메소포타미아로부터 이집트, 그리스까지를 포괄하는 「조소적 건축」이고 그 공간 개념의 특징은 피라미드로부터 파르테논에 이르는 조소적 표현이다.

제 이의 공간개념은 고대 로마로부터 중세, 르네상스, 바로크까지를 포괄하는 「내부 공간으로서의 건축」이고 그 공간 개념의 특징은 판테온으로부터 19세기 건축에 이르는 내부 공간의 발전이다.

제 삼의 공간 개념은 20세기 건축을 규정한 「조소와 내부 공간으로서의 건축」이고 그 공간 개념의 특징은 내부 공간으로서의 건축이 다시 조소로의 건축에 근접하는 것이다.

위의 이론은 건축사의 전역으로 확대되었고 이 시대의 양식론적 공간 개념을 확인시킨 것이다.

02

국제주의양식[130] 건축

기능주의적 현대건축의 양식

현대건축은 기능(=목적)제일의 합목적적 사상을 계기로 출발하였지만 그 공간과 형태는 추상적 상징성을 표출하는 「국제주의양식」을 창출하였다.

이 국제주의양식의 조형은 생성, 전개, 발전 과정에서 현대미술의 특히 입체주의와 복합적으로 연관되었다. 그래서 국제주의양식의 예술성은 현대미술을 근원적으로 지탱해온 시대적 욕구 및 미학적 개념과 깊이 상관되는 것이다.

130 국제주의양식(International style)
1933년 H.러셀 등에 의해 사용되었다. 1922년 이후 건축은 새로운 소재(철, 시멘트, 유리), 새로운 기술(철골구조, 커튼월 등), 새로운 요구(기능제일) 등이 시대의 미적취향(단순성, 투시성)과 종합되어서 정직하고 경제적이며 실용적인 새로운 건축을 창출하였다. 이 새로운 건축은 예술적 표현, 기능, 기술 간의 조화가 자연스럽게 구현되었으므로 국제적으로 전파되면서 건축에서 「국제주의 양식」으로 인정되었다.

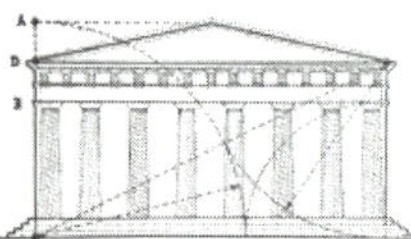

윌리엄 모리스(William Morris)

모리스[131]는 스승 러스킨의 사상을 받아서 르네상스 이후 특히 산업혁명 이후 예술의 사회적 기초가 실각된 것을 지적하였다.

그는 영국의 미학적 상황이 이지적(Intellectual)이라고 부르는 순수예술과 장식적 예술, 즉 기예(Craft) 간의 분리로 특징지어지는 것을 직시하였다.

그리고 이 두 예술은 상호의존적이었으므로 양자의 분리는 이들의 퇴화로 보았다. 순수예술은 소수의 향락을 위한 하찮은 원천으로 환원되고 기예는 제조업의 기계화로 거의 완전히 사라졌다고 느꼈다. 이것을 치유하기 위한 유일한 길은 양자의 재결합, 즉 용도와 미의 밀접한 동반 관계에 있다고 사고하였다.

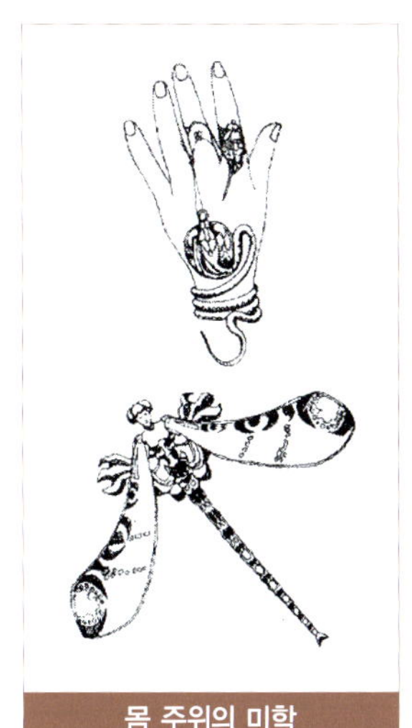

몸 주위의 미학

모리스는 저서 「오늘의 예술과 공예(1889)」에서 '사람들이 부득이 사용하지 않을 수 없는 사물 속에서 기쁨을 느끼도록 해 주는 것, 이것이 장식이 행하는 위대한 역할 중의 하나이다. 사람들이 만들지 않으면 안 되는 사물 속에서 기쁨을 느끼게 해 주는 것, 이것은 장식이 갖는 또 하나의 용도이다(「The Lesser Arts(1877)」 참조).'

그리고 '내가 진정한 예술이라는 말로서 이해하는 것은 노동에서 느끼는 즐거움의 인간적 표현이다.' 라고 말하였다(「The Art of people(1879)」 참조).

더욱이 '진정한 예술의 씨앗, 인간이 그의 노동에서 느끼는 행복의 표현—제작자와 사용자에게 행복을 주는 것으로 민중에 의해, 민중을 위해 만들어

131 모리스(W. Morris, 1834~1896)
수공예와 예술의 차이에 대한 철폐를 강조하였다.

벽지 무늬, 윌리엄 모리스

카페트 무늬, 윌리엄 모리스

진 예술(「The Art of people, The beauty of life(1880)」, 「The Aims of Art (1887)」 참조)에 관해 설파하였다.

그리고 「장식적 예술은 유용한 사물을 즐겁게, 또는 즐거움을 위해 제작하는 것이다. 이것이 바로 최상 최고의 예술 활동인 것이다.」라고 주장하였다.

모리스는 결국 '오로지 체제상의 근본 변화만이 예술을 인간의 일상생활로 되돌릴 수 있으며 인간을 인간성의 가치를 갖는 형식들로 둘러싸고 그를 하나의 예술가가 되게 할 것이다.' 라고 하였다.

이와 같이 그는 「**민중을 위한 예술**」을 주장하였고 궁극적으로는 중세의 수공예(handcraft)를 찬미함으로써 근대의 기계적 생산과정을 부정하였다. 그 의미는 19세기 역사주의의 한 부류로 보이지만 그의 주장인 예술과 사회의 결합요구는 그 후 현대 운동으로 받아들여진 것이다.

모리스의 「수공예 운동(Art and Craft movement)」은 예술과 수공작을 하나의 예술로 표방한 공예분야의 새로운 운동이었고 현대 건축의 효시가 된 것이다.

이 운동은 수공예를 주장하고,
조형의 단순성을 존중하며,
공예의 본질을 다하여 간소하고 착실하게 참으로 생활을 윤택하게 하는 공예의 창조를 강조하였다.

그는 당시 고딕 풍의 주택인 「붉은 집」의 내부를 디자인하였는데 비대칭적 평면 등 그 참신한 디자인과 명쾌함은 과거의 양식 관념을 근본적으로 타파

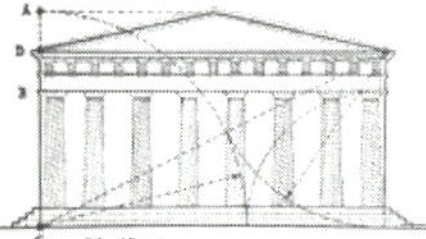

한 것이었다.

이 주택의 외형은 고딕건축 양식을 바탕으로 하고 있지만 평면계획에서는 고전적 규범을 떠나 기능을 위주로 구성되어서 조형적 단순화를 이룬 것이다.

이 설계상의 기조는 건축에서 실내 공예품까지 의식적으로 일관시켜서 예술에서 새로운 시대에 새로운 계기를 창출한 것이다.

이러한 영향은 이후 아르누보, 시세션, 유겐트슈틸 등의 운동이 「새 시대에 부응한 새 양식의 창조」를 신조로 한 것에 기초가 된 것이다.

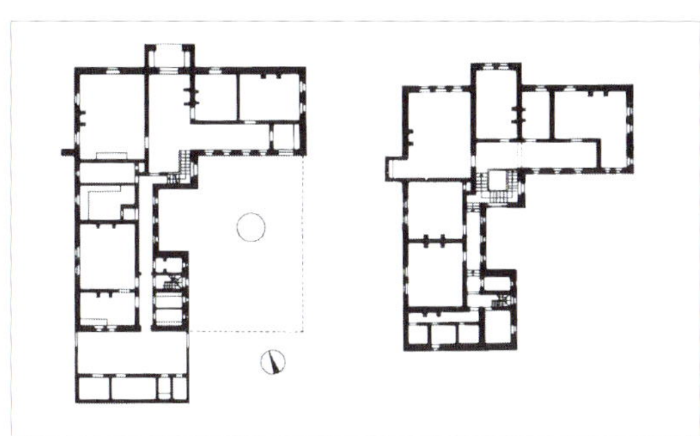

붉은 집, 윌리엄 모리스, 웹

발터 아돌프 그로피우스(Walter Adolf Gropius)

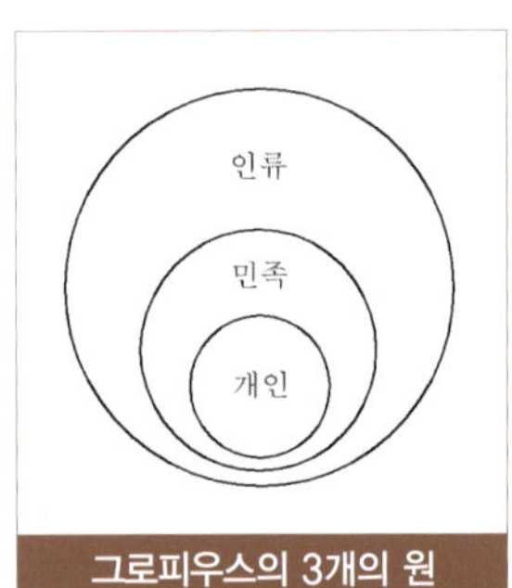

그로피우스의 3개의 원

그로피우스[132]는 현대의 합리주의 건축 또는 기능주의 건축이라 부르는 「국제주의 양식의 건축」을 형성시키는 데 주도적 역할을 담당하였다.

그로피우스는 저서 「생활공간의 창조(1943)」에서 '건축은 언제나 국민적인 동시에 개인적이다. 그러나 개인 · 민족 · 인류의 3개의 원 중에서 최후의 원이 동시에 2개의 원을 포함한다.' 고 사고하였다.

그래서 현대건축인 국제주의 건축, 즉 세계 건축은 민족 건축인 국가 건축(=전통 건축)을 포함하고 있으며 국가 건축은 개인 건축을 포함한다는 것이다. 이 **국제주의양식 건축**은 지역을 초월하고 개인의 특성이 유보된 일정한 형으로 세련된 기능주의와 신재료의 정확한 사용에 의한 예술적 표현이 완전히 통일을 얻게 된 것이다.

그로피우스의 작품에는 입체주의(cubism)[133]와 결합된 단순 명쾌한 기하학적 분리성과 추상성 그리고 내 · 외부 공간의 상호관입이 사용되었다. 이 새로운 건축은 공간적 연속성과 투명성이라는 두 가지 특성을 얻게 되었다.

그는 새로운 산업도시인들의 정서적, 물질적인 복지에 관심을 갖고 모든 사람들에게 건강한 도시환경을 제공하려는 목적으로 도시계획에도 관심을 기울였다. 현대에서는 이제까지 건축예술의 주요한 과제였던 교회당, 궁전 등이 후퇴하고 그들 대신으로 주택에서 공장건축에 이르는 광범위한 건축이

132 그로피우스(W. Gropius, 1883~1969)
독일 건축가, 바우하우스 초대 교장. 「생활공간의 창조(Scope of Total Architecture, 1943)」
133 입체주의(cubism)
대상에 대하여 이지적 · 객관적인 직접성에 철저하려는 미술운동의 일파

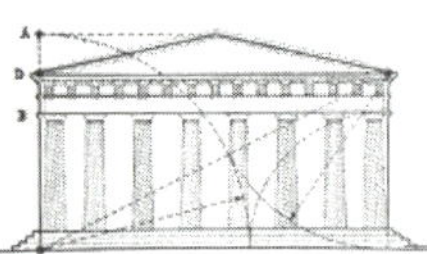

과제로 등장하게 되었다.

이것은 건축예술이 본래 현실 사회와 결합되어야 함을 잘 나타낸 것이다.

그로피우스는 바우하우스(Bauhaus)[134]를 창설하고 교장으로 취임하여 이전의 아카데믹한 교육이 사회로부터 격리된 예술가를 탄생시킨 것을 지적하고 적극적으로 작가와 사회의 재결합을 요구하였다.

특히 건축을 중심으로 모든 예술의 통합을 시도한 새 이념을 발표하여 현대 예술의 한 기원을 세웠으며 현대 건축 및 디자인 분야에 지대한 영향을 미쳤다.

바우하우스는 현대 건축운동의 각 운동이 모색해온 새로운 감각의 추상적

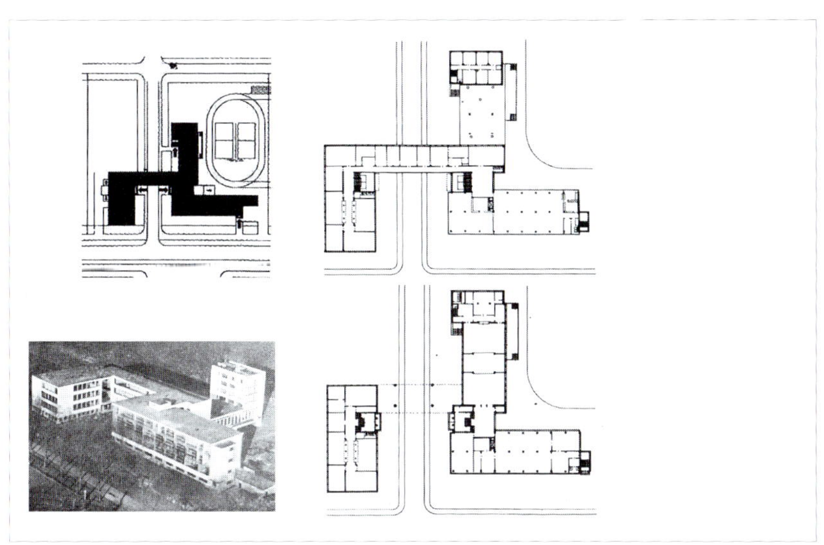

데사우의 바우하우스, 월터 그로피우스

134 바우하우스(Bauhaus)
1919년 건축가 그로피우스 등이 독일 바이마르(Weimar)에 세운 예술학교. 기계기술과 예술과의 종합을 이상으로 하여 실리성, 효용성을 중시함

상자형공간을 대규모 복합기능의 건축으로 표현한 성공적 건축이다.

그로피우스가 설계한 데사우의 바우하우스 건축은 입체주의가 지향한 「다면성」·「동시성」·「투시성」 및 「상호관입성」이 성공적으로 표출된 새로운 개념의 건축이었다.

그로피우스의 기능주의적 작품은 다음과 같다.

파구스 구두공장, 월터 그로피우스

이 공장은 형태에 관한 새로운 개념으로 중요성을 갖는다. 펩스너는 '이 공장이야말로 기능주의 건축의 최고의 예' 라고 지적하였고 기디온은 '건물 모퉁이의 투시되는 외관을 「비물질적」으로 처리한 것을 보아 그는 이미 입체주의의 내용을 이해하고 있다.' 라고 하였다.

독일공작연맹전 모델공장

이 공장은 최초로 유리로 된 비내력벽(커튼월)으로 처리하였고 유리벽과 지붕을 경계가 없이 일체화시켰다. 특히 내부공간의 투시됨은 형태적인 이유로 채택된 것이다.

이 강력한 디자인은 낭만주의적 성격을 갖고 있으나 입체주의적 성향의 형태를 갖춘 것이어서 현대건축 디자인 정착에 매우 의미가 깊은 건축이다.

4 | 현대 건축 미학

현대 미학은 비트머(Witmer) 등에 의한 심리주의적 방향, 하르트만(N. Hartmann) 등에 의한 형이상학적 방향, 랭크(K. Lank) 등에 의한 예술사회학적 방향으로 발전되었으며 콘라드(H. Conrad) 등의 현상학적 미학, 무어(G. Moore) 등의 분석미학으로 진전되었다.

현대 건축미학은 근대 건축 미학의 공간성과 현실성에 대한 중시 경향이 그대로 반영되었다. 현대 건축 작품을 취급할 경우는 물론 과거의 건축양식을 논하는 경우에도 공간성과 현실성의 계기가 중시되었다. 그리고 현대 건축 미학은 형식주의적 형식미학과 내용해석적 내용미학의 두 방향 및 문화사적 건축론으로 전개되었다.

01

형식 미학

예술 작품에 있어서 미의 형식적인 면, 감정적 미 등의 존재형식에 있어서의 미 또는 작용형식에 있어서의 미, 즉 조화, 균형, 율동 등의 형식만을 해명하는 미 이론

형식 미학은 형식미에 중점을 두는 것인데 형식미는 미적 대상의 형태적 · 외적 측면에 의존하는 미적 가치 체계를 가리킨다.

형식 미학은 다음의 세 가지 방향이 있다.

- 감각주의적 형식주의 : 형식을 오직 감각적 형식으로 인식하는 것(피들러)
- 추상적 형식주의 : 감각적 · 소재적 요소 상호 간의 관계에서 존재하는 형식에만 미를 인정하는 것(헤르바르트, 짐머만)
- 구상적 형식주의 : 이러한 의미의 형식 관계를 감각적 형식의 계기로서만 인정하는 것(괴스틀린, 지백)

에른스트 피히터(Ernst Fiechter)

피히터[135]는 저서 「공간기하학과 평면 비례(1944)」에서 과거 건축양식의 형성 법칙을 「평면 비례」와 「공간기하학」으로 해명하였는데 이것은 형식주의적 형식미학의 한 방향이다.[136]

그는 건축 작품에 감춰진 형성법칙, 즉 고대 그리스 이후 「게오메트리아(Geometria)」라 불리는 오래된 형성 법칙을 실증적으로 계승하였다. 이 「게오메트리아」는 형식의 깊이에 내려진 법칙이고 각 부분을 조화시키는 크기와 리듬을 규정하는 원리라고 사고하였다.

그는 '그리스의 도리아식 신전은 완성된 작품으로서 건축사상 비유할 수 없는 위치를 점유하고 있다. 그러나 그것은 공간적인 작품이라기보다는 오히려 조각적 작품이라 할 수 있다. 여기서는 오직 지지된 형식 및 압도한 형식이 조각적 형태로 통일되고 있는 것이다.

원래 신의 정신적인 주택이라는 기능을 갖는 그리스 신전은 당연히 신적인 것의 표현을 목표로 하였다. 그러나 이 신적인 것은 고대에서는 여러 존재의 원상들 속에서 감지되는 것으로 이 원상이란 바로 기하학적 형식인 것이다.' 라고 하였다.

그리고 '피타고라스 철학 또는 플라톤의 「티마에오즈」 등은 기하학적 형식 속에서 우주의 상징적 형태를 인정한 그리스인의 태도를 표현한 것이다. 즉 그리스인은 기하학적인 원형 속에서 신적인 계시를 인정하고 있다. 그리

135 피히터(Ernst Fiechter)
「공간기하학과 평면 비례(Raumgeometrie und Flashenproportion)」
136 뵐플린 탄생 80주년 기념논문집에 피히터가 기고한 논문

스인은 신에 봉헌된 작품의 근저에는 항상 그와 같은 형식이 간직되어 있다.' 라고 사고하였다.

그래서 건축 작품은 원 · 정방형 · 삼각형 · 오각형으로 된 합법적인 형식으로 표현하였다. 그리스 신전이 일정한 척도를 갖고서 형성된 것은 이미 기술된 비트루비우스의 「건축에 관하여(De Architectura, B.C. 25)」로부터 알려진 것이다.

그는 '이에 비해서 돔(Dome)을 주체로 한 로마 건축, 비잔틴 건축에는 「평면의 법칙」이 들어있다.

여기에는 그리스 건축에서 보여지는 조각적 외부건축보다는 예술적 노력이 내부 공간 구성으로 향해져 있다. 그러므로 건축의 미는 내부공간을 회화적으로 투시해 보는 것, 명확히 밝혀지는 기둥, 어두운 니치 및 공간구획에 의해서 생기는 것이다.

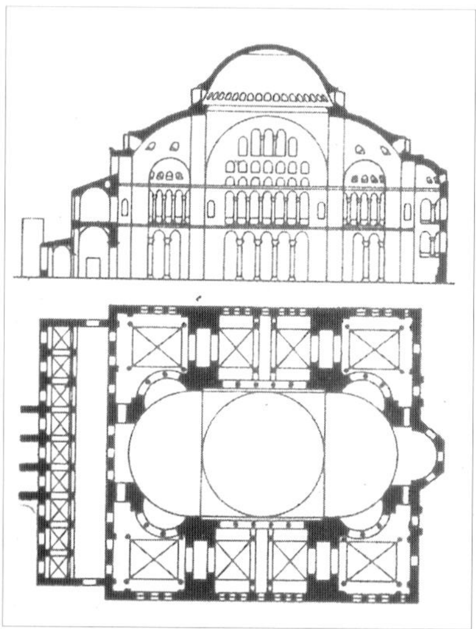
성 소피아 성당

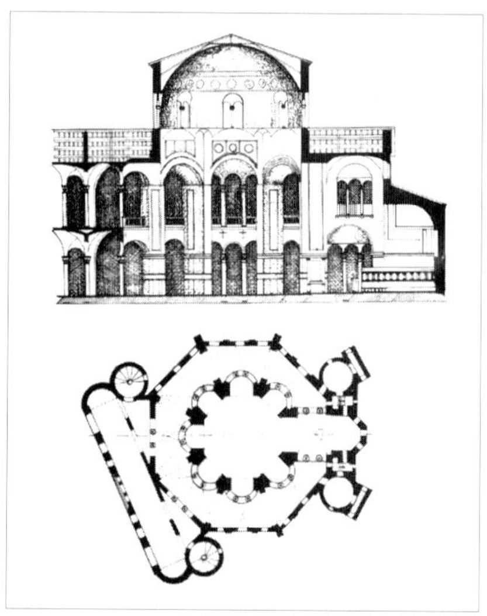
성 비탈레 성당

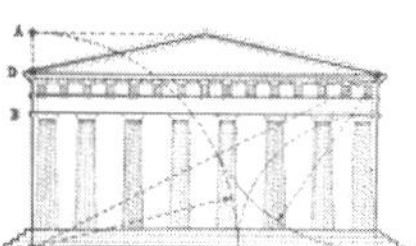

바실리카 형식에서 집중식 건축이란 본질적으로 기하학적 형성이라는 요구가 인정되는 것이지만 기하학적 형성은 「평면 비례」가 아니라 「공간기하학」으로 만들어지는 것이고 내부공간을 갖는 기하학적 형식이 형성원리가 되는 것이다.' 라고 하였다.

즉 여기서는 내부공간이 건축의 주체이고 외부 건축은 그것을 피복한 외관에 지나지 않는다. 비잔틴의 걸작 성 소피아 교회당이나 라벤나의 성 비탈레 성당은 그러한 특징을 나타내는 대표적 예이다.

피히터는 건축형식의 형성법칙으로 「평면적인 비례」와 「공간기하학」을 인정하였다. 이 두 가지의 형성법칙은 건축의 본질 해명에서 보여진 두 가지 방향— 건축을 매스(mass)의 형성으로 보는 것과 공통 공간의 형성으로 보는 것— 에 대응한 것이다.

물론 피히터의 건축 양식은 과거의 건축 특히 종교건축을 대상으로 한 것이므로 형성원리인 「게오메트리아」의 적용은 신적인 것의 구체화를 위한 수단이었다. 그러나 종교성에서 해방된 근대건축은 「신적인 것」보다 「실제적

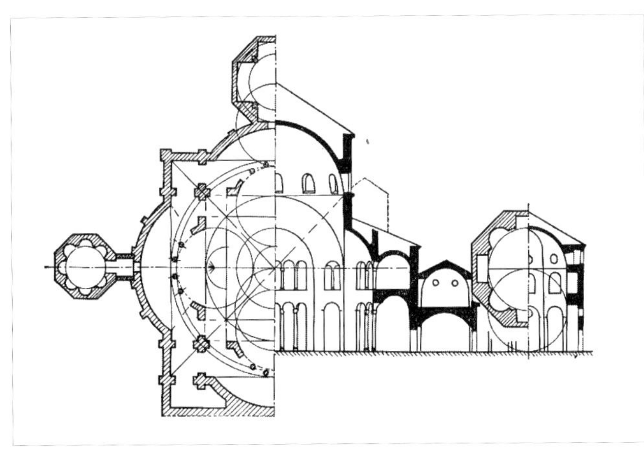

성 로렌초 성당

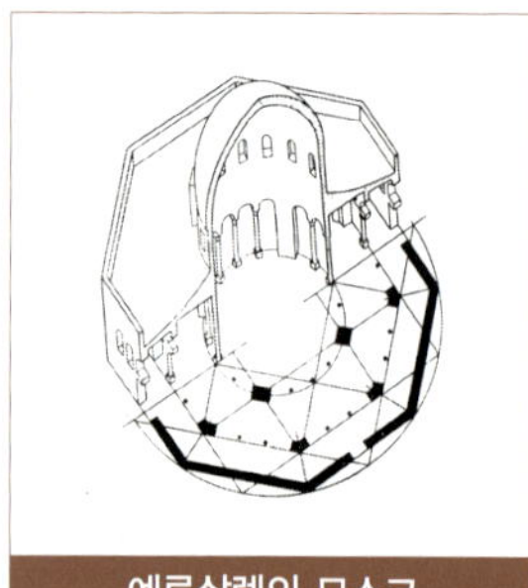

예루살렘의 모스크

기능」이 중심이 되는데 이것은 외부 형식이 내부공간의 결과인 「꾸밈없는 건축」을 요구하기 때문에 실제적 기능의 구체화를 위한 공간기하학이 기대되는 것이다.

판테온은 「평면적 비례」와 「공간기하학」을 형성 법칙으로 한 건축의 실례이다. 이 신전은 외부 형식이 내부공간의 결과인 「꾸밈없는 건축」에 대표적인 건축이다.

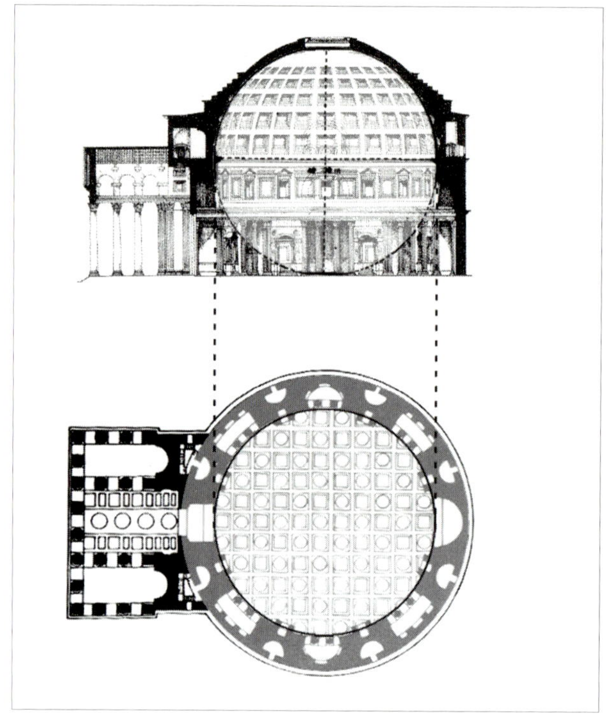

판테온

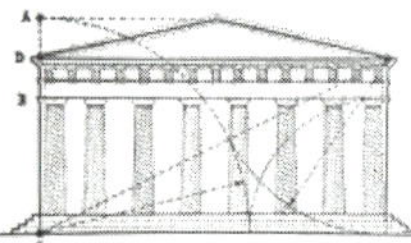

르 꼬르뷔제(Le Corbusier)

르 꼬르뷔제[137]는 저서 「모듈러(Modulor, 1948~1955)」에서 인체비례에 의한 새로운 모듈을 제안하여 현대의 형식원리에 대표가 되었다.

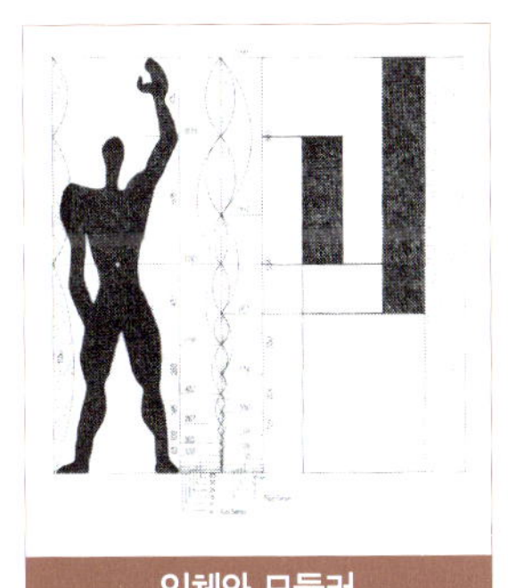
인체와 모듈러

그는 '자연은 수학이고 예술의 걸작은 자연과 공명하고 있다.' 라고 사고하고 예술형식을 규정하는 공식을 탐구하면서 인체의 치수와 황금비율을 그 공식의 규준으로 택하였다.

이 공식이 어느 정도까지 확증될 수 있으며 과연 객관적 보편타당성을 갖는 원리가 될 수 있는 것인가에 대해서는 논의의 여지가 있지만 그 외 「모듈러」는 건축의 기능을 도입한 형식원리라는 것과, 또 평면적인 비례 원리가 될 뿐 아니라 공간구성의 원리도 되기 때문에 근대적인 의의가 인정되는 것이다.

르 꼬르뷔제는 저서 「모듈러」에서 공간의 크기를 계량하는 기본으로 적색수열과 청색수열을 들었다.

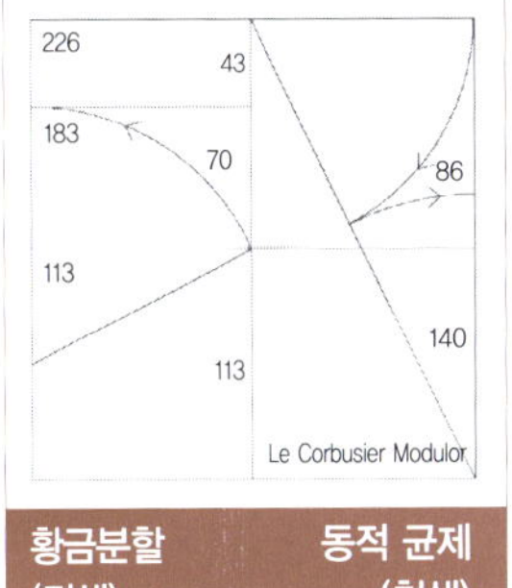

황금분할 (적색) 동적 균제 (청색)

적색수열은 정사각형을 4등분하고 $2\frac{1}{4}$ 사각형을 기본으로 하여 정사각형 밖에 ϕ를 만드는 방법으로 황금분할점을 구하고 신장 1.750m를 1 : 0.618(ϕ)=1.08m : 67cm(175/1.618=108) : (175−108=67)로 할당하여 기본치수를 찾아낸 것이다.

청색수열은 정사각형을 2등분한 $\sqrt{4}$구형을 기본으로 하여 정사각형 속에 ϕ를 만드는 방법으로 황금분할점을 구하고 전체길이 2.160m, 즉 108×2를 ϕ의 장선 133 및 단선 83으로 황금분할한 것이다.

---

137 르 꼬르뷔제(Le Corbusier)
「모듈러(Modulor, 1948~1955)」: 르 꼬르뷔제의 새로운 황금률

적색의 기본치수 108 : 67은 5 : 3 청색의 133 : 83을 13 : 8에 근사하여 모두 피보나치(Fibonacci)급수를 포함한 형태이다.

이 분할을 신장 1.829m를 표준치로 적용했을 때 다음과 같은 치수를 얻는다.

- 전체길이 2.260m
- 신장 1.829m
- 배꼽높이 1.130m
- 적색수치 : 6, 9, 15, 24, 39, 63, 102, 105, 267, 432, 698, 1130, 1829
- 청색수치 : 11, 18, 30, 48, 78, 126, 204, 330, 534, 863, 1397, 2260

이 치수들은 인체의 각 부분 동작에 알맞으며 동시에 인간의 생활공간에 미적 형태를 구성하는 수적 질서를 이루는 것이다.

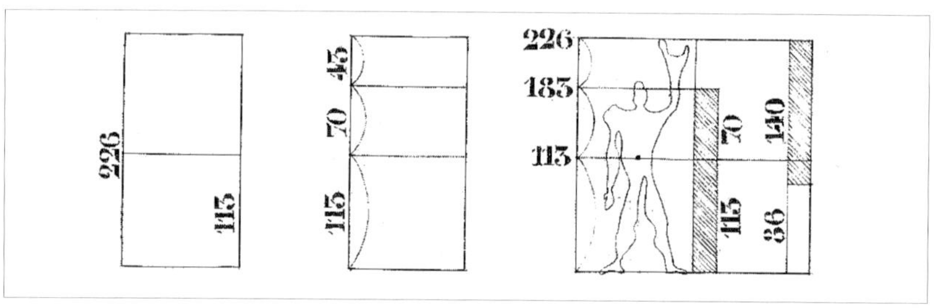

인체 모듈러와 각부 치수

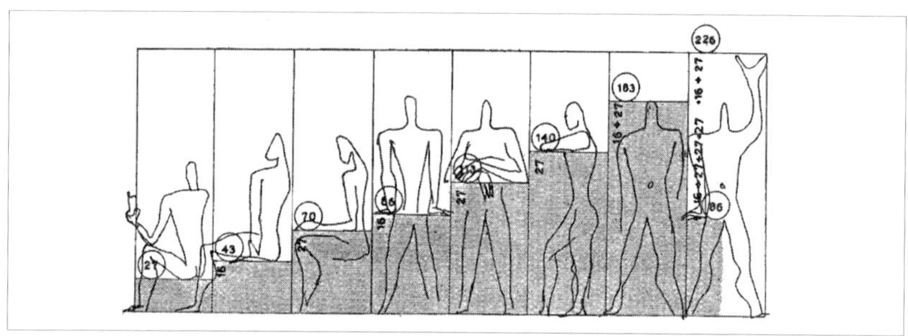

인체와 필요 치수

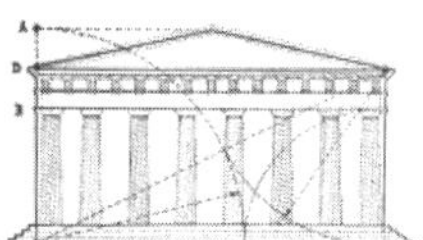

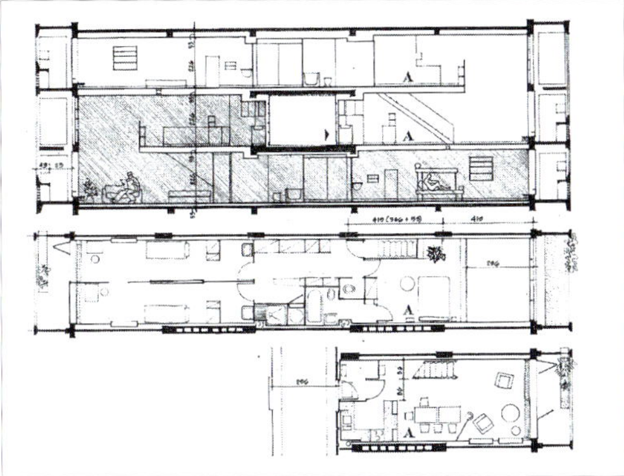

모듈러를 적용한 마르세이유 아파트, 르 꼬르뷔제

도미노 시스템, 르 꼬르뷔제

「마르세이유 아파트 계획안(1949)」은 르 꼬르뷔제 자신의 「모듈러」를 대규모로 실현한 대표작이었다.

르 꼬르뷔제는 입체주의(Cubism) 미학을 기초로 한 독자적이고 합리적 구조이론인 도미노 시스템(Domino system)에 입각하여 개인주택에서 도시 계획에 이르기까지 폭 넓은 분야에서 기능주의 건축을 추진하였다.

그리고 근대건축 5원칙을 주창하였는데 다음과 같다.

- 필로티
- 옥상정원
- 자유로운 평면
- 자유로운 외관
- 횡장창

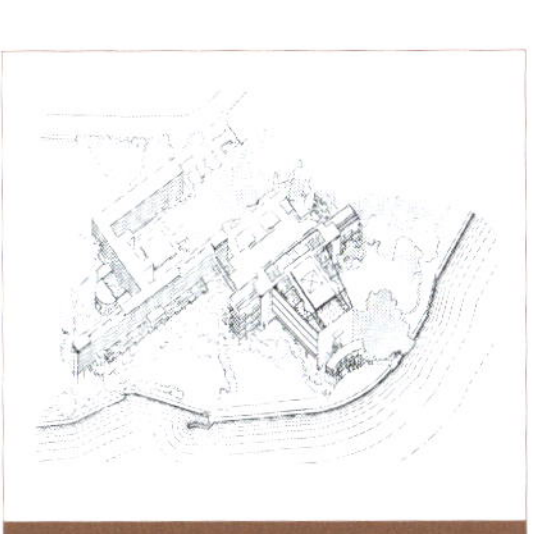

국제연맹회관 계획안, 르 꼬르뷔제

그의 현상설계안 「국제연맹회관 계획안(1927)」은 근대건축 5원칙을 구체화한 획기적인 설계로 유명하였다.

르 꼬르뷔제는 「건축은 시대정신의 산물이다.
…건축은 공간이며 폭이며 깊이이며 높이이며 체적이며
동선이다.
건축은 인간의 착상이다.
건축은 머릿속에서 생각되어져야 한다.
…건축의 모든 것은 평면과 단면에 있다.
평면과 단면을 통해서 살아 숨쉬는 실체가 얻어지면
입면은 자연히 따라오게 되는 것이며
각자가 디자인 센스를 조금만이라도 가지고 있다면
그 입면은 아름다워질 수 있다.
…건축은 구성이다.」라고 하였다.

그의 건축관은 입체주의에서 예시되었듯이 정적 관점에서 동적 관점으로 변해 가는 동적인 해석으로 종교 · 예술 · 과학 · 정치 · 경제에 이르기까지 서양문명의 모든 분야에 영향을 미쳤다. 내 · 외부 공간의 상호관입은 개인 · 국가 · 세계가 더 이상 홀로 존속해 갈 수 없고 서로 의존하며 살아가야 한다는 사고를 전달하는 것이다.

이와 같은 르 꼬르뷔제의 모듈러이론은 형식주의적 형식미학의 한 방향을 전개시킨 중요한 미학 이론인 것이다.

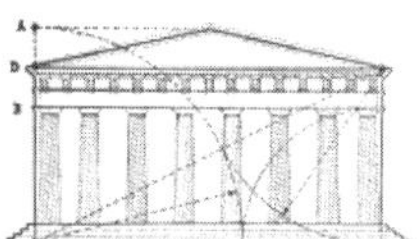

02

내용 미학

예술품이 내포하고 있는 아름다움, 즉 예술품이 표현하는 감정, 힘 등의 내용만을 해명하는 미 이론

내용 미학은 내용미에 중점을 두는 것인데 내용미는 미적 대상의 정신적, 내적 측면에 의존하는 미적 가치 체계를 가리킨다.

내용 미학은 두 가지 방향이 있다.

- 추상적, 구상적 관념론 : 사상이나 이념 같은 지적 내용이 중시되는 것(헤겔)
- 감정이입 미학, 순수감정 미학 : 감정 내용이 중시되는 것(립스)

그리고 이코놀로지(Iconology)도 내용 미학의 새로운 방향이다.

구스타프 앙드레(Gustav Andre)

에렉테이온 신전 포치

앙드레는 저서 「이코노그라프(Iconograph)의 대상으로서 건축과 공예(1939)」에서 건축 작품도 「도상(圖像)의 내용의 학」인 이코노그라피의 대상이 될 수 있는지 물었다.

건축을 이코노그라피(Iconography)의 대상으로 하는 것은 건축을 회화, 조각과 같은 「표현예술」, 즉 「표현된 건축」으로 취급하려는 의미가 있는 것이다.

앙드레는 「표현된 건축」에는 세 가지 가능성이 있다고 사고하였다.

제 일의 가능성은 건축형태가 직접 무엇인가를 표현하는 경우이다.

아크로폴리스 언덕 에렉테이온의 기둥은 머리 위에 보(girder)를 지고 있는 여인상으로 형성되었다. 이것은 건축의 구조적 기능이 인간의 힘의 표현에 의해서 상징화된 것으로 이후의 여러 시대에 반복되었다.

이것을 부루노 타우트(Bruno Taut)는 「퇴폐취미」라고 비판하였는데 하중을 지지하는 고대인의 「의식」을 진정으로 이해하는 것은 그렇게 용이하지 않은 것이다.

제 이의 가능성은 건축형태가 상징적 의미를 담당하는 경우이다.

상징이란 어떤 형상이든 본래의 의미로 갖고 있는데 이코노그라피와 이코놀로지(Iconology)는 예술작품의 의미 내용인 기술학과 해석학이므로 이들 이외의 의미를 「상징」으로 취급할 필요는 필수적인 것이 아니다. 즉 이코노그라피의 가능성 중에는 상징론도 포함되어 있기 때문이다.

이집트 신전에 있어서 바닥은 대지를, 기둥은 식물계를, 천장은 하늘을 상

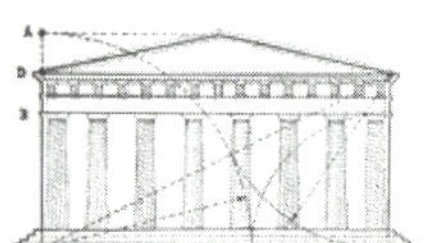

사도상

징한 것 같이 건축을 세계의 모상(模相)으로 볼 때 우리는 건축을 표현예술의 영역으로 들어가게 할 수 있는 것이다.

건축미의 문제를 이제까지와 같이 기능미와 형식미로 파악하는 한 그와 같은 「상징」에 대한 이해는 생겨날 수 없다. 그러나 중세건축인 교회건축의 기둥이나 보울트, 피아(pier)에 표현되어 있는 조각상들은 사도의 상징으로 볼 수 있으며 이 경우 기둥들은 명확히 구조적인 「지지체」인 동시에 크리스트를 지지하는 「상징」이 될 수 있는 것이다.

제 삼의 가능성은 「표현된 건축」으로 건축을 건축적으로 표현한 경우이다. 건축의 건축적 표현이란 다른 건축을 그대로 복사한 건축만을 지적하는 것이다. 예루살렘의 성 분묘가 유럽 각지에서 그대로 건설된 것이 그 전형이라 할 수 있는 것이다.

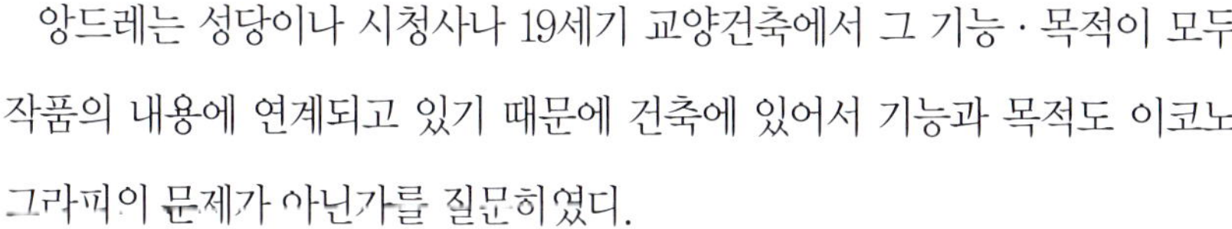

앙드레는 성당이나 시청사나 19세기 교양건축에서 그 기능 · 목적이 모두 작품의 내용에 연계되고 있기 때문에 건축에 있어서 기능과 목적도 이코노그라피의 문제가 아닌가를 질문하였다.

그는 기능 · 목적의 문제는 사실학에 속한 것이고 이코노그라피는 표현 내용에 관한 학문이므로 양자는 명확히 구별되어야 한다고 사고하였다.

그 예로 신켈(F. Schinkel)의 알테스 뮤지엄(Altes Museum)은 기능으로서는 미술관이지만 표현 내용으로는 고대 그리스의 신전과 같고 형태의 표현으로는 모범적 교양 건축을 지향한 것이다.

즉 하나의 건축 작품에는 적어도 사실학, 도상학과 형태학의 세 영역이 문제가 되고 그들 전체가 건축 작품의 「내용」에 연계되어 있더라도 그중에서 「표현 내용」을 취급하는 것이 이코노그라피인 것이다.

알테스 뮤지엄, 신켈

이와 같은 관점에서 고전적 건축미학자가 '건축 작품에 기능 · 목적만이 아니고 이미 「절대 이념 표출」이 된 것 같은 「신전 건축」이 있다.' 라고 한다면 그것은 건축에서 기능의 문제와 이코놀로지(=표출)의 문제를 혼동하고 있는 것이다.

신전 건축이라 해도 그것이 기능 · 목적을 잃을 수 없기 때문에 그 기능 · 목적을 「근원 모티브」로 파악한 위치에서만 「절대 이념 표출」에 연계될 수 있는 것이다.

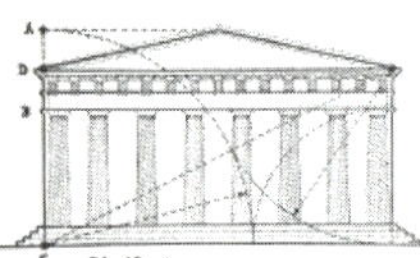

군터 반트만(Gunter Bandmann)

반트만[138]은 저서 「건축의 이코놀로지」에서 내용미학의 방향을 택하고 건축미학을 건축 도상학[139]적으로 연구하였다. 이것은 중세 교회당 건축을 연구 대상으로 하여 그 형식과 의미내용의 관계를 밝히는 것이었다.

반트만은 원래 회화에 관해서 그 내용의 설명학이 된 도상학(圖像學)을 건축영역에 응용해서 내용해석의 학문, 상징해석의 학문으로 사고하였다.

콘스 신전

그는 '이집트 신전에는 바닥에 동물의 형상이 묘사되고 기둥에 식물의 형태가 응용되고 천장에는 하늘의 상징이 표시되었는데 이 신전의 중요한 문제는 자연의 묘사가 아니라 건축 전체가 우주를 나타낸다는 것이다.

이것은 플라톤의 철학과 같이 물질적인 것이 비물질적인 이데아의 반영이나 비유가 된 것으로 생각된다. 또 교회당 건축도 이와 같은데 여기서는 비트루비우스 이후의 형식적 카테고리로는 타당하며 건축은 우주(cosmos)로서의 의미구조를 갖고 형성되는 것이다.' 라고 사고하였다.

반트만의 도상학적 연구는 내용을 중시함으로부터 형식과 내용을 결합시키려는 사고였는데 이 경우 의미내용은 다음의 세 가지로 나누어진다.

첫째, 비유적 의미

---

138 반트만(G. Bandmann)
「건축의 이코놀로지(Ikonologie der Architectur, 1951)」, 「Die Bauformen des Mittelalters(1949)」
139 도상학(Iconography)
기독교 미술에서 일정한 표현형식이 지니는 신학적 의미를 밝히는 학문

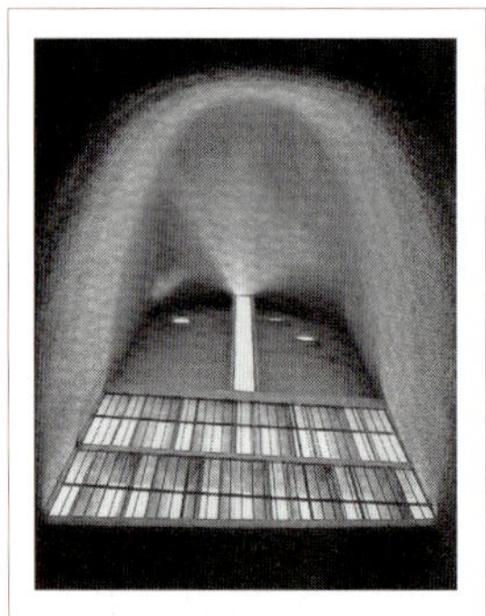
롱샹 성당, 르 꼬르뷔제

둘째, 내재적 · 상징적 의미

셋째, 역사적 의미

첫째의 비유적 의미는 그 예로 바실리카가 열거된다.

여기에는 사도를 나타낸 기둥이 하늘의 상징인 보울트(vault)를 지지하고 보울트의 중심부분에는 예수님을 상징하는 장식을 위치시켰다. 그리고 이 기독교적 비유 이외에도 입구는 입을, 창은 눈을 나타낸다는 사고 방법도 첫째의 의미에 속하는 것이다.

둘째의 내재적 · 상징적 의미는 그 예로 기원전 건축의 주택 – 분묘 – 신전 – 궁정이라는 발전과정이 열거된다.

이들 건축에는 집이라는 성격 — 산 사람의 집, 죽은 사람의 집, 신의 집 — 이 남아있다. 즉 형식 자체가 시간과 함께 예술적 변용을 받아들여도 원래 형식에 내재되어 있는 상징적 의미는 유지된다는 것이다.

셋째의 역사적 의미는 상징적 의미와 유사하지만 상징적 의미와 형식과의 결합이 무의식적인데 대하여 역사적 의미는 의식적인 것이다.

이 셋째의 경우에 어떤 기성 형식의 채용을 촉진시킨 동인(動因)은 형식이 갖는 미적인 성질이 아니라 형식과 결합된 의미 내용인 것이다.

그 예로 도시에 건립된 지사 건축이 서울 본사의 묘사로 디자인한다는 사고 방법(대한교육보험빌딩 등)이 그 한 가지이다.

이 것은 형식의 동질성을 통해서 의미의 동일성을 바라고 있는 것이다.

반트만은

첫째의 의미를 낭만주의자 쉬레겔(F. Schlegel)의 이론으로부터

둘째의 의미를 건축 이론가 젬퍼의 이론으로부터

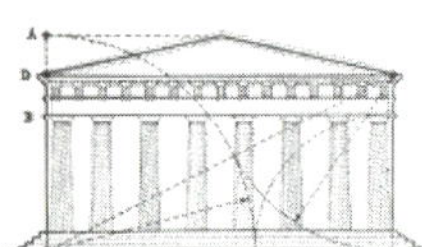

셋째의 역사적 의미를 고찰하고 있지만

이들 세 종류의 의미는 근대에서는 기능이라는 개념에 포함된 것이다. 과거의 건축 형식을 의미 내용으로부터 설명하려고 한 반트만은 근대건축에서 기능과 형식의 관련을 과제로 한 건축미학에 효시성을 부여하였다.

대한교육보험빌딩 – 서울 본사

사우어(Joseph Sauer)는 저서 「중세적 해석에 있어서 교회건축과 그 장식의 상징학(1905)」에서 「건축의 도상학」을 제시하였다.

그는 '교회공간의 3차원은 기독교의 덕(德)의 세계를 배경으로 하여 깊이는 「인내」 또는 「신앙」이고 폭은 「사랑」, 높이는 「희망」을 나타내고 있다.'

'건축의 기초는 「신앙」이고 바닥은 「공경」, 문은 「순종」, 지붕은 「사랑」을 나타내는 것이고 사면의 벽은 「정의」, 「용기」, 「현명」 및 「절도」라는 네가지 주덕(主德)으로 봉헌되었다.'

'기둥은 교회를 지지하는 「사도」이고 제단은 「크리스드」 자신이고 제단에 이르는 계단은 「순교자」를 의미하는 것이다' 라고 하였다.

대한교육보험빌딩 – 인천 지사

03

문화사적 건축론

현대건축미학의 형식미학 방향과 내용미학 방향의 미 이론과는 다르게 현대적 특징을 갖는 문화사, 문명비평론적 건축론이 전개되었다.

멈포드(L. Mumford), 제들마이어(H. Sedlmayer) 등은 이 방면의 대표들이다.

이들의 사고에 대한 전체적 현상은 근대건축을 근대의 정신상황과 대응적 방향으로 고찰한 것이다. 이들의 건축론은 양식론, 형태론이 예술발전의 자율성을 주장한 데 반하여 그 자율성을 포기한 경향을 갖고 있는 것이 특징이다.

이 문화사적 건축론은 리드(Herbert Read), 하우저(Arnold Hauser) 등으로 이어졌다.

한스 제들마이어(Hans Sedlmayer)

제들마이어[140]는 저서 「중심의 상실(1948)」에서 '근대 건축예술은 모든 조소적, 의인적, 회화적인 가치성—바로크에서 건축, 특히 서로 밀접하게 융합되는 것—을 자신으로부터 제거해 버리는 경향을 보였다.' 라고 지적하였다.

이것은 19, 20세기의 시대상징과 증후로서의 조형예술을 논하고 인간이 지켜야 할 덕목=중심인 르네상스, 바로크 건축의 숭배를 강조하고 근현대 건축을 거부하는 것이다.

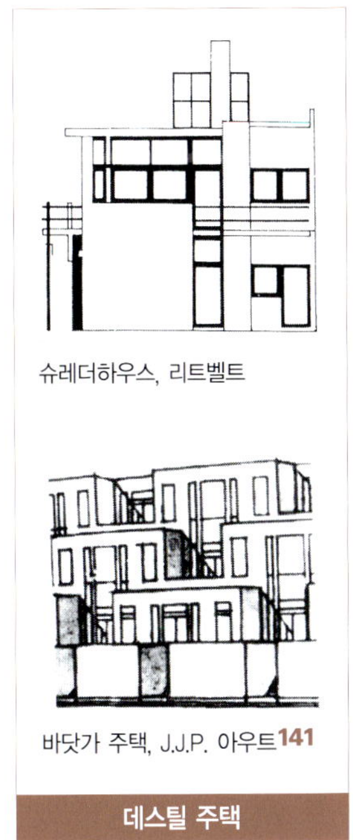

슈레더하우스, 리트벨트

바닷가 주택, J.J.P. 아우트[141]

데스틸 주택

그는 1800년 이래 「중심」을 잃어가는 미술이 극단적인 합리성과 비합리성으로 치닫는 서양 근대미술 경향을 그 시대와 인간의 관계 속에서 문제시하였다. 그리고 「중심」이 상실되는 미술의 현상을 「사회병리 현상」으로 파악하고 신예술운동의 하나인 데 스틸(De stijl)을 연상하면서 「중심의 상실」 시대가 어쩔 수 없이 도래할 것으로 사고하였다.

특히 블레, 르두의 초기 근대건축을 들고 「중심의 상실」 분야가 건축분야임을 지적하였다.

제들마이어는 문화보수주의적 배경으로 예술사에서 진보와 보수를 가르는 기준을 「모던(modern)」으로 보고 현대예술이 낳은 「모던」이라는 시대정신을 강하게 비판하였다.

140 한스 제들마이어(Hans Sedlmayer, 1896~1984)
건축전공의 미술사가, 고전주의자. 「중심의 상실」 등 저술
141 아우트(Jacobus Johannes Pieter Oud)
데 스틸 운동의 건축가

루이스 멈포드(Louis Mumford)

멈포드[142]는 저서 「예술과 기술(1952)」에서 '예술과 기술, 상징과 기능, 그리고 인간적인 것과 기계적인 것과의 조화와 균형'을 희구하였다.

이것은 인간정신의 내면에서 대립하는 주관적인 예술과 객관적인 기술 사이에서 현대문명의 본질을 찾아내고 도시의 예술성과 건축의 사회적 측면을 다루어 예술과 기술의 조화로운 균형상태를 유지시키려는 것이다.

그는 '인간의 우수성은 도구가 아니라 상징성이다. 기계를 만들기 위해 기계의 또 하나의 도구가 된 인간에게 과연 기계란 무엇인가? 진보라는 역사발전의 패러독스 중 하나는 예술의 유일성을 말살하고 그것 또한 「제작되어진 기계」로 만들려는 과정일 것이다.'

그리고 '현대인은 자기가 만든 기계에게 명령할 수 있는 능력을 획득해야 하고 서구인이 기계 발전을 위해 잃어버린 개성, 창의성, 자율성 등의 기본적 속성들에 대한 존경을 우리 문화의 심장부로 되돌려 주는 것이 현대문명의 갈 길' 이라고 사고하였다.

멈포드는 예술과 기술의 「문화적 통합」과 동시에 가능성을 주장하면서 '예술은 고양되고, 상상력은 강화되고(기계적 진보), 평화가 모든 나라를 다스린다.' 라는 블레이크(P. Blake)[143]의 잠언을 들었다.

142 **루이스 멈포드**(Louis Mumford, 1895~1990)
도시이론가. 「예술과 기술」 등 저술

143 **피터 블레이크**(Peter Blake, 1932~)
영국 화가. 「근대 건축은 왜 실패하였는가?」 등 저술

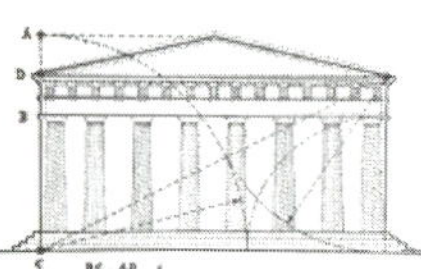

Ⅳ 현대철학과 건축조형

현대 예술에 큰 영향을 미친 중심이 되는 철학사상은 장 폴 사르트르(Jean-Paul Sartre)의 실존주의와 에른스트 카시러(Ernst Cassirer)의 상징주의 철학이다.

1 | 실존주의

실존주의(Existentialism)[144]는 인간을 그 자체로 보지 않는 사회풍조를 일깨우고 반성하게 하는 유용한 화두이다.

현대사회에서 개인은 자신의 책임이나 결단을 간과하기 쉽다. 이 점에 있어서 실존주의는 개개인에게 소중한 교훈을 준다. 인간은 죽을 수밖에 없기 때문에 순간순간이 소중하다. 그래서 헛된 명분이나 이상을 좇아 자신의 소중한 삶을 희생하거나 무책임하게 방기하지 말고 자기 스스로의 결단에 따라 소중하게 자기 실존을 가꾸어 가자는 사상이다.

01

철학자

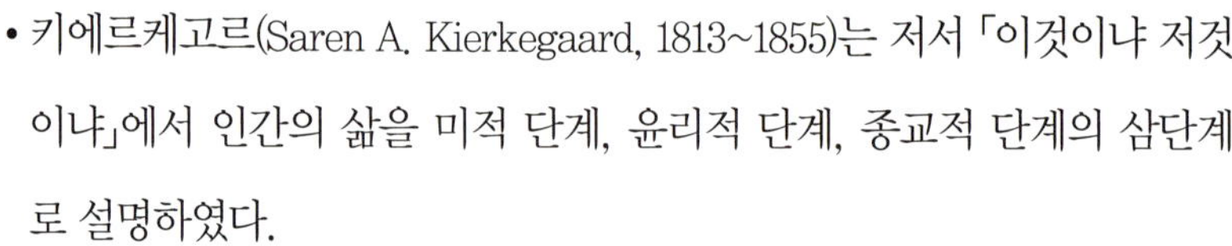

• 키에르케고르(Saren A. Kierkegaard, 1813~1855)는 저서 「이것이냐 저것이냐」에서 인간의 삶을 미적 단계, 윤리적 단계, 종교적 단계의 삼단계로 설명하였다.

• 하이데거(Martin Heidegger, 1889~1976)는 저서 「존재와 시간」에서 인간은 스스로 자기 자신의 존재를 떠맡는다는 「인간현존재」를 설파하였다.

• 니체(Friedrich Nietzsche, 1844~1900)는 저서 「짜라투스트라는 이렇게 말했다(1944)」에서 「기독교의 하나님은 죽었다.」라고 크게 외치면서 인

---

144 실존주의(existentialism)
실존철학에 기초를 두는 사상상(思想上)의 입장. 사르트르의 작품을 통하여 선전되고 문학운동으로 발전했음

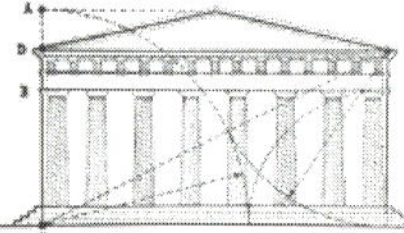

간이 받아야 하는 가공할 실존적 회의(불안, 고통, 절망, 공포 등)에 관해서 절규하였다.

장 폴 사르트르(Jean-Paul Sartre)

사르트르[145]는 저서 「존재와 무(1943)」에서 '실존은 본질에 앞선다.' 그리고 '존재하는 것에는 어떤 이유도 없다. 전혀 무다.' 라는 해명으로부터 출발하여 존재의 절대성, 우연성, 무상성이라는 걷잡을 수 없는 혼란을 가르쳤다. 그는 '그 해부의 중심 대상은 구토이고 불안이며 그 안간힘을 쏟아 얻으려는 것은 자기 자유이다. 그러므로 이것은 자기의식을 깊이 파헤치는 데 능하다.' 라고 하였다.

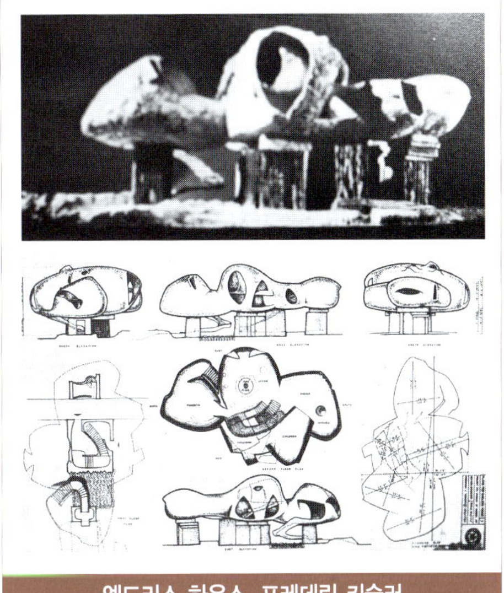

엔드리스 하우스, 프레데릭 키슬러

이것은 고민하는 현대정신의 심각한 허무감에서 잉태되고 개화된 것이다. 실존 철학은 구체를 강조하며 침잠하는 의식의 철학이다. 그래서 형태예술 특히 조형예술에 큰 사고(思考) 방향을 설정하였다.

이 실존주의적 사고는 현대회화에 의해 조형적으로 표출되었으며 내용미학적 성격을 갖고 있는 것이다.

현대건축에서는 키슬러의 작품인 엔드리스 하우스(Endless House) 등에서 그 특징을 보인다.

이 괘(mass)는 그대로 놓여있는 물체일 따름이다.

이것은 인간을 위한 쉘터로서의 역할보다는 '그저 있다' 는 실존 사상적 의미를 표출하는 입체일 뿐이다.

---

145 사르트르(J. P. Sartre, 1905~1980)
프랑스 실존주의 철학자. 「존재와 무(1943)」

02

실존주의 범주의 건축작품

존재란 필연성이 아니라 「거기 있다」는 것뿐이다. 이 존재의 절대성, 우연성, 무상성에 대한 조형적 구체화는 양적인 것, 오브제(Obeject)에 의해 매립하고 충만시키는 것이다.

이 주제들의 철학적 귀결은 내용미학적 부정형의 조형표현이다.

실존주의적 예술 작품과 건축의 조형적 특징은

개체성, 침식성, 우연성, 무상성 등의 표출이다.

건축적 특성

■ 개체성

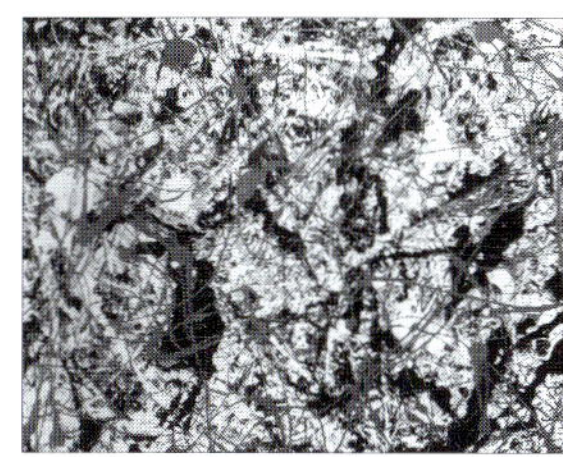

회화, 잭슨 폴록

수많은 점과 선은 개체적으로 자기의 궤적을 이룬다.

하비타트67, 모세 샤프디

각 유니트가 개체적 특성과 각기 방향성을 갖고 무의식적으로 우연히 모여 조소적 형태를 조성

에버슨 뮤지엄, I. M. 페이

다방향의 개체들이 모여 조소적 형태조성

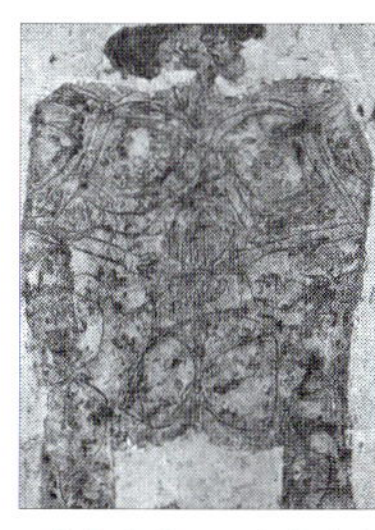

메타파직스, 장뒤뷔페

건축가의 집, 허브 그린

각 부분의 재료가 종합하여 개체적 특성을 조성

■ 침식성

조상, 폰타나
두 개의 조상은 침식되어 무의식 상태에 직면

엔드리스 하우스, 프레데릭 키슬러
물체적인 육면체가 침식되어 공간을 상실한 주택

마돈나, 크리스 로버트
벽체의 해체를 시작으로 침식되어진 형태

맥스 라인 하르트 하우스, 피터 아이젠만
건축 입체에 표현된 무의식적 침식형태

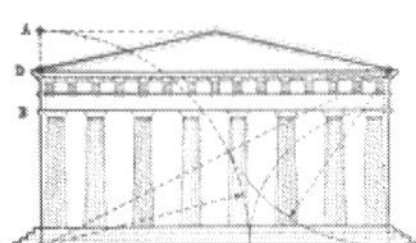

■ 우연성, 무상성

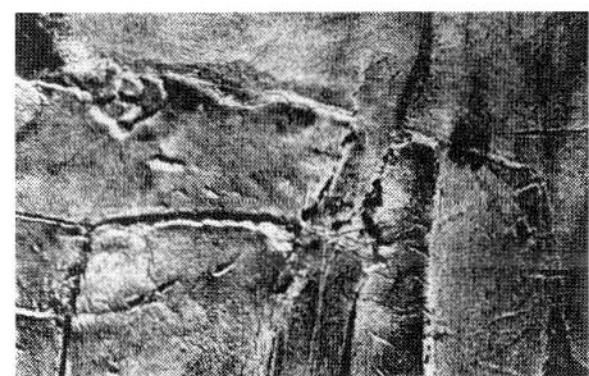
따브로, 타피에스
이 따브로는 영겁을 통해 존재해온 형태, 그 우연성을 그대로 보인다.

주택, 다니엘 그라탈롭
우연성에 의해 표출된 형태

세기의 집, 안트 팜
영겁을 통해 존재해온 것 같은 형태

코산티, 파오로 솔레리
인간 주거 공간의 무상성을 띤 형태

2 | 상징주의

상징주의(Symbolism)[146]는 분석에 의해서 포착할 수 없는 주관적 정서의 시적 정착(詩的定着)을 목표로 한다.

이것은 내면적이고 신비적인 미묘한 감정이나 이미지를 상징적 · 암시적으로 표현하려는 주의이다. 일반 예술학적 의미는 두 가지이다.

첫째, 소박한 단계의 예술양식이 아직 완전한 내용을 표현하지 못하고 일종의 상징으로서 표현에 머문 경우—헤겔은 이것을 상징적 예술형식이라 칭함

둘째, 예술의 내용이 초감각적이며 지극히 내면적이어서 보통의 표현 수단으로는 도저히 표출해낼 수 없어서 상징의 방법을 빌려 이를 암시하는 경우—입센, 하우프트만의 희곡 등

01

철학자

카시러는 「인간 문화의 상징현실」을 저서 「인간론(1944)」에서 주장하였다. 그는 '인간은 상징 계통으로 인해 물리적인 세계만이 아닌 상징적 우주에 살게 되었다. 상징이란 인간만이 유일한 세계에 있음을 뜻한다.' 라고 하였다. 인간의 이 세계는 인간 정신의 지속적인 노력을 통하여 건설되기 때문이다.

인간 활동의 다양한 형식들 안에서 인간이 진정으로 얻고자 애쓰는 것은 자신의 감정, 정서, 욕망, 지각, 사고, 관념들을 객관화하는 것이고 이것은 모두 다양한 상징적 표현으로 나타나는 것이다.

146 상징주의(Symbolism)
19세기말 이래 현실주의, 자연주의에 대한 반동으로 프랑스, 벨기에 등지에서 일어난 문예상의 태도, 경향, 외적 경험과는 별도로 내면적이고 신비적인 깊은 세계를 상징으로서 암시적으로 표현하려 함

에른스트 카시러(Ernst Cassirer)

카시러[147]는 저서 「인간론(Essay on Man, 1944)」에서 '인간이란 상징적 동물이다.' 라고 정의한 후 인간의 모든 활동에 있어서의 상징적 기능을 밝혔다.

그는 '인간 문화는 바로 인간 활동의 소산이고 인간의 상징적 기능의 소산이다. 그러므로 상징주의는 인간 문화의 본성과 본질을 파악케 하였다.' 라고 주장하였다.

인간은 심벌(symbol)을 사용함으로써 그 주위 환경의 구체적인 개별적 사물과의 직접적인 관련을 넘어서서 추상의 세계에 도달할 수 있었다. 사실에만 메이지 않고 이상을 바라보고 또 그 이상으로 나아갈 수 있었다. 그리하여 인간 문화라는 귀중한 건축물을 세우게 되었다.

상징철학은 추상을 높이 평가하며 진취하려는 문화 건설의 철학이어서 충분한 존재이유와 가치가 있다.

이 상징주의 철학은 현대건축 미학이론 및 실재적 건축의 근본원리를 담당하는 사고 방향의 하나임이 분명하다.

특히 상징주의적 사고는 고대로부터 현대까지 이어지고 있는 형식주의적 형식미학에 관련되어져 있으며 현대건축 작품으로는 스프렉켈센의 그랑아치 등에서 그 특징이 보인다.

그랑아치, 조안 오토 폰 스프렉켈센
새로운 세기를 위한 파리의 문 그랑아치는 그 기하학적 · 기념적 · 상징적 형태로 해서 도시 건축의 미래를 느끼게 하는 형식미학적인 작품이다.

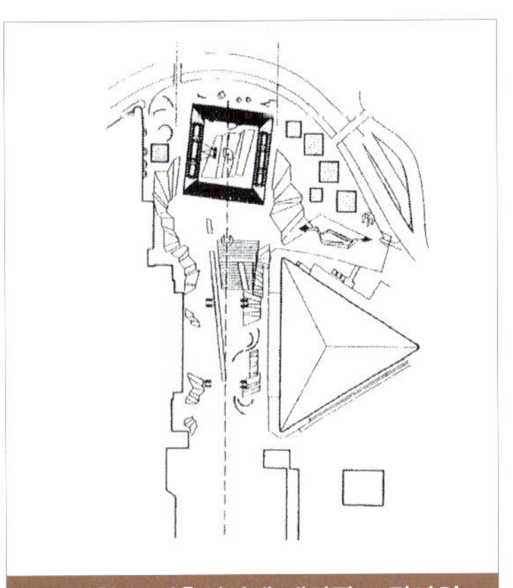

강력한 도시축선상에 배치된 그랑아치

147 카시러(E. Cassirer, 1874~1945)
독일 철학자. 「상징형식의 철학(Philosophy of Sumbolic Form, 1923~1929)」, 「인간론(Essay on Man, 1944)」

02

상징주의 범주의 건축 작품

내면적이고 신비적인 깊은 세계를 상징으로써 암시적으로 표현하려는 상징주의는 형태로 하여 인간 문화의 본성과 본질을 파악케 한 것이다.

이 주제들의 철학적 귀결은 형식미학적 정형의 조형표현이다.

상징주의적 예술작품과 건축의 조형적 특징은 상징성, 기념성, 조각성 등의 표출이다.

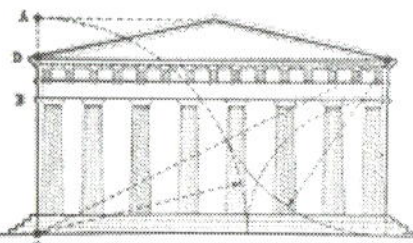

건축적 특성

■ 상징성

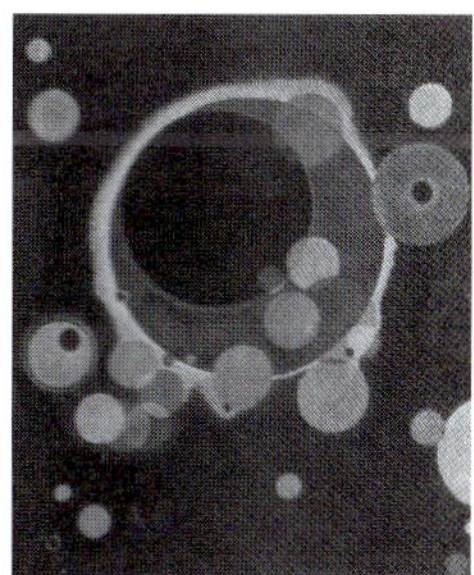

여러 개의 원, 칸딘스키

달라스 공항, 에로 싸리넨
비상을 상징하는 곡면 지붕의 형태

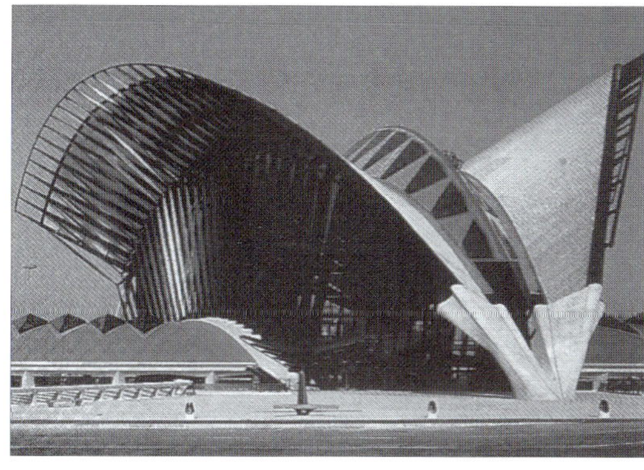

리옹 TGV 역,
산티아고 칼라트라바
스피드를 상징하는 날개형 지붕의 형태

장 마리 티바우 문화센터,
렌조 피아노
자연환경과 융화되는 수목형 형태

■ 기념성

우메다 스카이 빌딩, 히로시 하라
두 개의 건물이 옥상에 조성한 기념적인 공중 정원

리용은행, 크리스티앙 포잠박
해학적인 단순한 매스로 기념성을 강조한 조형

밀레니엄타워, 노먼 포스터
앙천사상적인 우주 지향성을 강조한 형태

세계무역센터, 미노루 야마사키
두 개의 단순한 사각형 형태로 시대적 기념성을 띤 형태

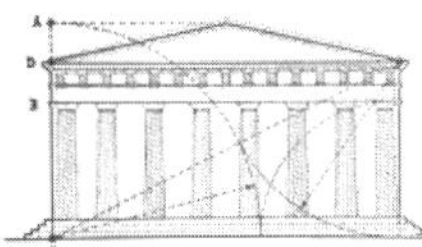

솔크생물학 연구소, 루이스 칸
병렬배치형으로 기념성을 강조한 형태

리차드 의학연구소, 루이스 칸
외부의 코아 매스에 의해 수직성이 강조된 형태

■ 조각성

부암동 주택, 권태문
사면화 대지에서 솟아난 추상 조각적 형태

빌바오 구겐하임 미술관, 프랭크 게리
구상적인 조소적 조형

빅토리아 & 알버트 뮤지엄, 다니엘 리베스킨트
추상적인 조소적 조형

마치면서

고대로부터 현대까지 이어져온 건축론, 건축미 이론을 종합하여 역사적 · 체계적으로 개관하면 고대의 형식설(型式說), 중세, 낭만주의의 표현설(表現說), 근대의 심리설(心理說) 그리고 합목적설(合目的說)로 요약된다.

제 일의 건축론인 고대 형식설은 시대별 탐구에 의해 삼단계로 진행되었다.

첫째 단계는 수와 비례, 음악과 비례에 의해 전개된 표준율(canon)의 형식 이론이다. 이것은 피타고라스, 플라톤 등에 의해 구성된 신비한 동적 비례 이론으로 헬레니즘(Hellenism) 문화의 형식론이다.

둘째 단계는 인체 비례에 의해 전개된 형식 이론이다.

이것은 그리스 시대에도 고도로 발달되었던 이론이지만 비트루비우스에 의해 체계화된 로마니즘(Romanism) 문화의 형식론이다. 이 형식론은 기독교 문화와 결합하여 중세의 고딕건축 양식을 형성시켰다.

셋째 단계는 고전 형식의 부활과 신형식의 도입에 의해 전개된 형식 이론이다.

이것은 비트루비우스의 건축론을 부흥시킨 이론이지만 르네상스의 알베르티, 팔라디오 등에 의해 체계화된 르네상스(Renaissance) 문화의 형식 이론이다.

이상의 고대 형식설은 신비한 수(數)의 비례로 건축의 미적 조형에 근원이 되어온 건축의 기본적 이론이다.

제 이의 건축론인 표현설은 계몽주의 시대 이후 합리론과 경험론에 의한 형이상학적 미학의 전개에 따라 두 방향으로 진행되었다.

첫째 방향은 비판미학으로 칸트 등에 의해 전개된 형식주의적 미학 이론이다.

둘째 방향은 형이상학적 미학으로 헤겔, 쇼펜하우어, 러스킨 등에 의해 전개된 표현주의적 미학 이론이다.

이상의 낭만주의 표현설은 내제된 의미를 형태에 표출하는 「말하는 건축」을 생성시켰다.

제 삼의 건축론인 근대의 심리설은 과학적, 심리학적 미에 의한 추상표현주의 미학의 전개에 따라 두 방향으로 진행되었다.

첫째 방향은 감정이입설에 의한 미학으로 립스 등에 의해 전개된 미학 이론이다.

둘째 방향은 양식론으로 뵐프린 등에 의해 전개된 미학 이론이다.

이상의 근대 심리설은 감정이입에 의해 추출되는 추상표현주의적 미학 이론이다.

제 사의 건축론인 현대의 합목적설은 기능주의에 의한 현대 예술적 미학의 전개에 따라 두 방향으로 진행되었다.

첫째 방향은 기계주의적 미학으로 형태는 기능에 따른다는 설리반 등에 의해 전개된 기능주의 미학 이론이다.

둘째 방향은 무장식의 미학 이론으로 합목적적 순수주의 미를 추구한 아돌프 등에 의해 전개된 합목적적 미학 이론이다.

이상의 합목적설은 효용의 미를 추구한 현대문명적 미학 이론으로 현대건축을 생성시켰다.

위의 네 가지 건축론을 개관해 본 결과 건축미에 관한 건축론은 신비한 수적 비례를 기본으로 한 형식설이 그 중심적 이론이었다.

체계적, 과학적인 미학은 근대에 성립되었으며 건축미학은 20세기에 이루어졌다.

건축미학은 건축예술의 본질 해명을 과제로 하여 기능, 형태, 공간의 세 방향으로 탐구되었다. 그리고 당시의 공통적 현상이었던 「공간예술로서의 건축」을 목표로 하여 건축의 공간성을 건축미학의 과제로 택하였다.

건축의 공간론은 공간 형성론과 양식론적 공간론의 두 방향으로 진행되었다.

첫째 방향은 공간예술로서의 건축이라는 공간 형성론으로 죄르겔 등에 의해 전개된 미학이론이다.

둘째 방향은 양식론적 공간론으로 바인베르크 등에 의해 전개된 미학이론이다.

이상 「공간예술로서의 건축」을 목표로 한 건축미학 이론의 공간 개념이 소박하게 전개된 태동기, 건축 미학론이 폭 넓고 깊게 전개된 발전기, 건축 공간론이 비판적 이론과 함께 전개된 성숙기의 활발한 진행 과정은 차원을 확대시킨 「공간 · 시간 · 건축」의 기디온, 「공간으로서의 건축」의 부르노 제비 등의 연구를 고비로 하여 침잠되었다.

건축미학의 과제는 신 건축관의 요구에 수반된 공간성과 현실성에 대한 문제였다.

첫째 문제는 예술표현의 이론으로 공간과 시간에 의한 종합체로 형태구성의 규정 근거를 추구한 기디온 등에 의해 전개된 사차원 세계의 미학이론이다.

둘째 문제는 국제주의양식의 건축론으로 입체주의의 미학인 동시시각성, 투명성, 상호침투성을 근거로 하는 그로피우스 등에 의해 전개된 현실적 건축미학 이론이다.

이상 근대의 예술표현의 문제가 공간개념을 계기로 전개된 결과로 건축이 종합예술로 등장하였고 근대 예술이론의 방향은 기계를 계기로 한 근대회화의 발전과 건축 및 몸 주위의 디자인을 평행 현상으로 보는 사고를 중심으로 하여 진행되었다.

현대 건축미학은 형식미학과 내용미학은 두 방향 및 문화사적 건축론으로 진행되었다.

첫째 방향은 형식미학으로 르 꼬르뷔제 등에 의해 전개된 형식주의적 형식미 이론이다.

둘째 방향은 내용미학으로 반트만 등에 의해 전개된 내용해석, 상징해석 학문인 도상학에 응용된 내용미 이론이다.

셋째 방향은 현대의 특징을 갖는 문화사 또는 문명비평론적 건축론으로 멈포드, 제들마이어 등에 의해 전개되었다.

앞으로 건축미학이 체계적 이론을 진행시키기 위해서는 형식미학과 내용

미학의 종합방향으로 탐구되어야 할 것이다.

현대 예술에 큰 영향을 미친 철학은 사르트르 등에 의한 실존주의와 카시러 등에 의한 상징주의 두 가지이다.

첫째, 사르트르의 실존주의에 의한 건축은 우연성, 무상성 등을 수용한 내용미학적 성격을 갖는 키슬러의 엔드리스 하우스 등이다.

둘째, 카시러의 상징주의에 의한 건축은 기념성, 상징성 등을 수용한 형식미학적 성격을 갖는 스프렉켈센의 그랑아치 등이다.

이상 현대 예술에 영향을 준 실존주의와 상징주의는 새로운 건축의 미를 제공한 철학이론들이다.

고대로부터 현대까지의 건축미학의 흐름에서 나타난 것 같이 건축미의 본질에 대한 미(美)이론은 형식주의적 형식미학이 그 주류를 이루고 있다. 그래서 건축미학은 건축 양식론에 의하여 이해될 수 있는 것이다.

건축은 인간을 물리적으로 보호하는 장(Shelter)이며 각 시대에 각 민족이 갖는 특수성, 즉 조형의식, 기술, 사회구조 등의 시각적, 조형적 표현의 현실적 실체이다.

프라이(T. Frey)는 '건축은 예술적으로 형성된 현실이다.' 라고 정의하였다.

건축에서 '예술을 형성한다.' 라는 의미는 순수미술(회화, 조각 등)과는 의미가 다르다. 이것은 「현실」이므로 우리에게 작용하고 작업이 있어야 하고 고찰하는 것을 전제로 한다.

그래서 전체적으로는 「건축이란 무엇이며 어떤 과제로 어떤 작용을 하는가」를 문제로 하는 것이다.

건축가의 건축론은 건축사상의 흐름 속에 내포되어 있는 것이며 이 흐름을 파악하기 위해서는 건축 자체가 어떻게 취급되고 어떻게 실현되는가에 대한 하나의 수법을 찾아보아야 하는 것이다.

이와 같은 배경에서 현 상황을 분석하고 새로운 체계적 미학을 형성시키는 것이 현대 건축미학의 방향이라 할 수 있다.

도판목록

영문 · 숫자

ㅁ

ㅇ

ㅎ

인명찾기

참고 문헌

A. E. Brinkmann, Plastik und Raum als Grundformen Kunstlerischer Gestaltung, München(1922)

A. G. Baumgarten, Aesthetica Ⅰ, Ⅱ(1750~1758)

A. G. Baumgarten, Meditationes Philosphicae(1735)

A. Schmarsow, Das Wesen der architektonischen Schopfung, Leipzig(1894)

A. Schmarsow, Grundbegriffe der Kunstwissenchaft(1905)

Adolf Abel, Vom Wesen des Raumes inder Barkunst, München(1952)

Adolf Göller, zur Asthetik der Architekur, stuttgart(1887)

Adolf Loos, Ornament und Verbrechen(1908)

Adolf von Hildebrand, Das Problem der Form inder bildenden Kunst(1893), Gesammelty Schritten zur Kunst, Köln(1969)

Alois Riegl, Spotrumische Kunstindustrie(1901), Darmstadt(1973)

Andrea Palladio, I Quattro Libri Dell'Architectura(1570), The Four Books of Architecture, New York(1965)

Andrea Palladio, I Quattro Libri Dell'Architectura, Trans. G. Leoni, The Architecture of A. Palladio in Four Books(London, 1942)

Aristoteles, Poëtica, 천병희 역, 시학(詩學), 문예출판사, 1976(B. C. 347-342)

Aristoteles, Metaphysica

Arthur Schopenhauer, Die Weltals Wille und Vorstellung(1819, 추가분 1844)

August Thiersch, Proportionen inder Architektur(1883)

Bill Ridebero, Moden Architecture and Design(Kajima Institute Punlishing Co., JAPAN, 1892)

Bruno Zevi, Architecture as Space, How to Look at Architecture(Horizon Press, 1957)

Christian Norberg-Schulz, Meaning in Western Architecture(Praeger Publishers, 1974)

Crane Brinton, John B. Christopher, Rpbert Lee Wolf, A History of Civilization(Prentice-Hall Inc., 1960)

Dagobert Frey, Die Wesensbestimmung der Architktur(1925)

Dagobert Frey, Kunstwissinschaftliche Grundfragen, Darmstadt(1972)

E. B. Smith, 문화인상으로서의 이집트 건축(1939)

E. H. Gombrich, The story of Art, 최문 역, 서양미술사(열화당, 1996)

Edward Robert De Zurko, Origins of Functionalist Theory(1957)

Edward Robert De Zurko, 山本學治外譯, 機能主義理論の系譜(1972)

Elisabeth Stroker, Philosophische Untersrchung um Raum, Frankfurt am Main(1965)

Ernst Cassirer, An Essay on man(New York, 1953)

Ernst Cassirer, Philosophy of Symbolic Forms(1923-1929), Yele Univ.(1953-1957)

Ernst Fiechter, Raumgeometrie und Flashenproportion(1944)

F. Bacon, 과학과 종교의 위업과 진보에 관하여(1605)

F. Schellier, The Bride of messina
F. Schmacher, Der Geist der Baukunst, Tubingen(1938)
F. Th. Vischer, Aesthetikod Qisseuschaft des Schonen(1846–1857)
F. Th. Vischer, Das schone und die Kunst(1898)
F. Th. Vischer, Ästhetik Oder Wissenschaft des schönen(1846), München(1922)
F. W. Schelling, Philosophie der Kunst(1802–1805), Darmstadt(1974)
Filarete, Trattato d'Architectura
Frederick Hartt, Art: A History of Painting, Sculpture, Architecture(New Jersey and Harry N. Abrams Inc., 1989)
Friedrich wilhelm von Scchelling, The Philasophy of Art(1859)
G. Bantmann, Ikonologie der Architectur(1951), Die Bauformen des Mittelalters(1949)
G. E. Lessing, Laokoon(1766)
G. F. Meier, Anfangsgründe aller schönen Künste und Wissenschaften, 3Bdn Ⅰ, Ⅱ, Ⅲ(1748–1750)
G. F. Meier, Betrachtungen über den ersten Grundsötz aller Schönen Künste und Wissenschafttn(1757)
G. Th. Fechner, Vorschule der sthetik(1876)
G. W. Hegel, Asthetik(1823–1826)
G. W. Hegel, Philosophy of Fine Art(1835)
Geoffreg Scott, The Architecture of Humanism(1914), London(1924)
Gottfried Semper, Vorloufige Bemerkungen(1834)
Gottfried Semper, Wissenschaft, Industrie und Kunst, Mainz(1966)
Guido Kaschnitz von Weinberg, Vergleichende Studien zur italisch–romischen Struktur Baukunst (1944)
Gustav Andre, Architectur und Kunstgewerbe als Gegenstand der Ikonographie(1939)
H. Lützeler, Grundstile der Kunst, Bonn(1934)
H. Sedlmayr, Die Revolution der Mordernen Kunst(1955)
H. Sedlmayr, Verlust, der Mitte, Otto Miller(1948), 박래경 역, 중심의 상실, 문예출판사(2002)
H. Sorgel, Architektur Aesthetik(1921)
H. W. Jason, History of Art(Prentice Hall & Abrams, 1974)
H. Wölfflin, Kunstgeschichtliche Grundbegriffe(1917)
H. Wölfflin, Renaissance and Baroque(1888)
H. Wölfflin, Renaissance and Baroque, London(1964)
H. Wölfflin, Prolegomena zu einer Psychologie der Architectur, Basel(1946)
H. Wölfflin, Kunstgeschichtliche Grundbegriffe, Basel(1976)
H. Wölfflin, Italien und das deutche Formgefühl, München(1931)
Hans Jentzen, uber den Kunstgeschichtlichen Raumbegriff, Munchen(1938)
Harold Osborne, 서배식 역, 미학과 예술론, 신광문화사(1994)
Henri Focillon, Viedes Formes(1955), 杉本季太郎, 形の生命, 岩波書店(1969)
Herbert Read, Icon and Idea(Harvard Univ., 1995)

Herbert Read, The Meaning of Art(Faver and Faver Ltd., 1949) 하종현역 예술의 의미, 정음사(1979)
Herbert Read, The Philosophy of Modern Art(Faver and Faver, 1952)
Hermann Graf, Bibliographie zum Ploblem der Proportionen, Speyer(1958)
Horatio Greenough, American Architecture, The United States Magazine and Democralic Review (1843)
Horatio Greenough, The Travels Observations and Experiences of a yankee Staneculter(1852)
Horatio Greenough, In roots of Contemporary American Architecture, New York(1952)
Hugo Haring, Proportionen(1934)
Huge Pearman, Contemporary World Architecture(Phaidon, 1998)
I. Kant, Kritik der Urtheilskrtft(1970), 이석윤 역, 판단력 비판, 박영사(1974)
I. Kant, Observation on the Feeling of the Sublime and the Beautiful(1764)
I. Knox, Aesthtics Theories of Kant, Hegel and Schopenhauer(Humanities Press, 1958)
J. J. Winckelmann, Geschichte der Kunst des Alterchums(1764)
J. P. Sartre, létre etleneartt, 양달원 역, 존재와 무, 을유문화사(1994)
Jacob Burckhardt, Geschichte der Renaissance in Italien, stuttgart(1868)
Jacob Burckhardt, Der Cicerone(1855)
James Steele, Architecture Today(Phaidon, 1997)
Jay Hambig, Dynamic Symmetry(1920)
Johann Wolfgang Von Goethe, BauKunst(1775)
John Ruskin, Modern Painters(1843-1860)
John Ruskin, The Seven Lamps of Architecture(1849)
John Ruskin, The Stone of Venice(1851)
John Summerson, The Classical Language of Architecture(Thames and Hudson Ltd., 1980)
Jurgen Jeodicke, Vorbemerkungeh zu einer Theorie des architektonischen Raumes(1968)
Johannes Volkelt, Das System der Asthetik Ⅰ(1905), Ⅱ(1910), Ⅲ(1914)
K. Michael Hays, Oppositions Reader(Princeton Architectural Press, 1998)
Karl Heinz Esser, Der Architectur = Raum als Eriebnisraum, Bonn(1940)
Kate Nesbitt, Theorizing a New Agenda for Architecture(Princeton Architectural Press, 1996)
Kurt Badt, Raumphantasein und Raumillusionen, köln(1963)
Kurt Bauch, Kunst als Form, köln(1962)
L. Mumford, Art and Technics(1952)
Le Corbusier, Le Modulor Boulogne(1948-1950)
Leon Battista Alberti, De re Aedificatoria(1450)
Leon Battista Alberti, De re Aedificatoria(1450), Ed. J. Rykwert, As Ten Books of Architecture(London, 1965)
Leon Battista Alberti, Della Pittura(1435)
Lewis Mumford, 生田 勉 外 譯, 都市の 文化, 上. 下(丸善株式會社, 1952)
Louis Sullivan, The Tall Office Building Artistically Considered(1896)

M. Weitz, Problems in Aesthetics(The Macmillan Company, 1959)
M. C. Beardsley, Aesthetics from Classical Greece to the Present(London, 1966)
M. S. Briggs, 건축공방사(1927)
M. Vitruvius P., De Architectura(B. C. 25년경)
Marcos Vitruvius Pollio, De Architectura, Trans. M. H. Morgan, Vitruvius, The Ten books on Architecture(Cambridge, 1914)
Maurice Merlear-Ponty, La Phonomonologie de la Perception, Paris(1945)
N. Pevsner, An Outline of European Architecture(1943)
Otto von Simson, The Gothic cathedral(1956)
Otto Wagner, Moderne Architektur(1895)
Paolo Porgoghesi, Nature and Architecture(Skira, 2000)
Paul Frankl, Die Entwickelungsphasen der neueren Baukunst, Leipzig-Berlin(1914)
Paul Kropfer, Zur Frage der Aesthetik der Architektonichen Raumes(1940)
Paul Zucker, Architektur = Asthetik(1919)
Paul Zucker, Der Begriff der Zeit in der Architectur(1924)
Peter Blake, The Master Builders(1960)
Platon, Philebos
Platon, Timaeus
R. Descartes, 강진욱 역, 방법시설, 범우사(2002)
R. Descartes, Meditationes de prima philosophia(1641)
R. H. Wilenski, The Modern Movement in Art(1935)
R. W. Emerson, Conduct of Life(1860)
R. W. Emerson, Thoughts of Art(1841)
Roger Scruton, The Aesthetics of Architecture(Methuen & Co. Ltd, 1979)
Roman Ingarden, Untersuchungin zur Ontologie der Kunst, Das Werk der Architectur(1945)
Rosemary Lambert, The Twentieth Century, Cambridge Univ. Press(1981)
Rudolf Arnheim, Art and Visual perception(1954)
Rudolf Arnheim, The Dynamics of Architectural form, Berkekey-Los Angiles-London(1977)
S. Freud, Complete Works V(1953)
S. Freud, Interpretation of Dream(1900)
S. Giedion, Space, Time and Architecture(1941)
S. Giedion, Architectur und das phänomen des Wandels, Tübingen(1969)
S. Giedion, The Eternal Present, The Beginnings of Art(1962)
Sigfried Giedion, Space, Time and Architecture(Havard Univ. Press, 1967)
St. Augustine, On the Beautiful and Fitting
St. Tomas Aquinas, Suma Theologia(1265-73)
Stanley Abercrombie, Architecture as Art(Van Nostrand Reinhold Company Inc., 1984)
Talbot Hamlin, Architecture an art for all man(Columbia Univ. Press, 1947)

Th. Lipps, Esthetik(1906)

Ulya Vogt-Göknill, Architectonishe Grundbegriffe und Umraumerebnis, zurich(1951)

Virgil Charles Aldrich, Philosophy of Art(Prenkice-Hall Inc,. 1963), 김문회 역, 예술철학, 현암사(1975)

W. Gropius, Scope of Total Architecture(1943)

W. Morris, The Aims of Art(1887)

W. Morris, The Art of people(1879)

W. Morris, The Art of people, The beauty of life(1880)

W. Morris, The Arts and Crafts of Today(1889)

W. Morris, The Lesser Arts(1877)

W. Windelband, Einleitung in die philosophie

W. Worringer, Formproblime der Gotik(1911)

Walter Gropius, Scope of Total Architecture(Harper & Brothers, 1943)

Wilhelm Dilthey, Philosophy of Life

Wilhelm Pinder, Imnenroume deutscher Vergangenhiot, Leipzig(1930)

Wolfgang Meisenheimer, Der Raum inder Architektur, Aachen(1964)

Wolfgang Schone, uber den Beitrag von Licht und Farbe zur Raumgistaltung im Kirchenbau des alten Abendlandes, Berlin(1961)

W. Tatarkiewicz, History of Aesthetics, 손효주 역, 미학사, 미술문화(2005)

ペーターブレーク著, 現代建築の巨匠, 彰國社, 東京(1952)

吉板隆正 譯, Le Modulor ルコルビュヅエ, 美術出版社, 東京(1952)

吉板隆正 譯, モデユール2, 美術出版社, 東京(1959)

森田慶一著, ウィトルウィウス 研究, 彰國社, 東京(1962)

新訂 建築學大系7, 建築計劃設計論, 彰國社(1982)

柳亮 著, 유길준 역, 黃金分割, 技文堂, 서울(1981)

강대석 저, 미학의 기초와 그 이론의 변천, 서광사(2004)

김문환 편, 미학의 이해, 문예출판사(1996)

김형석 지음, 서양철학사 100장면, 가람기획(1996)

노성두 역, 알베르티의 회화론, 사계절(2001)

백승균 편역, 실존철학과 현대, 계명대학교 출판부(1994)

스털링, P. 렘프리히트 저, 김태기, 윤명노, 최명관 역, 서양철학사, 을유문화사(1996)

아인슈타인, 운동 물체의 전기역학에 관해서(1905)

유희준 저, 건축디자인 이야기, 문운당(1999)

조요한 저, 예술철학, 경문사(1996)